普通高等教育电子信息类专业“十四五”系列教材

短波通信系统

主编 郭 勇 吴广恩
编者 马 欢 曾 晗 李 娴
马斯敏 闵 刚 王 刚
主审 李 卫

西安交通大学出版社
XI'AN JIAOTONG UNIVERSITY PRESS

图书在版编目（CIP）数据

短波通信系统／郭勇，吴广恩主编. —西安：西安交通大学出版社，2021. 4（2023. 1 重印）
ISBN 978－7－5693－2123－4

Ⅰ. ①短… Ⅱ. ①郭… ②吴… Ⅲ. ①短波通信-通信系统 Ⅳ. ①TN92

中国版本图书馆 CIP 数据核字(2021)第 036155 号

DUANBO TONGXIN XITONG
书　　名 短波通信系统
主　　编 郭　勇　吴广恩
责任编辑 田　华
责任校对 魏　萍
装帧设计 伍　胜

出版发行 西安交通大学出版社
(西安市兴庆南路 1 号　邮政编码 710048)
网　　址 http://www.xjtupress.com
电　　话 (029)82668357　82667874(市场营销中心)
(029)82668315(总编办)
传　　真 (029)82668280
印　　刷 陕西奇彩印务有限责任公司

开　　本 787 mm×1092 mm　1/16　**印张** 12.875　**字数** 307 千字
版次印次 2021 年 4 月第 1 版　2023 年 1 月第 2 次印刷
书　　号 ISBN 978－7－5693－2123－4
定　　价 36.00

如发现印装质量问题，请与本社市场营销中心联系。
订购热线：(029)82665248　(029)82667874
投稿热线：(029)82664954
读者信箱：190293088@qq.com

前　言

短波通信作为我国战略信息通信保障的重要手段之一，以传输距离远、覆盖地域广、机动能力强、不受地域限制、系统生存能力强、组网模式灵活多样等特点，在信息通信保障中发挥着重要作用，特别是在应急通信保底手段运用、远程网络通信指挥、机动通信保障等方面起着不可替代的作用。短波通信系统是无线通信系统的重要组成部分，是实现远距离通信保障和保底通信的重要手段。掌握短波通信原理和技术，熟悉短波通信系统运用，了解短波通信发展方向是广大无线电爱好者和信息通信工作者的迫切需要。为此，在总结多年来相关教学经验和科学研究的基础上，我们编写了此书。

全书分为短波通信概述、短波通信系统关键技术、短波通信天线、短波固定通信系统、短波通信网、短波通信网运用和短波通信新技术七个部分，按照基本理论、核心技术、典型系统、具体应用、发展方向的思路组织内容。在编写时侧重于基本概念的阐述，略去了复杂的数学推导，力求基础性、实用性和通俗性。本书既可作为士官培训教材，也可为从事相关岗位工作的人员提供参考。

本书由郭勇和吴广恩同志担任主编，负责全书内容的规划，具体分工如下：第 1 章由王刚同志编写；第 2 章由马欢同志编写；第 3 章由马斯敏同志编写；第 4 章由李娴同志编写；第 5 章由吴广恩同志编写，第 6 章由郭勇同志编写；第 7 章由曾晗同志编写；闵刚同志也参与了部分内容的编写；李卫同志指导了本书的编写并审阅了全书。本书在编写过程中得到了国防科技大学西安基地领导的关心和支持，唐正国、李阳同志对编写工作也提出了宝贵的建议，在此一并感谢。

由于时间仓促和编者水平有限，书中难免存在疏漏之处，敬请批评指正。

编　者

2021 年 4 月

目　录

第 1 章　短波通信概述

1.1　短波通信基础

1.1.1　短波通信的概念

1.1.1.1　短波

按照国际无线电咨询委员会(International Radio Consultative Committee，CCIR)，现在的国际电信联盟(International Telecommunication Union，ITU)无线电通信部门(简称 ITU－R)的频段划分，短波是指波长在 10～100 m，频率为 3～30 MHz 的无线电波。“短波”其实是一种误称，因为它的波长比特高频、微波和红外都要长。短波在无线电技术早期得名，因为当时 3～30 MHz频率的无线电波长，比大多数广播和通信信号的波长(千米量级)都要短。短波的波长短，以沿地球表面传播的地波形式传播时绕射能力差，传播的有效距离短。短波以天波形式传播时，在电离层中所受到的吸收作用小，有利于电离层的反射，经过一次反射可以得到 100～4000 km 的跳跃距离。如果经过电离层和大地的连续多次反射，那么传播的距离就更远。

1.1.1.2　短波通信

利用短波进行的无线电通信称为短波通信，又称高频(High Frequency，HF)通信。短波通信是最早出现并被广泛应用的无线通信方式，至今仍是中远距离无线通信的重要手段。

短波通信可以利用地波传播，但主要是利用天波传播。地波传播的衰耗随工作频率的升高而递增，在同样的地面条件下，频率越高，衰耗越大。地波传播只适用于近距离通信，其工作频率一般选在 5 MHz 以下。地波传播受天气影响小，比较稳定，信道参数基本不随时间变化，故地波传播信道可视为恒参信道。天波是无线电波经电离层反射回地面的部分，倾斜投射的电磁波经电离层反射后，可以传到几千千米外的地面。天波的传播损耗比地波的小得多，经地面与电离层之间多次反射(多跳传播)之后，可以达到极远的地方。因此，利用天波可以进行环球通信。天波传播因受电离层变化和多径传播的严重影响极不稳定，其信道参数随时间而急剧变化，因此称为变参信道。天波不仅可以用于远距离通信，而且可以用于近距离通信。在地形复杂、短波地波或视距微波受阻挡而无法到达的地区，利用高仰角投射的天波可以实现通信。

短波通信是人类最早发现并使用的无线通信手段，在相当长一段时期内，它是唯一的远距离直接通信方式。在我们看过的一些黑白战争电影中，报务员用一种庞大的设备，通过莫尔斯码将信息发送出去，他们采用的就是短波通信。长期以来，短波通信以其传播距离远、机动性好、覆盖能力强、组织运用灵活、设备成本低等显著特点，被广泛地用于政府、外交、交通、气象、商业等部门，在军事领域一直是军队战术、战役、战略通信，以及军兵种和国防科学试验通信的主要手段。

1.1.1.3 短波通信的发展历程

1. 发展起源阶段

现代无线通信技术起源于麦克斯韦于 1873 发表的《电磁理论》，麦克斯韦建立了经典电磁场和电磁波传播理论，预言了电磁波的存在。15 年后，人们才第一次证实无线电波的存在。1888 年，赫兹(以其姓名命名频率单位的科学家)用实验证实了电扰动能产生电磁波，验证了麦克斯韦无线电波的特性。赫兹的实验结果启发了马可尼用莫尔斯码发送无线电报的最初实验。

短波通信最早出现在 1900 年代。1901 年，扎营守候在信号山(位于加拿大圣约翰斯)的意大利科学家马可尼，接收到了从英格兰发出的跨过大西洋的无线电波，当时，他所使用的天线是一段长 120 m 的电线，用简易的风筝悬挂在空中。这个实验向世人证明了无线电再也不是仅限于实验室的新奇东西，而是一种实用的通信媒介。

当时，人们普遍认为大气中的无线电波是直线传播的，而地球表面是圆弧形状的，因此认为超地平面通信是不可能实现的。那么，马可尼远距离无线通信到底是怎么实现的呢？人们百思不得其解。

最后，英国物理学家爱德华·阿普尔顿解决了这个问题。他发现地球上空的电离层中的电离粒子能反射无线电波。到 20 世纪 20 年代，科学家们已经开始利用这一理论，并研究了一套方法，用以检测和预测电离层中的电磁波反射特性。

2. 快速发展阶段

随着时间的推移，人们越来越清楚地掌握短波信号传播的特点，比如，操作人员知道可用短波频率与时间、季节有关，与通信位置也密切相关。

之后，短波通信得到了迅速发展。因为，在当时这是唯一一种可以实现超视距点对点无线通信的手段，而且它无需复杂的网络基础设施建设，价格低廉，机动性好。到第二次世界大战时，短波通信已经成为军事指挥的最基本手段。陆、海、空作战，都仰仗短波通信进行远距离指挥通信。直至今日，短波通信仍是一种快速、远程、廉价的重要通信方式。

3. 发展停滞阶段

到了 20 世纪 60 年代，卫星通信兴起。由于卫星通信与短波通信相比具有信道稳定、可靠性高、通信质量好、通信容量大等优点，短波通信受到严重挑战。许多原属短波通信的重要业务，被卫星通信所取代，对短波通信的投入急剧减少，短波通信的地位大为降低。至 20 世纪 70 年代后期，有人甚至怀疑短波通信存在的价值。

当远距离通信转向卫星通信时，短波通信通常被降到一个备用的角色。其结果是用户更倾向于使用卫星通信，而训练有素的短波通信操作人员大为减少，进而使短波通信质量更无法保证，短波通信的发展进入停滞的阶段。

4. 再次复兴阶段

然而实践证明卫星通信的初建费用高，灵活性有限，并不能满足所有情况下的用户需要。事实上也不是所有用户都需要宽带线路。此外，在战争时期卫星通信容易遭受敌方攻击，信道不易抵御敌方的电磁干扰。与此相比，短波通信不仅成本低廉，容易实现，更重要的是具有天然的不易被“摧毁”的“中继系统”——电离层。卫星中继系统可能发生故障或被摧毁,而电离层这个中继系统,除非高空原子弹爆炸才可能使它中断,何况高空原子弹爆炸也仅仅是在有限的电离层区域内,短时间影响电离密度。1980 年 2 月,美国国防部核武器局(Defense Nuclear Agency)在一份报告中提出:一个国家,在遭受核打击后,恢复通信联络最有希望的解决办法是采用价格不高,能够自动寻找信道的高频通信系统。

因此从 20 世纪 70 年代末、80 年代初开始,短波通信又重新受到重视。美军在 1979 年修改的综合战术通信计划中,又突出了短波通信的地位,把它列为第一线指挥控制通信手段之一;从 80 年代初开始,美军实施了遍及三军的一系列短波通信改进计划:在海湾战争中,美、法等国军队大量运用短波通信,取得了突出的效果。通过加强短波通信领域相关的研究和开发工作,并研制出现代短波通信设备,显著提升了短波通信质量和链路可靠性。同时,各种自适应技术,使新一代短波设备摆脱了老一代设备的繁琐手工操作程序,操作人员无需通过长期专门训练,就可以方便地使用自适应短波电台。近年来,一些国家的军队,也把短波通信列为重要的通信手段之一。此外,在某些民用通信的领域,短波通信的应用也有发展的趋势。特别是近十几年来,由于多种新技术的应用,短波通信技术及装备取得了很大进展,短波通信原有的缺点已有不少得到了克服,短波通信链路的通信质量大大提高,无论是电话传输还是数据传输的质量都可以与卫星通信相比,短波通信又重新焕发了青春。如今短波通信已经成为一种重要的通信手段,特别是在军事通信中,具有不可替代的重要地位,发挥着重要作用。

1.1.2　短波通信的特点

1.1.2.1　信道复杂

无线电波是通过开放性的自然空间传输的,陆地、海洋、大气层、地球自身的电磁场及宇宙射线都将影响无线电波的传输特性。依靠电离层反射通信是短波的主要传播方式。电离层是地球高层大气的一部分,从离地面约 60 km 开始一直延伸到约 900 km 的高度。在此区域内存在大量的自由电子和离子,它们能使无线电波改变速度,发生折射、反射和散射,并吸收其能量。大气的电离主要由太阳辐射中的紫外线和 X 射线所引起,太阳高能带电粒子和银河系宇宙射线也对大气电离产生重要影响。由于太阳辐射穿透大气层不同区域的能力不同,以及太阳辐射的昼夜、季节变化,使电离层按电子密度分布的不同在不同高度和经纬度地区存在着明显的差别,形成了不同的密度层。根据无线电波在电离层中传播的理论,频率较高的无线电波要从电子密度较高的电离层才能反射回地面,并且能否反射还与入射角有关。因此,不同频率的无线电波传输的路径不同,相对应的地面传输距离也不同:频率太高会穿透电离层而不能返回地面,频率太低会因为损耗太大而不能保证通信质量。即存在所谓最高可用频率和最低可用频率,只有处在它们之间的频率的电磁波以一定的角度入射才能正常工作。在距发射机不太远的一个环形的区域内,由于入射角度太大,天波不能返回,而地波又因距离太远达不到,从而形成所谓的寂静区。电离层中的电子和离子密度在空间各处不相同,这种不均匀性会导致无线电波的传播产生多路径、衰落、相位起伏、多普勒频移等情况。

影响电离层的因素并不都具有确定的严格的规律,太阳耀斑等电离源的突变、非平衡动力学过程、不稳定的磁流动力学过程,以及地面核试验、高空核试验、大功率短波雷达加热等自然和人为的因素都会引起电离层的突然扰动。这些有规律的或随机的、突变式的变化都将严重地影响短波的传输,甚至中断通信。总的来说,短波信道是一种在时域、频域、空域上都有变化的信道,这种信道的不稳定性使短波具有频带窄、容量小、速率低、相互干扰严重的特点。

1.1.2.2 通信距离远

天波是无线电波经由距地球表面 60 到数千千米的电离层反射进行传播的一种工作模式。倾斜投射的电磁波经电离层反射后,可以传到几千千米外的地面。天波的传播损耗比地波小得多,经电离层一次反射(单跳)最远通信距离可达几千千米,经地面与电离层之间多次反射(多跳)之后,可以实现全球通信。因为当工作频率超过 30 MHz 时电离层反射能力减弱,电磁波将会穿透电离层而不能到达地面,工作频率低于 3 MHz 时电离层吸收损耗过大而不适合天波传播,因此天波传播最适合的工作频率是短波频段的 3～30 MHz。短波天波传播不仅可以用于远距离通信,还可以用于近距离通信。在地形复杂、短波地波或视距超短波、微波受阻挡而无法传播到的地区,短波天波利用近垂直反射传播技术可达成有效的通信。因此,短波通信具有不需要建立中继站而实现远程全域覆盖的通信能力。

特别在低纬度地区,短波通信的可用频段变宽,最高可用频率较高,受地磁暴的影响较小。而卫星通信在低纬度地区受电离层或对流层的闪烁影响较大,所以在这些地区短波通信比较实用。在驻外使领馆、极地考察和远洋航天测量船岸船通信中,短波通信得到了广泛的应用。特别是短波频率自适应技术的发展和应用,极大地提高了岸船短波通信的可靠性和有效性。一些实验结果表明:在一天 24 小时内万千米级的岸船通信可通时间大于 90%。自适应选频保证了系统总是在最佳的信道上工作,大大地减小了发射功率,节省了能源,改善了电磁环境。

1.1.2.3 顽存性强

与其它通信系统和通信网络相比,短波通信具有较强的系统顽存性。短波通信是唯一不受网络枢纽和有源中继制约的远程通信手段,且其传输媒介——电离层具有永不被摧毁的特性。短波通信设备具有多种形式,包括固定式、背负式、车载式、舰载式、机载式等,具有机动灵活的特点,可满足不同的通信需求。多数短波通信设备目标小,不易被摧毁,即使遭到破坏也容易更换修复,又由于其造价相对较低,故可以大量装备。在作战中保持一条难以被摧毁的指挥通信线是争取战争胜利的决定性因素之一,短波通信突出的顽存性强的特点,受到了世界各国军方的重视,制定了相应的发展短波通信的计划,随着对短波传输特性研究的深入,一系列新技术投入使用,短波通信迎来了它的又一个高速发展的新阶段。

1.1.2.4 信道拥挤

短波频谱资源是指频率在 3～30 MHz 以内的频谱资源。短波频谱资源看似无影无踪,但跟别的无线频谱资源一样,属于非常稀缺、宝贵的国家战略资源,按照国际规定,每个短波电台占用 3.7 kHz 的频率宽度,而整个短波频段可利用的频率范围只有 28.5 MHz。为了避免相互间的干扰,全球只能容纳 7700 多个可用信道,通信空间十分拥挤,并且 3 kHz 通信频带宽度在很大程度上限制了通信的容量和数据传输的速率。短波频谱资源具备的特性如下。

(1)有限性。短波可使用的频段范围窄,可利用的频率范围小,造成频谱资源比较有限。在这仅有的频谱资源范围内,还会受到时间和技术等多方面的影响,极大地限制了人们使用短波频谱资源。

(2)非耗竭性。短波频谱与石油、天然气、煤矿等资源不同,它具有非耗竭性。如果人们对其合理开发和利用,对国民经济发展和人们的生活都有很大的帮助,如果使用不当会造成资源的浪费。因此,短波频谱资源的有效开发利用和可持续发展才是长久之计。

(3)排它性。某一特定频段的短波频谱资源在一定的时间、频域内一旦被使用,其它用户以及设备将不能再使用。但也不是绝对的,在某些特定的时间和环境下,短波频谱资源可以被重复使用。

(4)开放性。短波的传播具有灵活机动性,不受任何行政区域、国界的限制和影响,它是客观普遍存在的。区别在于各个国家对短波频谱资源不同的开发管理、资源分配以及带给用户的不同体验。

1.1.2.5　干扰严重

由于短波频段工业电器辐射的无线电噪声干扰平均强度很高,加上大气无线电噪声和无线电台间干扰,在过去几瓦、十几瓦发射功率就能实现的远距离短波无线电通信,而在今天,十倍、几十倍于这样的功率也不一定能够保证可靠的通信。大气和工业无线电噪声主要集中在无线电频谱的低端,随着频率的升高,强度逐渐降低。虽然,在短波频段这类噪声干扰比中长波段低,但强度仍很高,影响着短波通信的可靠性,尤其是脉冲型突发噪声,经常会使数据传输出现突发错误,严重影响通信质量。

1.1.3　短波通信主要业务

1.1.3.1　话音业务

话音业务即利用短波传输话音信号的业务。短波话音通信基带为 3 kHz,通信带宽窄,容量小,传输速率低。传统话音调制采用振幅调制和单边带调制。振幅调制是使高频信号的振幅随被传递的信号而变化。调幅波的频谱由载频、上边带和下边带三部分组成。被传递的信息仅包含在两个边带之中,而且每一个边带都包含了完整的被传递的信息。若仅发射一个边带,即称为单边带调制。传递电报信号时,主要采用振幅键控或移频键控。

传统短波话音不适于采用先进的调制技术和成熟的波形编码技术改善用户体验,因其易受干扰,有时甚至难以维持。在一定地幅的环境中,可用的有限带宽往往很难容纳多个通信对象。传统话音业务的局限导致了声码话业务的出现。声码话通过线性预测编码(Linear Predictive Coding,LPC)等参数编码技术提取语音特征参数,在接收端再由特征参数重建语音信号。在语音延迟可接受的前提下,解决了话音高效压缩传输问题。

1.1.3.2　电报业务

电报业务即用编码代替文字和数字,以电信号的方式发送出去,通常使用的编码是莫尔斯码。电报业务与话音业务相比,从机制上提高了抗干扰性能。原因一是在调制时将话音带宽从 3 kHz 限制到 1 kHz,相当于在同等噪声及功率条件下将接收时的信噪比提高了近 3 倍;二是通过训练有素的报务人员听辨及时复原被干扰的部分信息;三是通过基于统计的信源编码方式压缩报文并提供一定纠错能力(主要体现在密语编拟规律中)。基于以上优点,电报业务通常被认为是短波通信的代名词,或者狭义上用电报通信代替短波通信。

传统电报由报务员人工拍发、人工听辨抄收、人工校对，报务员长期值班劳动强度大，工作准确性及通信时效受个人情绪影响大，易产生人为错误。报务员训练周期长，机上工作能力形成过程较为复杂。为了改善这些问题，研究人员期望通过对特定电报信号作特征向量提取，构建一定结构的神经网络，通过不同类别样本学习和网络训练作机器识别。该研究对特定电报信号的机器识别较为有效，但对不确定拍发特征电报信号的机器识别短期内很难有突破。随着便携式处理器运算能力的提升及机器学习能力的增强，在一定噪声背景下，采用电报机器辅助识别，有助于提高传统人工抄收的准确性，电报通信的地位不会被其它业务取代。

1.1.3.3 数据业务

数据业务即利用短波进行数据通信的业务。在早期的短波应用领域，短波电台主要用于语音通信，利用短波电台的可靠语音通信能力，保证在任何时间任何地点快速搭建短波通信网，随时接收上级下达的语音指令。随着通信手段的发展和丰富，短波收发信机早在若干年前就已经具备了短波数据通信能力，利用短波调制解调器，可以传输各种报文、文件信息，这更加使得短波通信成为了无线数据通信系统中一个重要的手段。一旦战争或者灾害发生，光纤通信、卫星通信手段都丧失的情况下，短波通信特别是短波数据通信将发挥它巨大且不可替代的作用。由于数据业务对信道条件要求较高，速率受信道质量影响严重。传统数据业务的局限导致了特殊数据业务的出现，如低限度通信、猝发通信、短代码等。最低限度通信依据香农第一定律，以降低信道通信容量要求换取对高信噪比的依赖，有助于提高复杂电磁环境的通信成功率。猝发通信采用并发传输协议传送压缩报文，以期在短暂的时间窗口和频率窗口瞬间达成短报文通信，降低敌方截获概率。短代码通信比猝发通信的报文更小，可以简化通信过程，甚至在未建链时即可通过交互探测信令达成业务代码通信（通过时间戳及密钥进行加密），目前在海军舰船远洋通信及数据链系统中得到了一定程度的运用。

1.1.3.4 传真业务

为充分利用短波这一特殊信道进行有效的数据、图像传输，传真业务应运而生，典型的例子是天气图传真机。它是一种传送气象云图和其它气象图表的传真机，用于气象、军事、航空、航海等部门传送和复制气象图和云图等。传送的幅面比一版报纸还要大，但对分辨率的要求不像对报纸传真机那样高，主要利用无线广播发送和接收信号，接收机受发送机遥控，自动启动、停机、选择扫描参数和调整接收电平等。此外，还有一种卫星云图传真机，接收气象卫星拍摄的云层照片和红外线图，对分辨率和色调都有较高的要求。气象传真有两种传输方式，利用短波的气象无线传真广播和利用有线或无线电路的点对点气象传输广播。气象传真广播为单向传输，大多数的气象传真机只用于接收。

1.2 短波传播方式

短波通信中电磁波的传播方式有两种，天波传播[见图 1-1(a)]和地波传播[见图 1-1(b)]，但主要是利用天波进行传播。无线电波沿地球表面传播的部分称为地波（或地表波）。

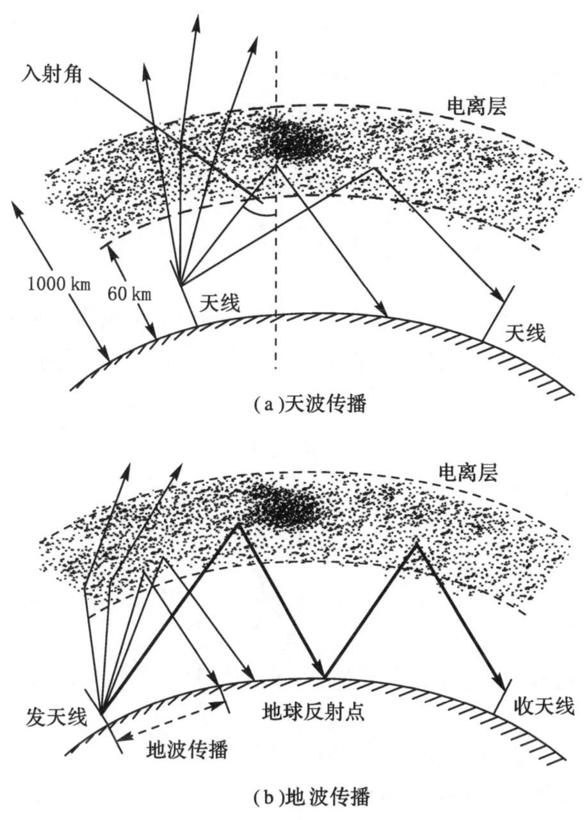

图 1-1　短波通信电磁波传播方式

1.2.1　自由空间传播

所谓自由空间是指充满均匀、无耗媒质的无限大空间。该空间具有各向同性、电导率为零、相对介电常数和相对磁导率均恒为 1 的特点。严格来说应指真空，但实际上是不可能获得这种条件的。因此，自由空间是一种理想情况。无线电波在自由空间中的传播简称为自由空间传播。

实际上电波传播总要受到媒质或障碍物的不同程度的影响。在研究具体的电波传播方式时，为了能够比较各种传播情况，提供一个比较标准，并简化各种信道传输损耗的计算，引出自由空间传播的概念是很有意义的。自由空间传播过程中没有反射、折射、绕射、散射和吸收等现象，只有扩散引起的传输损耗。

1.2.1.1　自由空间传播场强及接收功率

设有一天线置于自由空间中，若天线辐射功率为 P_r，方向系数为 D，则在距天线 r 处的最大辐射方向上的场强为

$$|E_{max}|=\frac{\sqrt{60P_rD}}{r}\text{(V/m)} \tag{1-1}$$

或

$$|E_{max}|=\frac{245\sqrt{P_rD}}{r}\text{(mV/m)} \tag{1-2}$$

式中：P_rD 称为发射天线的等效辐射功率，当式中 P_r 单位为 W 时，r 的单位为 m；当式中 P_r

单位为 kW 时，r 的单位为 km。若以发射天线的输入功率 P_T（单位 W）和发射天线增益 G_T 来表示，则有 $P_r D = P_T G_T$，此时上面两式又可写成

$$|E_{max}| = \frac{\sqrt{60 P_T G_T}}{r} \text{(V/m)} \tag{1-3}$$

或

$$|E_{max}| = \frac{245\sqrt{P_T G_T}}{r} \text{(mV/m)} \tag{1-4}$$

当式中 P_T 单位为 W 时，r 的单位为 m，使用式(1-3)；当式中 P_T 单位为 kW 时，r 的单位为 km，使用式(1-4)。设发射天线在最大辐射方向产生的功率密度为 p_{max}，接收天线的有效面积为 S_e，则天线的接收功率 P_R 为

$$P_R = p_{max} S_e \tag{1-5}$$

其中，p_{max} 和 S_e 的表达式分别为

$$p_{max} = \frac{P_T G_T}{4\pi r^2} \tag{1-6}$$

$$S_e = \frac{\lambda^2}{4\pi} G_R \tag{1-7}$$

式中：G_R 为接收天线增益；λ 为波长。将式(1-6)和式(1-7)代入式(1-5)，可得

$$P_R = \left(\frac{\lambda}{4\pi r}\right)^2 P_T G_R G_T \tag{1-8}$$

此即天线与接收机匹配时送至接收机的输入功率。

1.2.1.2 自由空间传播损耗

无线电波传播最基本的传播损耗是来自自由空间的传播损耗。自由空间传播是无线电波传播最简单的模型。自由空间传播模型适用于具有各向同性传播介质（如真空）的无线环境，是理论模型。自由空间本身不吸收能量，但是由于传播距离的增大，发射天线的功率分布在更大的空间上，所以自由空间损耗是一种能量扩散损耗。假设发射天线与接收天线之间的距离为 r（单位为 km），电波波长为 λ（单位为 m），天线为各向同性天线，自由空间损耗可表示为

$$L_0 = 20\lg \frac{4\pi r}{\lambda} \tag{1-9}$$

进一步改写为

$$L_0 = 32.45 + 20\lg r + 20\lg f \tag{1-10}$$

式中：f 为工作频率，MHz；L_0 的单位为 dB。

自由空间的传播损耗是指球面波在传播过程中随着传播距离的增大，能量的自然扩散引起的损耗，它反映了球面波的扩散损耗。由式(1-10)可见，自由空间基本传播损耗 L_0 只与频率 f 和传播距离 r 有关，当频率增加 1 倍或距离扩大 1 倍时，L_0 分别增加 6 dB。

1.2.2 短波地波传播

1.2.2.1 地波传播特性

沿地面传播的无线电波叫地波。由于地球表面是有电阻的导体，当电波在它上面行进

时，有一部分电磁能量被消耗，而且随着频率的增高，地波损耗逐渐增大。因此，地波传播形式主要应用于长波、中波和短波频段低端的1.5～5 MHz。地波的传播距离不仅与频率有关，还与传播路径上媒介的电参数密切相关。因为地球表面的电性能、地貌、地物并不随时间很快地变化，所以在传播路径上，地波传播基本上可以认为不随时间变化，因此信号稳定。地球表面使电波衰减，衰减的快慢与电波频率、地面的电参数等有关。频率越高，衰减越大；干地上衰减最快，湿地上次之，海面上最小。短波沿陆地传播时衰减很快，只有距离发射天线较近的地方才能收到，即使使用1000 W的发射机，陆地上的传播距离也仅为100 km左右。而沿海面传播的距离远远超过陆地的传播距离，在海上通信能够覆盖1000 km以上的范围。由此可见，短波的地波传播形式一般不宜用作无线电广播和远距离陆地通信，而多用于海上通信、海岸电台与船舶电台之间的通信以及近距离的陆地无线电话通信。概括地说，地面对电磁波传播的影响主要表现为以下两个方面。

(1)地面的不平坦性。由于地球内部作用(如地壳运动、火山爆发等)，以及外部的风化作用，使得地球表面形成高山、深谷、江河、平原等地形地貌，再加上人为所创建的城镇、田野等，这些不同的地质结构及地形地物，在一定程度上影响着无线电波的传播。当通信距离较远时，还必须考虑地球曲率的影响，此时到达接收点的地面波是沿着地球弧形表面绕射传播的。根据波的绕射理论，由于只有当波长超过障碍物高度或与其相当时，才发生绕射现象。因此在实际情况中，只有长波、中波以及短波低端(频率较低的部分)能够绕射到地表面较远的地方。对于短波高端以及超短波波段，由于障碍物高度大于波长，因而绕射能力很弱，传播距离较近。

(2)地质的电特性。描述大地电磁性质的电参数有介电常数ε[或相对介电常数ε_r，$\varepsilon=\varepsilon_r\cdot\varepsilon_0$，$\varepsilon_0=1/(36\pi)\times10^{-9}$F/m]、电导率$\sigma$和磁导率$\mu$。根据实际测量，不同土壤的电参数如表1－1所示。

表1－1　不同土壤的电参数

媒质类型	变化范围		平均值	
	$\varepsilon_r/(\mathrm{F\cdot m^{-1}})$	$\sigma/(\mathrm{S\cdot m^{-1}})$	$\varepsilon_r/(\mathrm{F\cdot m^{-1}})$	$\sigma/(\mathrm{S\cdot m^{-1}})$
海水	80	1～4.1	80	4
湿土	10～30	$3\times10^{-3}\sim3\times10^{-4}$	10	10^{-2}
干土	3～4	$1.1\times10^{-5}\sim2\times10^{-3}$	4	10^{-3}

由于大地是半导电媒质，因此必须考虑电导率对电波传播的影响。在交变电磁场的作用下，大地土壤内既有位移电流又有传导电流，位移电流密度为$J_d=\omega\varepsilon E$，式中，ω为角频率；传导电流密度为$J_f=\sigma E$。通常把传导电流密度和位移电流密度的比值$J_f/J_d=60\lambda\sigma/\varepsilon_r$作为某种地质是呈现导电性还是介电性的衡量标准。当传导电流比位移电流大得多，即$60\lambda\sigma/\varepsilon_r\gg1$时，大地具有良导体性质；反之，当位移电流比传导电流大得多，即$60\lambda\sigma/\varepsilon_r\ll1$时，可将大地视为电介质；而二者相差不大时，称为半电介质。表1－2给出了各种地质中$60\lambda\sigma/\varepsilon_r$随频率的变化情况。

表 1-2 不同地质下 $60\lambda\sigma/\varepsilon_r$ 随频率变化情况

地质	频率					
	300 MHz	30 MHz	3 MHz	300 kHz	30 kHz	3 kHz
海水($\varepsilon_r=80,\sigma=4$)	3	3×10	3×10^2	3×10^3	3×10^4	3×10^5
湿土($\varepsilon_r=20,\sigma=10$)	3×10^{-2}	3×10^{-1}	3	3×10	3×10^2	3×10^3
干土($\varepsilon_r=4,\sigma=10^{-3}$)	1.5×10^{-2}	1.5×10^{-1}	1.5	1.5×10	1.5×10^2	1.5×10^3
岩石($\varepsilon_r=6,\sigma=10^{-7}$)	10^{-6}	10^{-5}	10^{-4}	10^{-3}	10^{-2}	10^{-1}

由表 1-2 可见，对海水来说，在中、长波波段它是良导体，只有到微波波段才呈现介质性质；湿土和干土在长波波段呈良导体性质，在短波以上就呈现介质性质；而岩石则几乎在整个无线电波段都呈现介质性质。

1.2.2.2 地波传播损耗

当电磁波沿地球表面传播时，在地表面产生感应电荷，这些电荷随着电磁波的前进而形成地电流。由于大地不是理想导体，有一定的电阻，所以感应电流流过时要消耗能量，这个能量是电磁波供给的，因而形成地面对电波能量逐渐地吸收。大地吸收的影响主要有以下几点。

(1)地面的导电性越好，吸收越小，电磁波传播的损耗越小。因为电导率越大，电阻越小，电磁波沿地面传播的热损耗就越小。电磁波在海洋中的传播损耗最小，在湿土和江河湖泊中的损耗次之，在岩石、沙漠、城市中的损耗最大。

(2)电磁波的频率越低，损耗越小。因为地电阻与电磁波的频率有关，频率越高，由于趋肤效应，感应电流更趋于表面流动，使得流过电流的有效面积变小，地电阻增大，损耗就越大。因此地波传播方式特别适用于频率较低的长波、超长波波段。短波地波传播常使用的频段为 1.5～5 MHz，这一频段也称为无线电话频段，这是短波频段的低端，较其短波频段的高端能够传播更远的距离。

例如，若一直立天线的辐射功率为 1000 W，传播途径的地质为干土，并假定保持接收点场强不低于 50 pV/m，则不同频率的通信距离约为：150 kHz，670 km；300 kHz，350 km；1000 kHz，95 km；2000 kHz，52 km；5000 kHz，22 km。

(3)垂直极化波传播较水平极化波衰减小。理论计算和实验均证明地面波不宜采用水平极化波传播。水平极化波的衰减因子远大于垂直极化波的衰减因子。这是因为，当电场为水平极化时，电场平行于地面，传播中在地面上引起较大的感应电流，致使电波产生很大的衰减。对于垂直极化波(通常由直立天线辐射)，其电波能量同样要被吸收，但由于电场方向与地面垂直，它在地面上产生的感应电流远比水平极化波的要小，故地面吸收小。因此在地面波传播中通常多采用垂直极化波。垂直天线辐射的垂直极化场就特别适用于地波传播。

另外，地波传播还有以下特性。

(1)存在波阵面倾斜现象。由电磁场理论中的反、折射定律可知，当天线发射出的平面电磁波由空气射向地面时，就相当于由疏媒质射向密媒质，而且是进入导电媒质。这样，不管电磁波以多大的入射角投射到地面上，其折射角总是小于入射角，即使电波以平行地面方向入射，也总会有一部分电磁波透射到大地内部，所以垂直极化电磁波的波阵面不再垂直地面，而是和地面有一个小于 90°的夹角，这就是所谓的波阵面倾斜问题。由于波阵面倾斜构成向地面下传播的能量成分，造成地面波的传播路径损耗，导致电磁波传输距离的缩短。

(2)具有绕射损失。由于地表面的不平坦性，如高山、深谷、城市高大建筑物的影响，使得地波传输过程有绕射损失。电磁波的绕射能力与其波长和地形以及传输距离有关。电磁波的频率越低，其波长越长，绕射能力就越强；障碍物越高大，电磁波的绕射能力就越弱；通信距离越远，地球曲率的影响就越大，电磁波的绕射能力也越弱。在地波通信中，长波的绕射能力最强、中波次之、短波较小、超短波最弱。

1.2.2.2　地波场强计算

采用低架天线的长波、中波、短波和超短波，天线辐射出的电波主要以地波传播为主。低架天线是指：对于陆地，一般天线距地面不足一倍波长；对于海面，天线架高小于 5 倍波长。

(1)近距离场强的计算。

在地波传播中，当通信距离不超过 $80/\sqrt[3]{f\,(\mathrm{MHz})}$ (km)时，按平面地计算场强，可以按照式(1-11)计算：

$$E=\frac{245\sqrt{P_{\mathrm{r}}D}}{r}L_{\mathrm{s}}(P) \tag{1-11}$$

式中：E 是接收点的电场强度，mV/m；P_{r} 为天线发射功率，kW；D 为发射天线方向系数；$L_{\mathrm{s}}(P)$ 为地面的衰减因子；r 为通信距离，km。

(2)远距离场强的计算。

假设接收点远离发射台，当地表均匀(即土壤的电参数不变)，发射天线使用短于 $\lambda/4$ 的直立天线的情况下，地波场强由式(1-12)求得

$$E=\frac{3\times10^{5}A\ \sqrt{PG_{\mathrm{T}}}}{r} \tag{1-12}$$

式中：E 是接收点的电场强度，mV/m；r 是传输距离，m；A 是根据地表损耗确定的衰减因子(衰减因子与工作频率、地表参数和无线电路径长度有关)；P 是发射机输出功率，kW；G_{T} 为发射天线增益，dB。

从工程应用的观点，国际无线电咨询委员会推荐了一组曲线，称为布雷默(Bremmer)计算曲线，用以计算 E。现摘录其中部分内容，如图 1-2～图 1-4 所示。

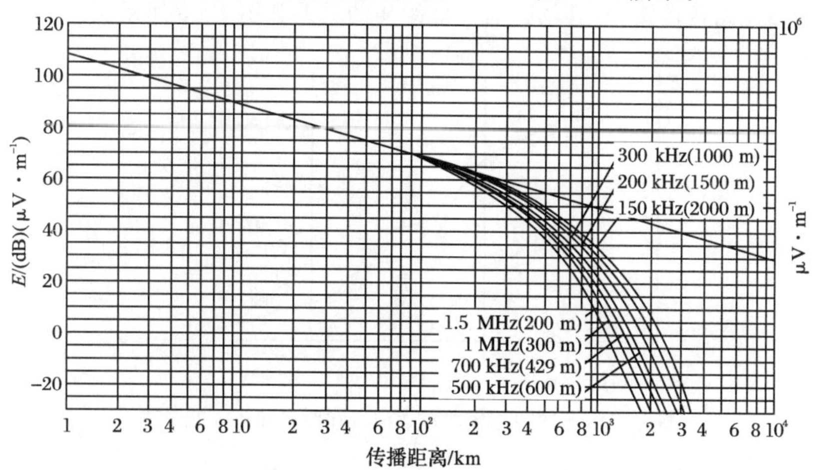

图 1-2　海水表面传播曲线

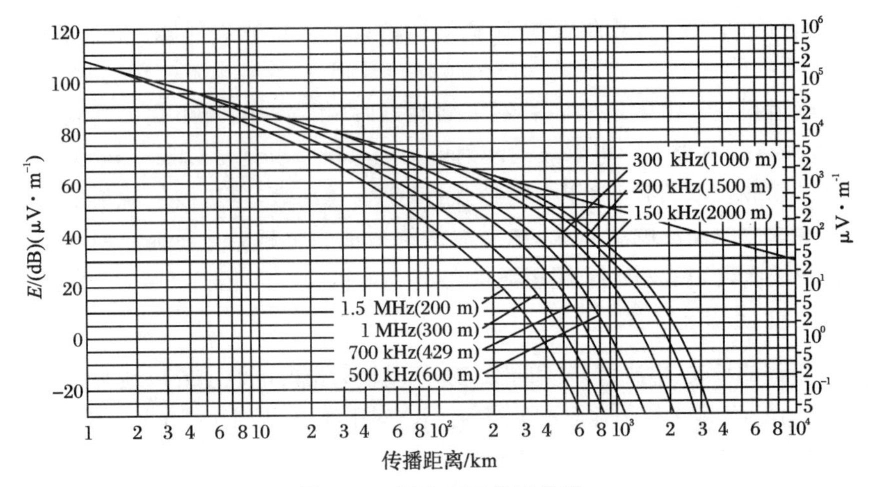

图 1-3　湿地表面传播曲线

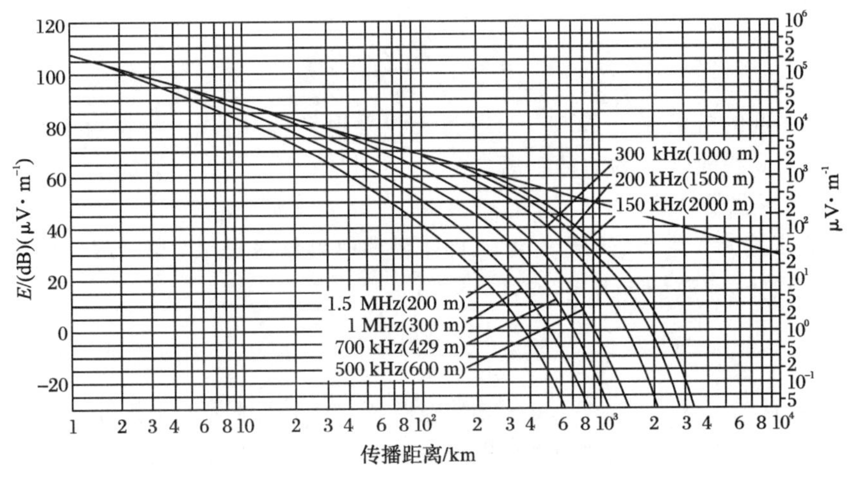

图 1-4　干地表面传播曲线

实验数据表明:对于相同辐射功率的发射天线,当电磁波沿“陆—海—陆”和沿“海—陆—海”两种不同路径传输时,其场强与传播距离的关系如图 1-5 所示。

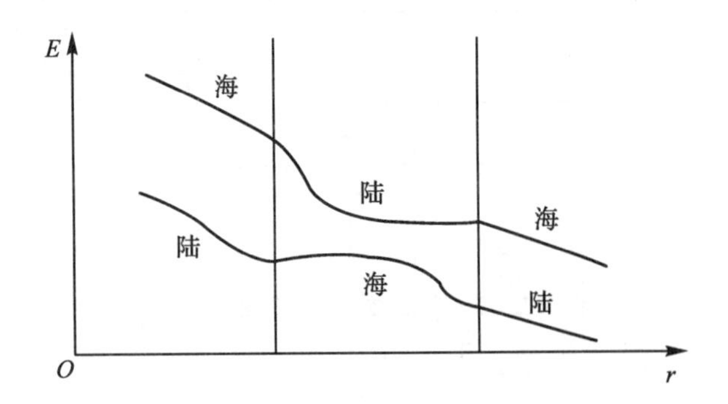

图 1-5　不同导电媒质对地波传输距离和场强的影响

1.2.3　短波天波传播

1.2.3.1　电离层特性

1. 电离层的形成与结构

电离层是指从 60～900 km 处于电离状态的高层大气区域。大气层结构图如图1-6所示。

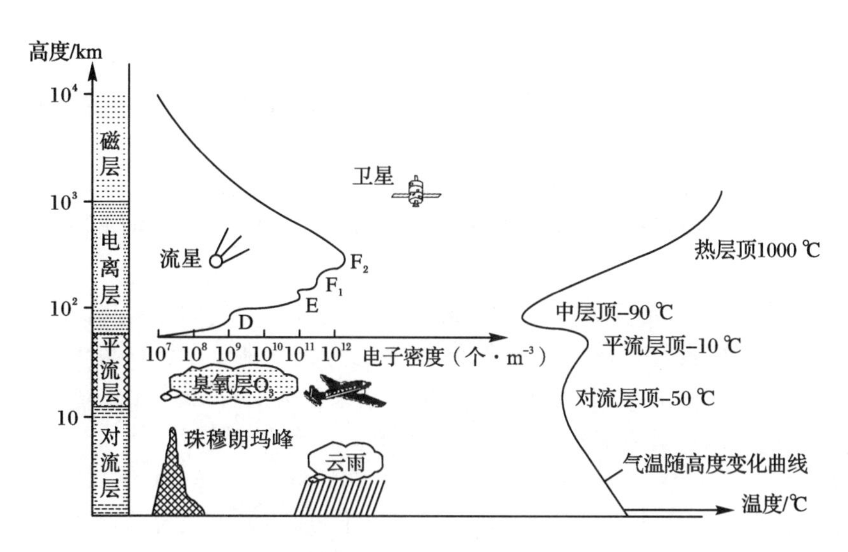

图 1-6　大气层结构图

上疏下密的高空大气层，在太阳紫外线、太阳日冕的 X 射线和太阳表面喷出的微粒流作用下，大气气体分子或原子失去或得到电子，形成离子和自由电子，这个过程称为电离。部分电离的大气层称为电离层。电离的程度以单位体积的自由电子数(即电子密度)来表示。电离层内存在 4 个电子密度不同的区域，分别称为 D、E、F_1 及 F_2 层，如图 1-7 所示。F_2 层的电子密度最大，F_1 层次之，D 层电子密度最小。就每层而言，电子密度是不均匀的，在每层中的适当高度上出现最大值 N_{max}。

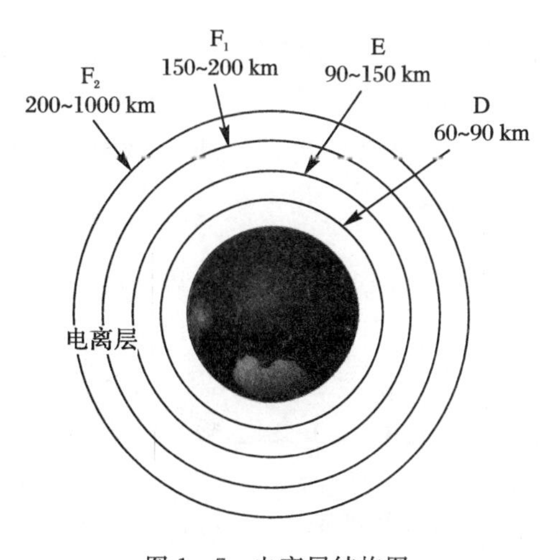

图 1-7　电离层结构图

(1)D 层。

D 层是最低层，在地球上空 60～90 km 的高度处，最大电子密度发生在70 km处。D 层出现在太阳升起时，消失在太阳落下后，所以在夜间不再对短波通信产生影响。D 层的电子密度不足以反射短波，所以短波以天波传播时，将穿过 D 层。不过，在穿过 D 层时电波将遭受严重的衰减，频率越低，衰减越大。在 D 层中的衰减量远远大于 E 层、F 层，所以称 D 层为吸收层。在白天，D 层决定了短波传播的距离，以及为了获得良好的传播所必需的发射机功率和天线增益。

(2)E 层。

E 层在地球上空 90～150 km 的高度处，最大电子密度出现在 110 km 处，在白天认为基本不变。在通信线路设计和计算时，通常都以 110 km 作为 E 层高度。和 D 层一样，E 层出现在太阳升起时，而且在中午电离程度最大，而后逐渐减小，在太阳落下后，E 层实际上对短波传播已不起作用。在电离开始后，E 层可以反射高于 1.5 MHz 频率的电波。

(3)E_s 层。

E_s 层称为偶发 E 层，是偶尔出现在地球上空 120 km 高度处的电离层。E_s 层虽然是偶尔存在的，但是由于它具有很高的电子密度，甚至能将频率高于短波波段的电磁波反射回来，因而目前在短波通信中，许多人都希望能选择它来作为反射层。当然对 E_s 层的采用应十分谨慎，否则有可能使通信中断。

(4)F 层。

对短波通信来讲，F 层是最重要的，在一般情况下，远距离短波通信都选择 F 层作反射层。这是由于和其它导电层相比，它具有最高的高度，因而可以传播最远的距离，所以习惯上称 F 层为反射层。

白天，电离层包括 D 层、E 层、F_1 层和 F_2 层。也就是说在白天 F 层有两层：F_1 层位于地球上空 150～200 km 高度处；F_2 层位于地球上空 200～1000 km 高度处。它们的高度在不同季节和一天内不同时刻是不一样的。

F_2 层和其它层不同，在日落以后并没有完全消失。虽然夜间 F_2 层的电子密度较白天降低了一个数量级，但仍足以反射短波某一频段的电波。当然，夜间能反射的频率远低于白天。

由此可以粗略看出，若要保持昼夜短波通信，工作频率必须昼夜更换，而且一般情况下夜间工作频率远低于白天工作频率。这是因为高的频率能穿过低电子密度的电离层，只在高电子密度的导电层反射。所以若昼夜不改变工作频率(例如夜间仍使用白天的频率)，其结果有可能是电波穿出电离层，造成通信中断。

2.电离层的变化规律

电离层各层的电子密度及高度等参数随昼夜、季节、太阳活动性周期而变化。其变化分为规则变化和不规则变化。

(1)规则变化。

电离层的规则变化包括：日夜变化、季节变化、随太阳活动的 11 年周期变化和随地理位置的变化。

①日夜变化。由于日夜太阳的照射角度不同，故白天电子密度比夜间大；中午的电子密度又比早晚大；在日落之后，D 层很快消失，而 E 层和 F 层的电子密度减少。日出之后，各层的电

子密度开始增长，到正午时达到最大值，之后又开始减小。

②季节变化。由于在不同季节太阳的照射角度不同，故一般夏季的电子密度大于冬季。但是F_2层例外，F_2层冬季的电子密度反而比夏季大，其原因至今还不清楚，可能是由于F_2层的大气在夏季变热向高空膨胀，结果反而使电子密度减少。

③随太阳活动的11年周期变化。太阳活动性一般用太阳一年的平均黑子数来表征，黑子数目增加时，太阳所辐射的能量增强，因而各层电子密度增大。黑子的数目每年都在变化，但是长期观测证明，它的变化也是有一定规律的，太阳黑子的变化周期大约为11年。因此，电离层的电子密度也与这11年周期变化有关。

④随地理位置变化。电离层的特性随地理位置不同也是有变化的。这是因为，不同地点的上空受太阳的辐射不一样，赤道附近太阳辐射强、南北极辐射弱，因此赤道附近电子密度大，南北极最小。

(2)不规则变化。

在电离层中除了上述几种规则变化外，有时还发生一些电离状态随机的、非周期的、突发的急剧变化，称这些变化为不规则变化。它主要包括：偶发E层(或称E_s层)、电离层暴、电离层突然骚扰等。出现不规则变化时，往往造成通信中断。

①偶发E层。它是发生在E层高度上的一种常见的较为稳定的不均匀结构。E_s层的出现是偶然的，但形成后在一定时间内很稳定。E_s层对电波有时呈半透明性，即入射电波部分能量遭反射，部分能量穿过E_s层。有时入射电波受到E_s层的全反射而到达不了E_s层以上的区域，形成所谓“遮蔽”现象。

②电离层暴。太阳黑子数增多时，太阳辐射的电磁波(主要是紫外线和X射线)和带电微粒都极大地增强，正常的电离层状态遭到破坏，这种电离层的异常变化称为电离层暴或电离层骚扰。电离层暴在F_2层出现最为明显。出现电离层暴时常使F_2层的临界频率大大降低，因此就可能使原来使用的较高频率的电波穿透F_2层而不返回地面，造成通信中断。当太阳出现耀斑时，喷射出大量微粒流，也常常引起地磁场的很大扰动，即产生磁暴。由于磁暴经常伴随着电离层暴，且又比电离层暴出现早，所以目前它是电离层暴预报的重要依据之一。

③电离层突然骚扰。当太阳发生耀斑时，常常辐射出大量的X射线，以光速到达地球，当穿透高层大气到达D层所在高度时，会使D层的电离度突然大大增强，这种现象称为电离层突然骚扰。因为这种现象是在太阳发生耀斑时产生的强辐射所致，所以只发生在地球上的太阳照射区。电离层突然骚扰对不同频段的无线电波分别引起不同的异常现象。由于D层的电子密度大大增强，使通过D层在上面反射的短波信号遭到强烈吸收，甚至使通信中断，这种现象称为“短波消逝”。此外，D层的高度也有明显的下降，因而使D层反射的长波和超长波信号的相位发生突然变化，这种现象称为“相位突然异常”，利用这一现象可以得知太阳耀斑的发生。

④电离层吸收。电离层不仅有反射电波的作用，还有吸收电波能量的作用。电子密度N越大，电离层对电波能量的吸收就越大，即电波衰减也就越大。电波频率越低(波长越长)，吸收越大。此外，电离层对电波的吸收大小还与电波在电离层中所走的路程有关，在电离层中传播的距离远，势必造成较大的吸收。

1.2.3.2　电离层对短波传输的影响

电波投射到电离层后，主要受到电离层的“反射”和“吸收”。“反射”使电波从甲地到乙地，构成甲、乙两点间的通信。“吸收”使电波能量衰减。

(1)电离层的等效电参数。

电离层对电波来说相当于半导体介质,其等效电参数以 ε'_e、σ_e 表示。在短波波段内,ε'_e、σ_e 表示如下。

当 $\omega^2 \gg v^2$ 时

$$\varepsilon'_e = \frac{\varepsilon_e}{\varepsilon_0} = 1 - 80.8\frac{N}{f^2} \tag{1-13}$$

$$\sigma_e = \frac{Ne^2 v}{m(v^2 + (2\pi f)^2)} \tag{1-14}$$

式中:σ_e 为等效电导率;e 为电子电量,$e=1.602\times10^{-19}$ C;m 为单位电子质量,$m=9.106\times10^{-31}$ kg;v 是电子每秒与气体分子平均碰撞次数;N 是 1 cm^3 气体中的自由电子数,即电子密度;f 是电波频率。

(2)电离层对电波的反射与折射。

电波由空气进入电离层,相当于从 $\varepsilon_e'=1$ 的介质进入到 $\varepsilon_e'<1$ 的介质,而且电离层的介电常数 ε_e' 随着电子密度而变化,因此进入电离层的电波将不沿直线传播,而产生连续折射。

电离层折射率 n 为

$$n = \sqrt{1 - 80.8\frac{N}{f^2}} \tag{1-15}$$

对于反射电离层,在电子密度极大值以下,随着高度增加,射线越来越趋向于水平方向,即产生连续折射。当电波到达最高点时,电离层对电波产生全反射,然后电波沿着折射角减小的轨迹返回地面,这就是电波在电离层中的反射过程。

电波在电离层中产生全反射的条件为

$$\sin\varphi_0 = \sqrt{1 - 80.8\frac{N_n}{f^2}} \tag{1-16}$$

式中:φ_0 为入射角;N_n 为反射点的电子密度。

(3)电离层对电波的吸收作用。

电离层对电波吸收的大小与入射角 φ_0、电波频率 $f(f=\frac{1}{\lambda})$、电离层的参数及该层是穿透层还是反射层都有关系,如图 1-8 所示。

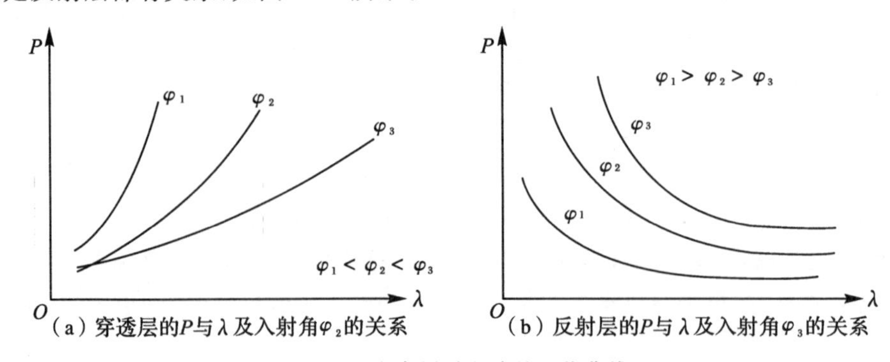

图 1-8 电离层对电波的吸收曲线

对穿透层而言,当入射角 φ_0 一定时,频率越高,吸收越小;当频率一定时,φ_0 越小,电波穿透电离层的路径越短,故吸收也越小。对反射层来说,当频率一定时,φ_0 越小,电波穿入电离层越深，故吸收越大；当 φ_0 一定时，频率越高，由于电波穿入电离层较深，故总的吸收增加。

1.2.3.3 天波传播特性

天波是由高空电离层反射而到达接收点的电波，受电离层的影响很大。电波在电离层中的传播问题，实际上是电波在不均匀媒质中的传播问题。通常认为短波波段的无线电波在正常情况下的电离层中的传播，是满足几何光学近似条件的。短波使用天波传播方式时，具有以下两个突出优点：一是电离层这种传播媒质抗毁性好，不易被彻底地永久地摧毁，只有在高空核爆炸时才会在一定时间内遭到一定程度的破坏；二是传播损耗小，能以较小的功率进行远距离通信，通信设备简单，成本低，机动灵活。因此直至今日，短波天波传播仍然是重要的无线电波传播方式之一，在无线电通信技术中仍占有相当重要的地位。但由于短波无线电波能比较深入地进入电离层，一般都是从 F 层反射下来，受电离层的变化影响较大，信号不够稳定，衰减现象严重，特别是受到电离层随机因素的影响，有时甚至造成通信中断。

1. 传播模式

电离层只对适当频率的电波起反射作用。频率越低，电波越容易被电离层吸收，反射信号很弱，难以保证通信必需的信噪比；反之，频率过高，电波很容易穿透电离层，无法实现地球上两点间的通信。选择适当的工作频率，电波既能被电离层反射，又不易受到严重的衰减，可用较小的功率实现远距离通信。

电波到达电离层，可能发生三种情况：被电离层完全吸收、反射回地球或穿过电离层进入外层空间，这些情况的发生与频率密切相关。低频段的吸收程度较大，并且随着电离层电离密度的增大而增大。

天波传播的情形如图 1－9 所示。电波进入电离层的角度称为入射角。入射角对通信距离有很大的影响。对于较远距离的通信，应用较大的入射角，反之应用较小的入射角。但是，如果入射角太小，电波会穿过电离层而不会反射回地面，如果入射角太大，电波在到达电子密度大的较高电离层前会被吸收。因此，入射角应选择在保证电波能返回地面而又不被吸收的范围。

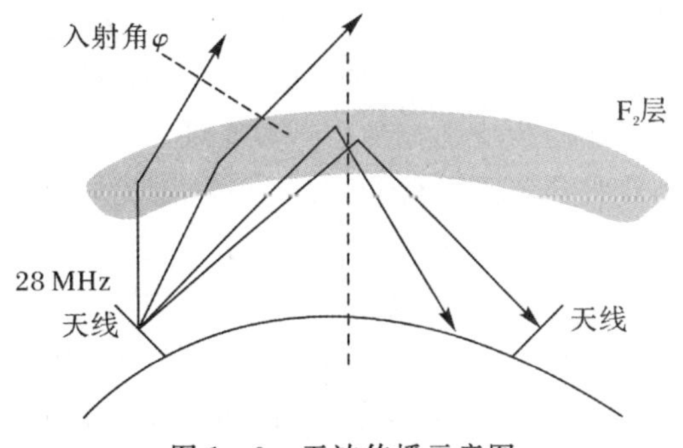

图 1－9 天波传播示意图

以上讲的是单跳模式，即经过一次电离层反射。在天波传播中，往往存在着多跳模式，如电波经过两次 F 层反射（两跳），称为 2F 模式。表 1－3 中列出了在不同通信距离时，可能存在的传播模式。

表 1-3　不同距离可能存在的传播模式

通信距离/km	可能存在的传播模式
<2000	1E、1F、2E
2000～4000	2E、1F、2F、1E2F
4000～6000	3E、4E、2F、3F、4F、1E1F、2E1F
6000～8000	4E、2F、3F、4F、1E2F、2E2F

2. 衰落现象

在电离层内短波传播过程中，由于电离层电特性的随机变化，引起传播路径和能量吸收的随机变化，使得接收电平呈现不规则变化。短波通信中，即使在电离层的平静时期，也不可能获得稳定的信号。接收端信号振幅总是呈现忽大忽小的随机变化，这种现象称为“衰落”。连续出现持续时间仅几分之一秒的信号起伏称为快衰落。持续时间比较长的衰落(可能达一小时或者更长)称为慢衰落。

慢衰落主要是吸收型衰落。它是由电离层电子密度及高度的变化造成电离层吸收特性的变化而引起的，表现为信号电平的慢变化，其周期可从数分钟到数小时。日变化、季节变化及太阳活动 11 年周期变化均属于慢衰落。吸收衰落对短波整个频段的影响程度是相同的。在不考虑磁暴和电离层骚扰时，衰落深度可能低于中值 10 dB。

要克服慢衰落，应该增加发射机功率，以补偿传输损耗。根据测量得到的短波信道小时中值传输损耗的典型概率分布，可以预计在一定的可通率要求下所需增加的发射功率。通常，要保证 90%的可通率，应补偿的传输损耗约为－130 dB；若要求 95%的可通率，则应补偿可能出现的 95%的传输损耗。

值得注意的是，太阳黑子区域常常发生耀斑爆发，此时，有极强的 X 射线和紫外线辐射，使得白昼时电离层的电离增强，会把短波大部分甚至全部吸收，以致通信中断。通常这种骚扰的持续时间为几分钟到 1 小时。

快衰落是一种干涉型衰落，它是由随机多径传输引起的。由于电离层媒质的随机变化，各径相对延时亦随机变化，使得合成信号发生起伏，在接收端看来，这种现象是由于多个信号的干涉所造成的，因此称为干涉衰落。干涉衰落的衰落速率一般为每分钟 10～20 次，故为快衰落。干涉衰落具有明显的频率选择性。试验证明，两个频率差值大于 400 Hz 后，它们的衰落特性的相关性就很小了。遭受干涉衰落的电场强度振幅服从瑞利分布。大量的测量表明，干涉衰落的深度可达 40 dB，偶尔达 80 dB。

增加发射功率也可以补偿快衰落，但是，单纯通过增加功率来补偿快衰落是不经济的。例如，若可通率为 50%时的发射功率是 100 W，要将可通率提高到 90%，则需要增加发射机的功率到 660 W；若要求可通率为 99.3%，则发射机功率应为 1000 W。所以，通常除了为补偿快衰落留有一定的功率余量外，主要采用抗衰落技术，例如分集接收、时频调制和差错控制等。

此外，短波信道还会发生极化衰落。由于地磁场的影响，发射到电离层的平面极化波经电离层后，一般分裂为两个椭圆极化波，当电离层的电子密度随机起伏时，每个椭圆极化波的椭圆主轴方向也随之相应地改变，因而在接收天线上的感应电势有相应的随机起伏。可见,极化衰落也是一种快衰落。不过,极化衰落的发生概率远比干涉衰落的小,一般占全部衰落的 10%～15%。为了避免极化衰落,可采用不同极化的天线进行极化分集接收。

3. 短波传播中的静区

在短波传播中,存在着地波和天波均不能到达的区域,这个区域通常称为静区,如图1-10 所示。静区的形成是由于短波传播时地波的衰减很快,在离开发射机不远处,地波就接收不到了。而对于一定的频率,短波天波高仰角的射线会穿出电离层,收不到天波。因此,静区是指围绕短波发射机的一个环形区域,在这个区域内既接收不到地波信号,又接收不到天波信号,在这个区域之外则可接收到信号。

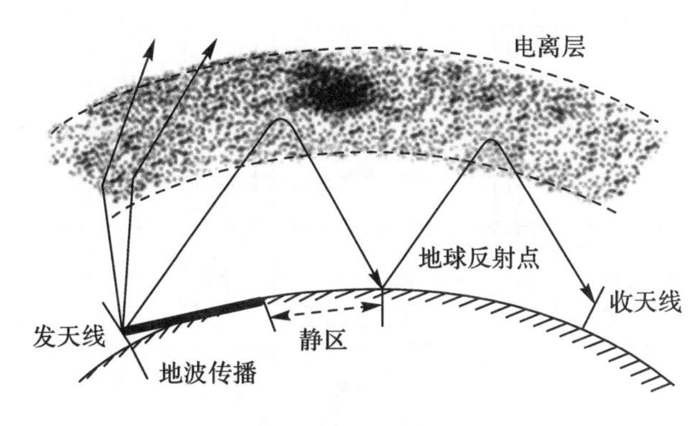

图 1-10　静区示意图

缩小静区的办法有:

(1)降低工作频率,使得仰角较大的电波能被反射,同时也增加了地波传播距离;

(2)增大辐射功率,使地波传播的距离增加;

(3)在通信中为了保证 0～30 km 的较近距离的通信,选用高仰角天线减小电波到达电离层的入射角,同时选用较低的工作频率,使得在入射角较小时电波不至于穿透电离层。

4. 多径传播

短波传播的多径情形主要有 4 种,如图 1-11 所示。其中,图(a)的多径由天波和地波构成;图(b)由单跳和多跳构成,图(c)和(d)的情况是寻常波和非寻常波之间的干扰以及电离层的漫射构成的多径。多径传播主要带来两个问题,一是衰落,二是延时。

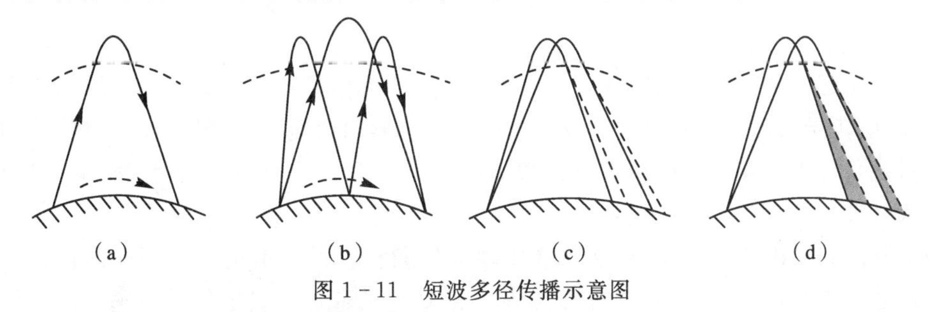

图 1-11　短波多径传播示意图

多径延时是指多径中最大的传输延时与最小的传输延时之差。多径延时与通信距离、工作频率和工作时刻有密切的关系。

多径延时与通信距离的关系可用图 1-12 表示。从图中可见,在 200～300 km 的短波线路上，多径延时最严重，可达 8 ms 左右。这是由于在这样的距离上，通常使用弱方向性的双极天线，电波传播的模式比较多，而且在接收点的信号分量中，各种传播模式的贡献相当，造成严重的多径延时。电离层与地面间多次反射时，在 2000～8000 km 的线路上，多径延时为 2～3 ms。当通信距离进一步增大时，由于不再存在单跳模式，多径延时又随之增大，当距离为 20000 km 时，可达 4～5 ms。

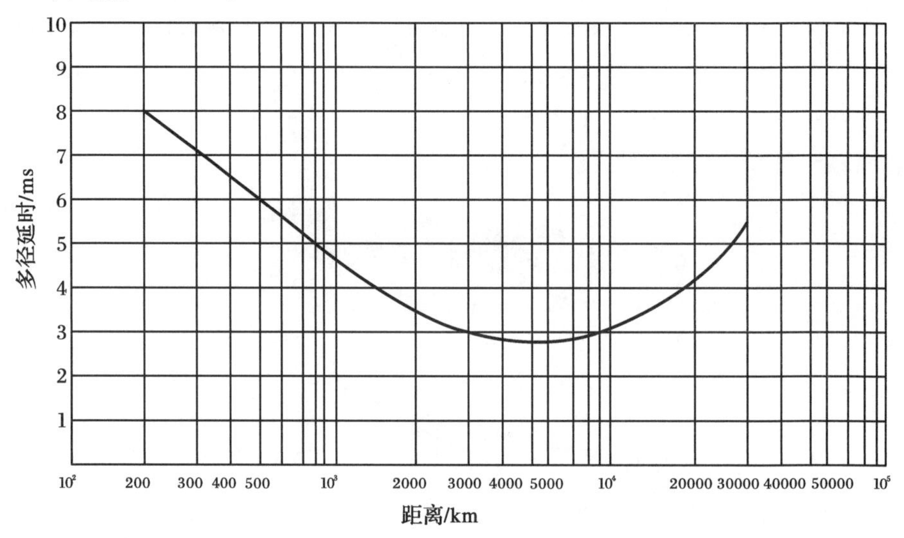

图 1-12　多径延时与距离的关系

多径延时随着工作频率偏离 MUF 的增大而增大。能使经由电离层反射的电波到达接收点的最高频率称为最高可用频率，用 MUF 表示。工作频率偏离 MUF 的程度可用多径缩减因子(MRF)表示。MRF 的定义如下

$$\mathrm{MRF}=\frac{f}{\mathrm{MUF}} \tag{1-17}$$

式中，f 代表工作频率。显然，MRF 越小，表示工作频率偏离 MUF 越大。

多径延时还与工作时刻有关。比如，在日出和日落时刻，多径延时现象最严重、最复杂，中午和子夜时刻多径延时一般较小而且稳定。多径延时随时间变化的原因是电离层的电子密度随时间变化，从而使 MUF 随时间变化。电子密度变化越急剧，多径延时的变化也越严重。

5. 相位起伏（多普勒频移）

信号相位起伏是指相位随时间的不规则变化。引起信号相位起伏的主要原因是多径传播。此外，电离层折射率的随机变化及电离层不均匀体的快速运动，都会使信号的传输路径长度不断变化而出现相位的随机起伏。根据实测结果得出：信号衰落率愈高，信噪比愈低，相位起伏愈大。

当信号的相位随时间变化时，必然产生附加的频移。无线信道中的频率偏移主要是由于收发双方的相对运动引起的。由传播中多普勒效应所造成的发射信号频率的漂移称为多普勒频移。在单一模式传播的条件下，由于电离层经常性的快速运动，以及反射层高度的快速变化，使传播路径的长度不断的变化，信号的相位也会随之产生起伏不定的变化。若从时域的角度观察这一现象，这意味着短波传播中存在着时间选择性衰落。多普勒频移在日出

和日落期间较严重，在电离层平静时期的夜间，不存在多普勒效应，而在其它时间，多普勒频移范围大约为1～2 Hz。当发生磁暴时，频移最高可达6 Hz。以上给出的2～6 Hz多普勒频移，是对单跳模式而言的。若电波按多跳模式传播，则总频移值按下式计算：

$$\Delta f_{tot}=n\Delta f \tag{1-18}$$

式中：n为跳数；Δf为单跳多普勒频移；Δf_{tot}为总频移值。

1.2.3.4 工作频率选择

工作频率选择，是根据电离层特性参量的时空变化规律和通信质量与电离层信道参数的关系，在电离层探测历史资料或实测资料的基础上，对短波通信电路的未来最佳工作条件和工作质量所做出的一种预先推断。它是将电离层电波传播理论、最佳信道匹配理论和计算机数据处理相结合的一种技术。

短波利用天波传播方式通信，可用于几百到一两万千米距离甚至环球通信。从电离层对无线电波的反射和吸收规律来看，欲建立可靠的短波通信，从这个波段内任意选用一个频率是不行的。对于每一条无线线路来说，都有它自己的工作频段。若频率太高，接收点落入静区；若频率太低，电离层吸收增大，不能保证必需的信噪比。因此短波天波通信，必须正确选择工作频率。

1. 选择工作频率的原则

(1)不能高于最高可用频率。如果所取频率大于最高可用频率，电波即使能从电离层反射回来，由于反射波束不能到达接收点，因而接收点收不到信号，构不成通信。应注意不要把最高反射频率f_{max}与最高可用频率MUF相混淆。f_{max}是入射角θ_0一定时，电离层能反射回来的最高频率。但此时反射波束不一定到达接收点，只有f_{max}的反射波束恰好到达接收点的情况下，二者才相等，通常最高可用频率小于最高反射频率。

最高可用频率与电子密度及电波入射角有关，电子密度愈大，MUF值也愈高。电子密度随时间(年份、季节、昼夜)、地点等因素而变化。其次，对于一定的电离层高度，通信距离愈远则电波入射角θ_0也就愈大(仰角愈低)，MUF也就愈高。

对于一条预定的通信线路而言，最高可用频率是个预报值，它是根据地面电离层观测站所提供的电离层参数的月中值确定的，这样得出的最高可用频率的月中值只能保证通信时间50%的利用率。也就是说，如果直接用最高可用频率作为工作频率，则在一个月中仅有50%的电波可以从电离层反射到预定的接收点。通常是将最高可用频率的月中值乘以0.85作为"最佳工作频率"，以OWF表示。这里所谓的最佳频率，并不是指信号最强或多径时延(多径传播中最大的传输时延与最小的传输时延之差)最小的频率，而只是指使用最佳工作频率时，在一个月内天波大约有90%的概率能到达指定的接收点。

$$\text{OWF}\approx 0.85\times\text{MUF} \tag{1-19}$$

式中：0.85称为最佳频率因子。测量表明，最佳频率因子不是固定值，它是随地理纬度、太阳活动性、季节、时间的不同而变化的。因此在频率选择上较为确切的说法是：短波工作频率应等于或略低于最佳工作频率，而决不能高于最高可用频率。

(2)不能低于最低可用频率。在短波通信中，频率愈低，电离层吸收愈大，信号电平愈低；而噪声电平却随频率的降低而增强。这是因为短波波段噪声以外部噪声为主，而外部噪声如人为噪声、天电噪声等，其功率谱密度随频率降低而加大，结果使信噪比变坏，通信线路的可靠性降低。我们定义能保证最低所需信噪比的频率为最低可用频率，以LUF表示。它与发射机功率、天线增益、接收机灵敏度和接收点噪声电平等因素有关。为保证正常接收，频率不能低于某一个最低可用频率。通信距离越远，电波在电离层中经过距离越长，最低可用频率越高。最低可用频率有和电子密度相同的变化规律，电子密度增大，最低可用频率亦应升高，以免吸收过大而影响通信。

(3)一日之内改变工作频率。由于 MUF、OWF 和 LUF 在一昼夜之间是连续变化的，而电台的工作频率则不可能随时变化。为了工作方便，在一昼夜之间选用的频率应尽可能地少，因此一般仅选择两个或三个频率作为该线路的工作频率。选定的白天适用的频率称为日频，夜间适用的频率称为夜频，显然日频是高于夜频的。在实际工作中特别要注意换频时间的选择，通常是在电离层电子密度急剧变化的黎明和黄昏时刻适时地改换工作频率，否则会造成通信中断，例如在黎明时分，若过早地将夜频改为日频，则有可能由于频率过高而使接收点落入静区，造成通信中断；若换频时间过晚，则会因工作频率太低，电离层吸收大，信号电平过低而不能维持通信。同样，若日频不能适时地换为夜频，也难保持正常通信。至于换频的具体时间，则应根据通信线路的实际情况，通过实践掌握好每条线路不同季节的最佳换频时间。

上面介绍的选择工作频率的方法，是目前我国广泛使用的一种方法。这种方法存在的问题主要有两个：一是这种方法的 MUF 值是以地面电离层观测站所预测的电离层参数的月中值为依据的，而不是以通信时刻电离层的即时状况来确定工作频率的；二是这里所说的最佳工作频率并不一定是实际工作时的最佳工作频率。

2.频率预报

(1)长期预测。依据电离层特性参量的时空变化规律和太阳活动性指数的预报值，即依据日地关系和以往的观测资料，对正常状态电离层的传播参数月中值所做出预先推断。它可以提前一个月、三个月或更长时间预报出短波的传播模式、接收点天波信号场强和短波通信电路最高可用频率等参数的月中值。为了方便短波频率的预报工作，出现了许多频率预报软件。这些预报软件虽然操作界面有所不同，但其根本的算法都采用的是国际电联 REC533 推荐的计算标准 Recommendation ITU－RP.533 或以前的旧版本。该计算标准最早发布于 1985 年，经过 30 多年的不断完善，现在已经成为国际上公认的短波链路预测和分析标准。该算法虽然适用于计算任意通信距离、任意时刻的线路最高可用频率，但由于观测数据的分布不均匀性，因此在不同地区使用时预测误差也有很大的区别。

目前广泛使用的预测软件是电离层通信增强型剖面分析和链路预测程序(Ionospheric Communications Enhanced Profile Analysis & Circuit prediction program，ICEPAC)。另外对于我国地区 MUF 预测，也可依据全国无线电管理委员会所提供的预测资料。

(2)短期预测。利用电离层在短期内存在相对稳定的特性而建立起来的预测通信链路最高可用频率的技术，采用七天权值法预报给定地点次日的电离层参量，继而用内插、外推法或短波频率预测图的方法预报出通信电路控制点处的电离层参量，从而预报出该电路次日的最高可用频率。这种技术可以预测电离层骚扰期或每天的电离层状态，其预测结果比较准确，预测的时间可以是几小时到几天。这种预测方法主要考虑了电离层在最近一段时间的变化情况，通过加权平均的方法来预测当前的电离层参量，因此预测精度较长期预测稍高一些，但需要有最近一段时间的实测数据作支撑，对于机动移动台来说，要获得这些实测数据是一件很困难的事情。因此，该预测方法主要适用于针对固定台站的频率预报。

3. 实时选频技术

实时选频技术的任务是根据现时的电波传播、噪声干扰等状况，实时地对信道进行质量评估，即通常所说的实时信道估值(Real - Time Channel Estimation，RTCE)。采用 RTCE 的高频自适应系统，并不考虑电离层结构和电离层的具体变化，而是从特定的线路出发，发出某种形式的探测信号。收端实时地对经过电离层反射后到达接收点的信号的电参数进行测量处理，直接根据接收信号的质量好坏和噪声、干扰的大小，选择出路径损耗、传播模式少且接收点相对安静的频率作为工作频率使用，并在此基础上控制通信设备实行自动快速换频，从而达到最佳工作状态。实时选频是通过实时评价信道质量，及时给出最佳通信频率，所以预测频率的可用度较高。

常见的实时选频技术有以下三种实现方式：

(1)通过通信与探测分离的独立探测系统；

(2)自适应实时选频；

(3)无源实时选频。

1.2.3.5　天波传播损耗

1. 7000 km 以下路径

由于短波传播存在多径传播(或多模式传播)，所以接收场强为到达接收点的各传播模式电波场强的合成。假设电波沿发射机和接收机位置间的大圆弧路径通过 E 层(路径长度小于 4000 km 时)和 F_2 层(任意路径长度时)反射传播。考虑的传播模式从最低阶模式一直到 3E(只有当路径长度小于 4000 km 时)和 6F2E 传播模式。

短波传播损耗通常是指电波在实际媒质中传输时，由于能量扩散和媒质对电波的吸收、反射、散射等作用而引起的电波能量衰减，主要包括自由空间传播损耗、电离层吸收损耗、地面反射损耗、极盖吸收损耗等。另外，由于 MUF 是基于月中值的，所以当工作频率大于 MUF 时，电波也有可能返回地面。但由于此时电波需要从较高层电离层反射，电离层对电波的吸收增加，且频率越高，吸收越大。

根据建议，传播损耗计算公式如下：

$$L_t = L - G_t + L_i + L_m + L_g + L_h + L_z \tag{1-20}$$

式中：L 为自由空间传播损耗，$L = 32.45 + 20\lg f + 20\lg P'$，dB；$f$ 为电波频率，MHz；P' 为斜向传播路程，km；G_t 为发射天线在所要求的方位角和仰角上相对于全向天线的增益，dBi；L_i 为电离层吸收损耗，dB；L_m 为工作频率大于基本 MUF 时的电离层吸收损耗，dB；L_g 为地面反射损耗，dB；L_h 为极盖吸收或极光带吸收损耗，dB；L_z 为天波传播中除该方法中包含的损耗外的其它损耗，推荐值为9.9 dB。

2. 9000 km 以上路径

当路径长度大于 9000 km 时，采用经验公式计算接收场强。把传播路径等分为 n 段，其中每一段的长度均不超过 4000 km。取满足该条件的最小 n 值。

合成的天波平均场强由下式确定：

$$E = E_0\left\{1 - \frac{(f_M + f_H)^2}{(f_M + f_H)^2 + (f_L + f_H)^2}\left[\frac{(f_L + f_H)^2}{(f + f_H)^2} + \frac{(f + f_H)^2}{(f_M + f_H)^2}\right]\right\} - 36.4 + P_t + G_{tl} + G_{ap} - L_y \tag{1-21}$$

式中：E_0 为 3 mW 时的自由空间场强，dBμV/m；P_t 为发射天线的辐射功率，dBμV/m；G_{tl} 为发射天线在要求的方位角和仰角 0°～8°范围内的最大增益，dBi；G_{ap} 为由于聚焦在远距离而引起的场强的增加，dBi；L_y 与 L_z 相似，推荐值为 －3.7 dB；f_M 为控制点电子旋转频率的均值；f_H 为电离层上限参考频率；f_L 为电离层下限参考频率。

3. 7000～9000 km 的路径

路径长度在 7000～9000 km 时的天波平均场强通过前两者内插得到。

1.3 短波噪声与干扰

1.3.1 噪声

短波信道的噪声分为内部噪声和外部噪声。内部噪声好比是大脑中的噪声，这些内部噪声是由搭建通信系统平台的相应器件产生的。外部噪声包括自然噪声和人为噪声。自然噪声来源于自然现象，是不可控制的，主要有太阳噪声、银河噪声等。人为噪声来源于机器或其它人工装置，是可控制的。

1.3.1.1 内部噪声

内部噪声是系统设备本身产生的各种噪声，包括散粒噪声、热噪声和光量子噪声等。电流是电子或空穴粒子做定向运动形成的。散粒噪声就是这些粒子的随机运动形成的。热噪声则是由于导体中自由电子的无规则热运动而形成的。光量子噪声是由光量子密度随时间和空间变化而形成的。

1.3.1.2 外部噪声

外部噪声包括自然噪声和人为噪声两类。外部噪声（亦称环境噪声）对通信质量的影响较大，美国 ITT（国际电话电报公司）公布的数据中，将噪声分为 6 种：大气噪声、太阳噪声、银河噪声、郊区人为噪声、市区人为噪声和典型接收机的内部噪声。其中，前 5 种均为外部噪声。有时将太阳噪声和银河噪声统称为宇宙噪声。

大气噪声（也称天电干扰）和宇宙噪声属于自然噪声。

所谓人为噪声是指各种电气装置中电流或电压发生急剧变化而形成的电磁辐射，诸如电动机、电焊机、高频电气装置、电气开关等所产生的火花放电形成的电磁辐射。这种噪声电磁波除直接辐射外，还可以通过电力线传播，并由电力线和接收机天线间的电容性耦合进入接收机。

人为噪声主要是车辆的点火噪声。因为在道路上行驶的车辆，往往是一辆接着一辆，车载电台不仅受本车点火噪声的影响，而且受前后左右周围车辆点火噪声的影响。这种环境噪声的大小主要决定于汽车流量。

1.3.2 干扰

干扰是指在无线电通信过程中发生的，导致有用信号接收质量下降、损害或阻碍的现象。干扰信号是指通过直接耦合或间接耦合方式进入接收设备信道或系统的电能量，它对无线电通信所需接收信号的接收产生影响，导致性能下降、质量恶化、信息丢失，甚至阻断通信的进行。

1.3.2.1　天电干扰

天电干扰是由大气放电所产生的。这种放电所产生的高频振荡的频谱很宽，对长波波段的干扰最强，中、短波次之，而对超短波影响极小，甚至可以忽略。图 1-13 显示了某地区天电干扰电场强度和频率的关系曲线。

每一地区受天电干扰的程度视该地区是否接近雷电中心而不同。在热带和靠近热带的区域，因雷雨较多，天电干扰较为严重。天电干扰在接收地点所产生的电场强度和电波的传播条件有关。图 1-13 所示的曲线表明：在白天，干扰强度的实际测量值和理论值有明显的差别，出现了干扰电平随频率升高而加大的情况。这是由于天电干扰的电场强度，不仅取决于干扰源产生的频谱密度，还和干扰的传播条件有关。天电干扰虽然在整个频谱上变化相当大，但是对于通频带不太宽的接收机而言，天电干扰具有和白噪声一样的频谱。

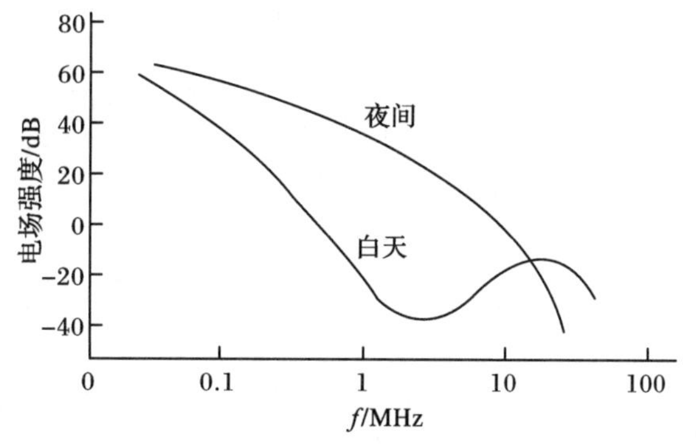

图 1-13　某地区天电干扰电场强度和频率的关系

天电干扰具有方向性，对于纬度较高的区域，天电干扰由远方传播而来，而且带有方向性。如北京冬季受到的天电干扰主要来自东南亚地区，而且干扰的方向随昼夜和季节变动。一日的干扰方向变动范围为 23°～30°。

天电干扰的强度随日夜变化和季节变化。一般来说，天电干扰的强度冬季低于夏季，这是因为夏天有更频繁的大气放电；而在一天内，夜间的干扰强于白天，这是因为天电干扰的能量主要集中在短波的低频段，而这正是短波夜间通信的最有利频段。此外夜间的远方天电干扰也将被接收天线接收到。

1.3.2.2　工业干扰

工业干扰也称人为干扰，它是由各种电气设备和电力网所产生的。特别需要指出的是，这种干扰的幅度除了和本地干扰源有密切关系外，同时也取决于供电系统。这是因为大部分工业噪声的能量是通过商业电力网传送的。

人为干扰的强度短期变化很大，与位置密切相关，而且随着频率的增加而减少。人为干扰辐射的极化具有重要意义。当接收相同距离、相同强度的干扰源来的干扰时，可以发现，接收到的干扰电平，垂直极化时较水平极化时高 3 dB。

在工业区，人为干扰的强度通常远远超过天电干扰，成为通信线路中干扰的主要来源。CCIR258-2 报告中提供了这方面的数值，如图 1-14 所示。图中所提供的各种区域的干扰系数的中值，是经过许多地区的测量才确定下来的，因此可以作为通信线路设计的干扰指标。

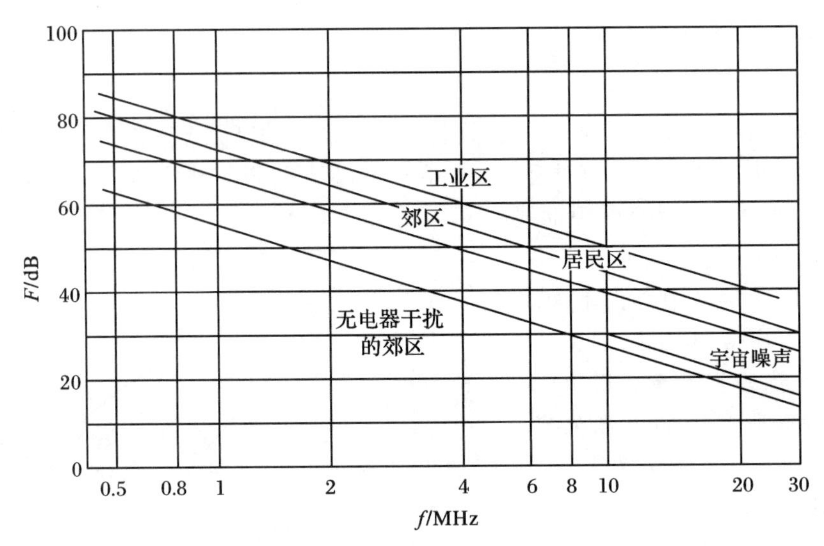

图 1-14 各种区域的干扰系数中值和频率的关系曲线

图 1-14 给出了各种区域干扰系数中值与频率的关系曲线。从图中不难看出，在工业区和居民区，工业干扰的强度通常远远超过大气噪声，因此它成为通信线路中的主要干扰源。

1.3.2.3 电台干扰

电台干扰是指与本电台工作频率相近的其它无线电台的干扰，包括敌人有意识释放的同频干扰。由于短波波段的频带非常窄，而且用户很多，因此电台干扰成为影响短波通信质量的主要干扰源。抗电台干扰已成为设计短波通信系统需要考虑的首要问题。据统计，仅就分布在短波波段的广播电台而言，在 5.95～26.1 MHz，每小时约有 22000 个电台在进行广播。特别是军事通信，受电台干扰影响严重。再加上通信电台和干扰台，尤其在夜间，很远的电台干扰信号也能传播过来，使得电台干扰更为严重。

1.4 短波通信的地位和作用

当人们为了追求通信容量和多种业务不断地开发超短波、微波等更高的无线电频段时，传统的长波、中波通信因为失去原有的优势，只能在特殊的场合找到应用，而短波通信由于设备简单、开设方便、成本低，特别是具有较强的远程通信能力等优点，始终在民用通信领域和军事通信领域占有不可或缺的地位。

1.4.1 民用通信领域

在国民经济各部门中，有许多部门需要中远距离通信。由于建立微波接力通信、卫星通信及光纤通信系统投资较大，不适于一般中小型专业无线通信网。专业通信网的使用效率一般不是太高，因此，一般中远距离的专业通信网大都采取短波通信方式。如长江某管理部门，在东西 1700 多千米范围内分布着几十个下属机构，用无线网把它们联系在一起，短波是较好的方式。在实施时，可以申请设多个频点，用高频率实现东西较远点的通信，使用较低频率完成某一段近距离的通信。也可只设 8～9 MHz 附近的一个频点，实现全网话报均通。

同时短波通信是流动工作单位重要的通信手段之一。应当看到，有许多工作流动性很大的岗位，很可能在没有电话通信甚至没有电力供应的地区工作，例如：地质勘探、石油开发、铁路工程、自然保护、森林防火、水利开发等部门，如果有了短波通信设备，每到一个地方，可迅速地架设电台进行通信。

在紧急抢险救灾中，短波也是一种理想的通信方式。洪水、地震、飓风等自然灾害的发生，往往伴随着通信中断甚至电力供应中断，而短波通信设备可以迅速设台，迅速移动，并可用手摇电机或电瓶供电，且通信距离远近皆可。1991 年山西某煤矿发生重大事故，在其它通信方式不畅的情况下，利用煤炭工业部安全生产短波应急通信网紧急动员，一个小时内有 12 支矿山救护队到达现场，为及时抢险救灾赢得了宝贵的时间。山西省人民政府对这个煤炭工业部安全生产短波应急通信网的功能和作用给予了充分肯定。在国家民政系统逐级建立的社会救灾通信系统中，有部分省、市、区也选用了短波通信方式或短波超短波混合方式。

1.4.2　军事通信领域

远程通信能力是实现远程国土防卫能力的基本保障。通常情况下，国土远程通信能力可以通过地面有线通信网，或依托有线通信网、移动通信网与地面无线中继通信系统来实现。然而信息化条件下军事运用的特殊要求，以及军事能力拓展的发展需求，决定了这种远程通信能力更多的是体现在以机动为主的远程通信能力上，具有以无线、机动为主的显著特点。与远程兵力、火力机动一样，远程机动通信支持能力是远程作战能力的基础，特别是海、空军远程作战指挥通信，无法依靠地面有线通信设施，以及国土有线通信网系平台，远程无线电通信是唯一的保障手段。其中，超短波、微波通信因受视距传输的限制，不建立空中中继平台就难以实现大范围、超视距通信保障。卫星通信对我军而言受资源和覆盖范围的限制，目前还不能提供有效的远程通信保障，需要加快发展，加强建设。与此相比，短波通信不需要建立空间转信平台就具有远程通信和全域覆盖的通信支持能力。发展短波远程通信也不像卫星通信那样会受到空间资源的制约和限制，所依靠的电离层“中继系统”是一个天然的空间转信平台。虽然短波通信在提供高速、宽带通信服务和业务能力，以及通信的稳定性方面不如卫星通信，但是短波通信所具有的依托本土就能建立远程作战指挥通信的能力，以及通信组织运用的灵活性、通信系统的顽存性等显著优点，决定了无论是现在还是将来，短波通信都是不可或缺的远程通信基本手段。

随着兵力机动、火力机动、机动作战、应急军事行动等成为现代军队遂行多样化任务的基本模式，在保障模式上要求通信设施或通信装备具有高度机动能力，在装备功能上要能为部队遂行作战机动和非战争军事行动应急机动提供不间断地“动中通”，以及迅速部署、展开、连通和转移的能力。因此，无线电通信是唯一的手段。随着通信技术的发展及其在军事领域中的应用，短波通信系统呈现出多手段建设、多模式综合保障的特点。尽管如此，短波通信组织运用的灵活性、运用模式的多样性，以及不需要建立基站或中继节点，具有的广域覆盖及远程通信能力，仍将是我军无线通信的基本手段。

应急通信能力是军队应对突发事件，通信快速组织、快速机动展开、快速遂行保障的能力。一方面，应急通信要求的快速反应能力体现了信息化条件下军队遂行多样化任务的特点。现代战争，武器系统高速攻击、兵力快速机动的能力，加速了战争进程发展变化的节奏，增加了战场态势转化变换的不确定性；非战争军事行动，往往事发突然，不确定的因素多，时效性要求高。因此,要求军事通信系统应具备快速响应、实时调整、动态补充通信资源的能力,以确保指挥控制通信的顺畅。另一方面,面对战争带来的高强度摧毁和自然灾害造成的重烈度破坏,遂行多样化任务应急通信能力更多地体现在最低限度通信能力上。最低限度通信能力是指在常规通信设施被“硬摧毁”或受到强电磁干扰不能正常工作时,采用各种应急通信手段保障各级基本作战信息传递的能力。在实现最低限度通信方面,短波通信有其固有的优势:设备体积小,机动灵活,适于车载、舰载、机载,便于携带和隐蔽,可无中心组网,抗毁性强。这些优点决定了短波通信具有天然的抵御“硬摧毁”能力。短波最低限度通信技术的开发应用,大大增强了短波通信系统抵御包括强电磁干扰在内的“软杀伤”能力。作为应急通信的基本手段,短波通信在我军通信能力建设中占有重要的地位。

习 题

1. 简述短波通信的特点。
2. 为了充分利用短波近距离通信的优势,短波通信实际使用的频率范围是什么?
3. 短波通信中电磁波的传播方式有哪些,各有什么特点?
4. 按照电子密度随高度变化的情况,可把电离层分为哪些层?
5. 对短波通信来讲,电离层的哪一层是最重要的?原因是什么?
6. 举例说明短波通信在现代无线通信中的地位和作用。

第 2 章　短波通信系统关键技术

2.1　短波通信系统

2.1.1　短波通信系统基本组成

现代短波通信系统基本功能模块与其它无线通信系统构成基本类似，一般主要由信源(信宿)处理终端、高速调制解调器、收发信主机、自动天线调谐器、功率放大器、收发天线、电源以及相关配件等组成，如图 2-1 所示。其中信源(信宿)处理终端主要实现话音、数据以及图像等原始信息到电信号的转换与恢复，高速调制解调器实现信号的调制与解调功能，电源负责为整个系统所有模块提供能源，配件主要包括远程控制终端、连接线缆、装载工具等附属设施，功率放大器实现短波信号的功率放大，收发信主机、自动天线调谐器以及天线是短波通信系统区别于其它无线通信系统的主要部分，下面将详细介绍。

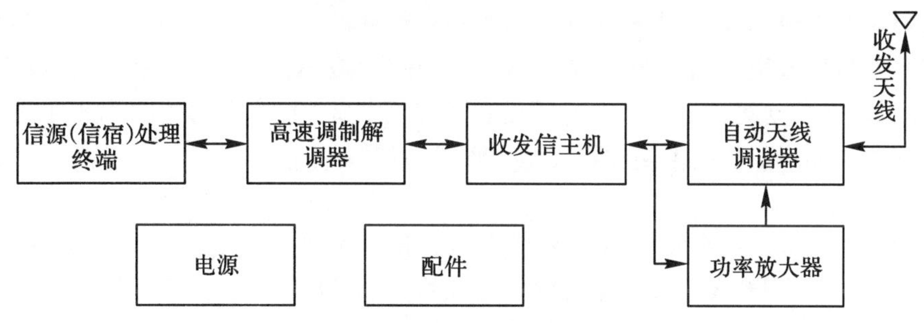

图 2-1　短波通信系统基本组成

2.1.1.1　短波通信系统收发信机

收发信机一般由收发信道、频率合成器、逻辑控制电路等部分组成，如图 2-2 所示。

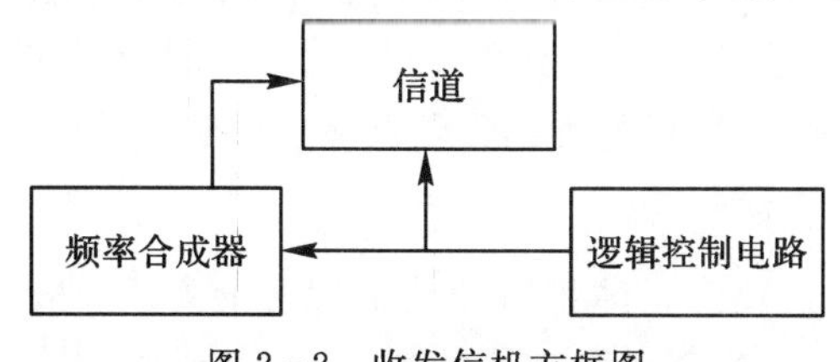

图 2-2　收发信机方框图

1. 信道

信道部分通常由选频滤波、频率变换、调制解调、音频功率放大、射频功率放大、自动增益控制(Automatic Gain Control，AGC)、自动电平控制(Automatic Level Control，ALC)、收发转换电路等组成，如图 2-3 所示。

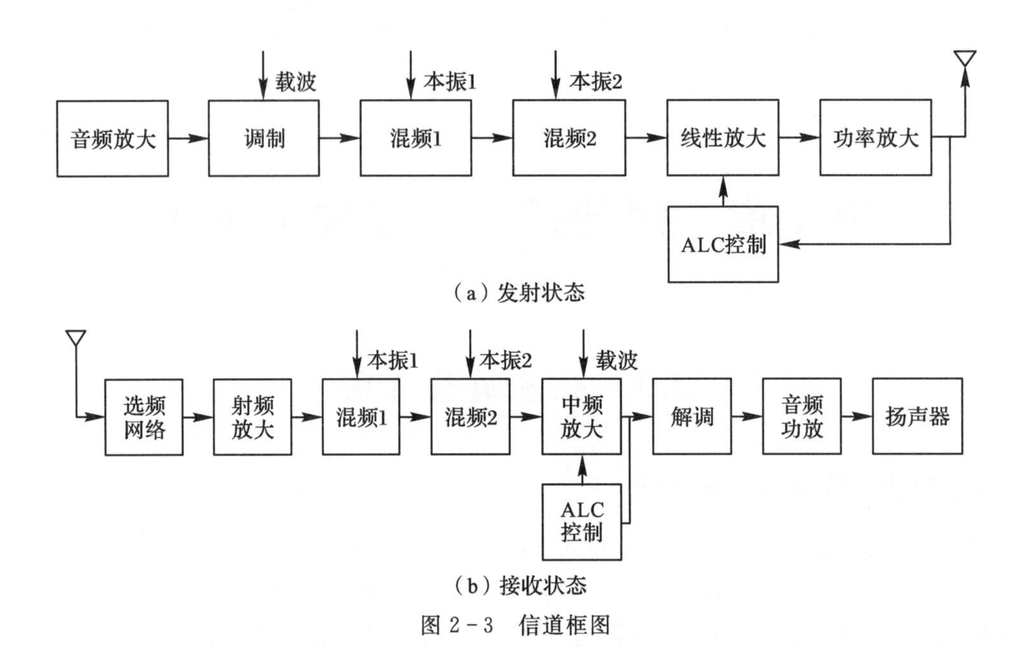

(a) 发射状态

(b) 接收状态

图 2-3 信道框图

当处于发射状态时，其主要功能是将音频信号经音频放大送至调制器进行调制，形成单边带调制信号，然后再经两次频率变换(频率搬移)，将信号搬移到工作频率上(1.6～30 MHz)，之后对射频信号进行线性放大，功率放大、滤波，保证有足够的纯信号功率输出，经天线向空间传播；当处于接收状态时，则将在天线上感应的射频信号加到选频网络，利用该网络选择出有用信号，经射频放大或直接输入到混频器对射频信号进行频率变换(一般进行两次混频)，将信号搬移到低中频，然后对低中频信号进行放大后再解调，还原成音频信号，再经音频功放推动扬声器发声。为了使接收信号稳定输出，发射功率输出平稳，信道部分一般要加入自动增益控制电路和自动电平调整电路。

2. 频率合成器

频率合成器一般由几个锁相环组成，产生信道部分实现频率变换(混频)、调制解调所需的稳定的激励、本振和载波信号。现代频率合成器一般采用数字式频率合成技术，使频率合成器的体积大大减小。

3. 逻辑控制电路

现代通信设备中的逻辑控制电路一般采用单片机控制技术或嵌入式系统技术。逻辑控制电路通常包括微处理器系统(包括 CPU、程序存储器、数据存储器等)、输入与输出电路、键盘控制电路、数字显示电路及扩展电路的接口等。逻辑控制电路将控制整个设备的工作状态，协调与扩展电路的联系，扩展能力的强弱是体现设备先进性的重要标志。

2.1.1.2 天线自动调谐器

无线电发射机必须通过辐射元件将射频功率发射出去。一般来说，发射机功率级的输出阻抗是相对不变的，而天线辐射单元的阻抗则是频率、天线型式、天线长度以及周围环境的函数。为了将射频功率有效地辐射出去，往往必须引入天线耦合(匹配)网络，使天线获得调谐并与发射机功率级匹配。以往这种调谐与匹配是靠人工调整来满足的，过程复杂，调配时间长。随着通信技术的迅速发展，特别是现代无线电通信的快速与准确的要求，发射天线的自动调谐就成了迫切需要解决的问题。

为了实现天线的自动调谐，天线自动调谐系统通常由调谐参数检测器、控制电路、天线匹配网络组成，如图 2-4 所示。

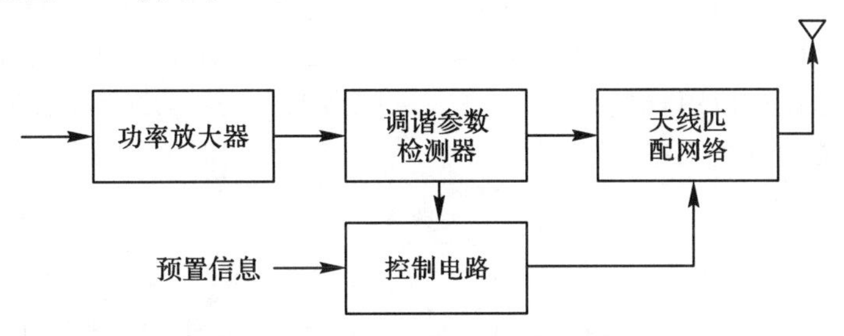

图 2-4　天线自动调谐系统组成方框图

调谐参数检测器实时地检测调谐过程中天线匹配网络的调谐与匹配状态参数，为控制电路提供动态的控制信息。控制电路接收来自设备的频率预置信息和来自调谐参数检测器的动态调整信息，经处理后对天线匹配网络进行控制。天线匹配网络的核心部件是可控调谐元件，也称可调电抗器，它受控制电路送出的指令控制，对天线网络进行调谐和匹配调整，从而实现天线的自动调谐。在数字技术尚未得到充分发展的阶段，天线自动调谐几乎都有体积、重量大，噪声高等缺点，一般只适用于中、大功率通信电台。

随着磁饱和电感器等新型电调可变电抗器的出现，天线自动调谐技术有了进一步的发展。采用电调可变电抗元件与数字化控制技术的天线自动调谐装置，在战术无线电台中得到了广泛的应用。与机电调谐相比，电调谐天线自动调谐系统具有控制功率小、调谐时间短、体积小、重量轻、可靠性高等优点。缺点是功率容量小、调谐元件变化范围窄，一般适用于中、小功率通信电台。

近十几年来，随着低功耗、高速率调谐元件以及数字控制技术的发展，天线自动调谐技术已经成为短波通信设备自动化、智能化的一项主要技术，而得到广泛的应用。特别是以单片微处理器为核心的数字处理与控制技术、磁保持继电器等控制元件的应用，大大增强了天线自动调谐系统的智能化水平，改善了调谐性能。以新型电调可变电抗器以及继电器控制电感器组、电容器组实现数字化的天线自动调谐装置在国际上已屡见不鲜。如美军的 AN/PRC-70、AN/ARC-154 电台的天线自动调谐装置和以军的 PRC-174 电台天线自动调谐装置就是其中的代表。

2.1.1.3　天线

天线及天线系统是无线电通信系统与网络的重要设备之一，它的技术发展水平直接关系到无线电通信线路的整体性能。在设计短波通信线路对，应根据通信距离和电台开设的客观环境条件，选择合适的天线型式。对于中等距离(2000 km 范围内)的短波通信线路，一般采用方向性较弱的水平对称天线，每副天线可提供几分贝的增益。而用于远距离、高质量短波通信的固定台站，通常采用菱形天线和对数周期天线等方向性较强的天线，每副天线可提供十几分贝的线路增益。对于近距离机动通信的短波电台，目前主要采用鞭状天线和环形天线等，此类天线的方向图在水平方向近似为圆形。相关天线的详细介绍见第 3 章。

2.1.2　短波通信系统的工作方式

短波通信系统按工作方式主要分为单工系统、半双工系统和全双工系统，其中以半双工系统较为常见。

2.1.2.1 短波单工系统

单工工作是双方发送信息过程中，A 端只发送不接收，B 端只接收不发送，系统使用一个固定频率，只能实现信息从 A 流向 B，不能从 B 流向 A，如图 2-5 所示。此种工作方式在早期的短波广播系统中应用较多，例如中央人民广播电台、美国之音以及英国的 BBC 等全球短波广播仍在使用这种工作方式。

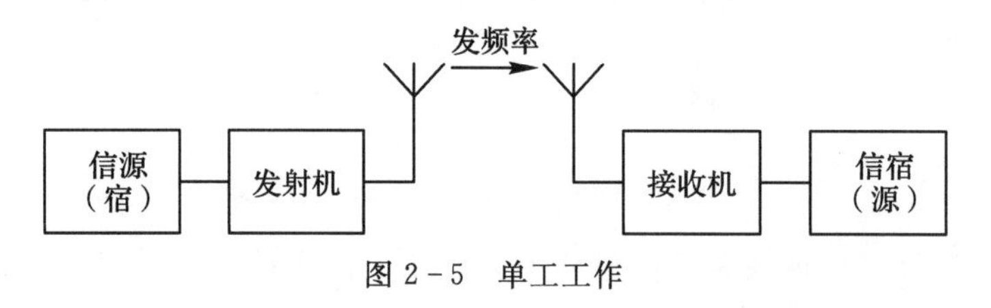

图 2-5 单工工作

2.1.2.2 短波半双工系统

半双工工作是通信双方轮流向对方发送信息，A 端发送时 B 端接收，B 端发送时 A 端接收，双方使用同一个发射频率，因而不能同时发送，如图 2-6 所示。双方各只有一副天线，既用于发射也用于接收。电台工作时各方需要根据自己处于发射状态还是接收状态，将天线接到发射机上或接收机上。天线的转换可以手动完成，也可以由话音或电传打字机自动控制。半双工工作主要适用于只有一个电话或电报（莫尔斯人工电报或电传打字电报）信息的小型电台，特别是便携式电台，或者装在车辆、船只和飞行器上的移动电台与装备小功率（1 kW 以内）发射机的基地电台之间通信使用。基地电台和移动电台使用的单工机通常是发射和接收部分合装在一起的收发信机。

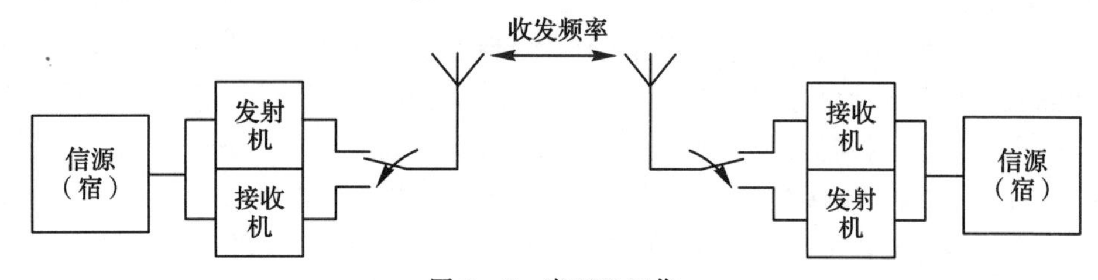

图 2-6 半双工工作

2.1.2.3 短波全双工系统

图 2-7 给出了全双工短波电台的组成结构图，可以看出其与半双工短波电台的区别主要在于多了一套收发信机，这样便可以实现收发信双方信息的同时交互，通信效率变高，但付出的代价便是设备成本和复杂度增大。

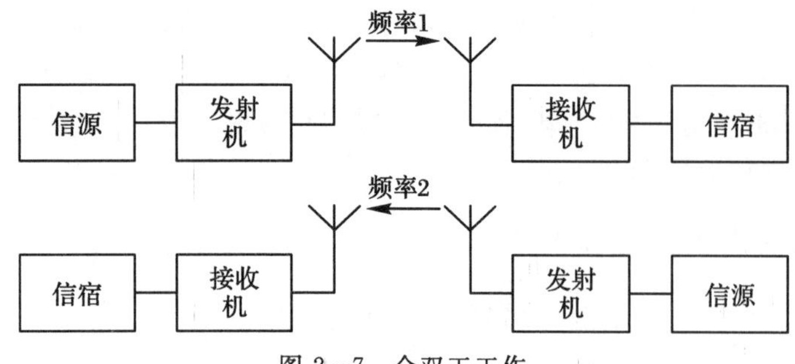

图 2-7 全双工工作

需要双向同时传送信息的业务,例如,要求接入公用或专用通信网的电话业务,双方通话用户不可能根据需要随时转换信道的传输方向,因此不能以半双工方式工作。又如,多路复用的电报链路也不能以半双工方式工作,因为其中一个信道需要转换方向时,必然会影响其它正在工作的信道,即使当时其它信道都处于停止工作状态,也不可改变传输方向。以上情况下就需要使用全双工通信,全双工工作时,通信双方使用不同的频率,各方都需使用独立的发射机和发射天线以及接收机和接收天线,如图 2-7 所示。在全双工工作时,应避免发射机干扰接收机的正常接收工作,必要时应将发射机和接收机分别安装在有一定距离的发射台和接收台内。

2.1.3 典型短波通信系统

2.1.3.1 短波广播电台

短波广播通信系统是以短波作为载频、以广播形式将信息由发送端发送到接收端的一种单向通信方式,是一种重要的远程通信手段。由于短波广播通信系统的以下特点,使其在日常应用中变得越来越重要。短波是依靠电离层反射传播的,当电离层把短波广播通信系统发送端发送的短波信号经过反射回到地面时,地面还可以再一次把电波反射到电离层上,以实现几百公里到几千公里的广播通信。由电离层形成二次反射,经过短波在地面和电离层之间的多次跳跃,可以实现全球广播通信。短波广播通信系统信息传输不受网络枢纽和有源中继体制约,在发生战争或灾害时不容易受到破坏,具有较强的抗毁能力。在山区、戈壁等地区,短波广播通信系统也可以部署发射设备和接收设备,而且发送端一般不受当地环境噪声的影响,信息传递省去了建立链路的过程。接收端设备可以一直处于信息接收状态,当需要有信息发送时,发送端设备就可直接发送。相比其它通信手段,短波广播通信系统的信息沟通交互环节少,沟通方式简单。

2.1.3.2 典型外军电台

柯顿(Codan)2110 系列背负式短波电台操作简单,轻便坚固,用于行进中远距离语音和数据通信,如图 2-8 所示。附带数据接口,并配置有不同型号天线、电池及背包。可与柯顿 NGT 系列电台兼容,并可与其它商业、军用电台互通,适应野外恶劣环境条件。其中,柯顿 2110V 仅有语音功能,柯顿 2110 有语音功能和数传功能(外接调制解调器),均为商业电台。柯顿 2110M 是军用电台,内置跳频和语音加密选件。收发器和电池外壳由轻质合金与高强度塑料制成。柯顿 2110 系列电台集成了自动天线调谐器、GPS 功能和数字消噪功能,并具有自测功能以确保用户可进行简单操作及维护。自动报文处理能力包括远程诊断、GPS 轮询和发送、通话和紧急呼叫。为防止自动链路建立(Automatic Link Establishment,ALE)发射信道被占用,发射前可倾听信道状况。柯顿 2110 系列具有同时多个网络扫描能力,配备 MIL-STD-188-141B ALE 自适应(选件),可达到 600 个信道和 20 个网络。柯顿 2110 可连接柯顿 9350 鞭状天线配套使用,柯顿 2110M 可连接柯顿 9350M 鞭状天线配套使用,还可以配置柯顿 2110M 的跳频选件,选择变频速度,每秒变频 6、12 或 25 次,还有一个独特的 18 位安全跳频键。

图 2-8　柯顿 2110 系列背负式短波电台

2.2　短波自适应通信技术

2.2.1　基本原理

在通信技术高度发展的今天，短波通信仍是无线电通信的主要形式之一，这是由于短波通信有着通信距离远、机动性好、顽存性强及具有多种通信能力等不容忽视的独特优点。然而，短波通信也存在着短波信道的时变色散特性和高电平干扰的主要缺点。因此，为了提高短波通信的质量，最根本的途径是"实时地避开干扰，找出具有良好传播条件的无噪声信道"，完成这一任务的关键是采用自适应技术。

通常人们将实时信道估值(Real Time Channel Evaluation，RTCE)技术和自适应技术合在一起统称为短波自适应技术。从广义上讲，所谓自适应，就是能够连续测量信号和系统变化，自动改变系统结构和参数，使系统能自行适应环境的变化和抵御人为干扰。因此，短波自适应的含义很广，它包括自适应选频、自适应跳频、自适应功率控制、自适应数据速率、自适应调零天线、自适应调制解调器、自适应均衡、自适应网管等。从狭义来讲，我们一般说的高频自适应，就是指频率自适应。短波自适应通信技术主要是针对短波信道的缺陷而发展起来的频率自适应技术，通过在通信过程中，不断测试短波信道的传输质量，实时选择最佳工作频率，使短波通信链路始终在传输条件较好的信道上。

2.2.1.1　短波自适应通信技术的作用

1. 有效地改善了衰落现象

信号经过电离层传播后幅度的起伏现象叫作衰落，这是一种最常见的传播现象。衰落的主要原因有：多径传播、子波干涉、吸收变化、极化旋转和电离层的运动等。衰落时，信号的强度变化可达几十倍到几百倍，衰落的周期由十分之几秒到几十秒不等，严重地影响了短波通信的质量。采用自适应通信技术后，通过链路质量分析，短波通信可以避开衰落现象比较严重的信道，选择在通信质量较稳定的信道上工作。

2. 避免了"静区"

在短波通信中，时常会遇到在距离发信机较近或较远的区域都可以收到信号，而在中间某一区域却收不到信号的现象，这个区域就称为"静区"。产生"静区"的原因，一方面是地波受地面障碍物的影响，衰减很大；另一方面是对于不同频率的电波，电离层对其反射的角度不一样，因而造成了在天波反射超出，地波又到达不了的区域不能正常通信。采用短波自适应通信技术，通过自动链路建立功能，系统可以在所有的信道上尝试建立通信链路，避免在“静区”的信道工作。

3. 提高了短波通信的抗干扰能力

短波电台进行远距离通信，主要是靠电离层反射来实现的，因此电离层的变化对短波通信影响很大，特别是太阳表面出现的黑子会发射出强大的紫外线和大量的带电粒子，使电离层的正常结构发生变化。对于不同的短波频率，电离层对其反射能力不同，而电离层的变化对不同频率的电波的影响也不相同；同时，短波通信过程中还存在着外界的大气无线电噪声和人为干扰，这些因素已成为影响高频通信系统顺畅的主要干扰源。采用自适应通信技术，可使系统工作在传输条件良好的弱干扰或无干扰的频道上。目前的短波自适应通信系统，已具有了“自动信道切换”的功能，当遇到严重干扰时，通信系统做出切换信道的响应，提高了短波通信的抗干扰能力。

4. 拓展了短波通信的功能

由于采用了数字信号处理技术，短波自适应通信系统不仅可以进行传统的报话通信，而且，在外接数字调制解调器和相应的终端设备，如计算机、传真机等，可以进行数字、传真和静态图像等非话业务通信。

总之，采用短波自适应技术充分利用频率资源、降低传输损耗、减少多径影响，避开强噪声与电台干扰，提高通信链路的可靠性。短波模拟通信已普遍采用自适应实时选频。

实现频率自适应必须研究和解决以下两个方面的问题：

(1)准确、实时地探测和估算短波线路的信道特性，即实时信道估值(RTCE)技术；

(2)实时、最佳地调整系统的参数以适应信道的变化，即自适应技术。

2.2.1.2　短波自适应的分类

1. 根据功能的不同分类

(1)通信与探测分离的独立系统——频率管理系统。该系统属于早期的实时选频系统，也称为自适应频率管理系统，它利用独立的探测系统组成一定区域内的频率管理网络，在短波范围对频率进行快速扫描探测，得到通信质量优劣的频率排序表，根据需要，统一分配给本区域内的各个用户。这种实时选频系统其实只为区域内的用户提供实时频率预报，通信与探测是由彼此独立的系统分别完成的。如美国在 20 世纪 80 年代初研制出的第二代战术频率管理系统 AN/TRQ-42(V)，该系统成功地用于海湾战争，支撑短波通信网，取得了良好的效果。

(2)探测与通信为一体的频率自适应系统——短波(高频)自适应通信系统。该系统是近年来微处理器技术和数字信号处理技术不断发展的产物。该系统对短波信道的探测、评估和通信一并完成。它利用微处理器控制技术，使短波通信系统实现自动选择频率、自动信道存贮和自动天线调谐；利用数字信号处理技术，完成对实时探测的电离层信道参数的高速处理。这种电台的主要特征是具备限定信道的实时信道估值功能，能对短波信道进行初步的探测，即链路质量分析(Link Quality Analysis, LQA)，能够自动链路建立(ALE)。因此，它能实时选择出最佳的短波信道通信，减少短波信道的时变性、多径时延和噪声干扰等对通信的影响，使短波通信频率随信道条件变化而自适应地改变，确保通信始终在质量最佳信道上进行。由于 RTCE 作为高频通信设备的一个嵌入式组成部分，在设计阶段已经综合到系统中，因而其成本大大降低，市场应用前景广泛。典型产品有美国 Harris 公司的 RF-7100

系列，加拿大 RACE 公司的 ARCE 系统，德国 Rohde&Schwartz 的 ALIS 系统，以色列 Tadiran 公司的 MESA 系统等。美国军方于 1988 年 9 月公布了 HF 自适应通信系统的军标 MIL-STD-188-141A。我国在 20 世纪 90 年代制定了国家军用标准 GJB2077，并以此规范了我国通用短波自适应通信设备。

2.根据所采用的 RTCE 技术的形式分类

(1)采用“脉冲探测 RTCE”的高频自适应。电离层脉冲探测是应用最广泛的形式。它是一种时间与频率同步传输和接收的脉冲探测系统。发送端采用高功率的脉冲探测发射机，在给定的时刻和预调的短波频道上发射窄带脉冲信号，远方站的探测接收机按预定的传输计划和执行程序进行同步接收。为了获得较大的延时分辨率，收和发在时间上应是同步的，因此，收发两端最好装配原子时间标准和原子频率标准，或者收发两端的时间同步。由此可见，只要收发的时间表是相同的，且时间是精确的，就可以获得收发探测电路在时间和频率上的同步传输，这是探测系统正常工作的基础。另外，通过在每个探测频率上发射多个脉冲信号和接收响应曲线进行平均的途径，可以减少传输模式中快起伏的影响。由于脉冲探测信号的形式过于简单且宽度较窄，这就要求脉冲探测接收机具有较宽的带宽，从而使整个探测接收过程易受干扰的影响。为此，需要对这种简单的基本脉冲探测系统进行改进。一项最易于实施的改进措施，就是对每个频率上的各个脉冲进行调制。这样做的结果至少有三个好处：首先，在不缩短基本脉冲宽度和不增大发射机峰值功率的前提下，改善了系统的时间分辨性，并允许使用脉冲压缩编码技术；其次，通过脉冲调制编码可以传输诸如预定频率上基地站干扰电平信息一类的数据；第三，能够适当地改善系统在高干扰环境中的性能。

(2)采用“Chirp 探测 RTCE”的高频自适应。调频连续波探测又称啁啾(Chirp)探测，是另外一种电离层探测方式，它在原理上和脉冲探测完全不同，探测信号采用了调频连续波(FMCW)，即频率扫描信号。典型的 Chirp 探测信号是频率线性扫描信号，也可以采用频率对数扫描形式。Chirp 探测系统正常工作基础和脉冲探测一样，必须使收发在时间上和频率扫描上精确同步，以保证同时开始扫描。频率扫描信号的扫描范围和斜率应一致。满足上述条件后，发射机和接收机的本地扫描振荡器将同步地由低到高实施频率扫描。

(3)采用“误码计算 RTCE”的高频自适应。在误码计算技术中，探测信号与传播信号的参数实质上是一样的。探测信号轮流占用每个预选信道，发送探测数码，而接收机只要对接收的数码进行误码检测，就可以弄清每个信道的误码率，以确定哪个信道最好。此法的优点是直接测量数字数据的质量。其缺点是正在传播通信信息的信道不能与其它代替信道进行比较，从而要对正在工作的信道做出某种替代时缺乏充分的依据。

(4)采用“8 相相移键控(8 Frequency Shift Keying，8FSK)RTCE”的高频自适应。8FSK 是 20 世纪 80 年代末期广泛推荐使用的一种数据探测体制，在通信选频合一的自适应电台中是一种规范化的信号格式。美军标准 MIL-STD-188-141A 的附录 A(自动线路建立系统)和我国军用标准 GJB2077—94(短波自适应通信系统自动线路建立规程)中对 8FSK 信号的选频协议及自动线路建立均有详细规定。通过执行军标中各种协议，自适应电台可以完成链路质量分析、自动选择呼叫、预置信道扫描以及自动线路建立协议中的信道质量探测和各种信令的传输。8FSK 探测体制是目前自适应电台中使用最广泛的信号格式。

3. 根据是否发射探测信号分类

(1)主动式选频系统,这类系统均要发射探测信号来完成自适应选频。

(2)被动式选频系统,这类系统无须发射探测信号,而是通过某种方法计算出电路的可通频段,在该可通频段内测量出安静频率作为通信频率。

2.2.1.3　短波自适应通信中应用的技术

1. 实时信道估值(RTCE)技术

在以往的短波通信中,人们利用长期频率预报技术或经验来选择工作频率。长期频率预报是根据太阳黑子数来预测通信电路的最高可用频率,由于这种方法基于月中值的概念,所以工作频率不能够实时跟踪电离层的变化,因而影响短波通信的效果。为了克服长期频率预报的缺点,20 世纪 60 年代末发展了实时选频技术,在国际上又将实时选频技术叫作 RTCE 技术。通过利用 RTCE 技术实时得到最佳通信频率来进行通信,就是频率自适应的概念。因此,RTCE 技术是频率自适应的基础和关键,也是其它自适应技术的基础。

实时信道估值的定义首先由 Darnell 在 1978 年提出,根据 Darnell 的定义,实时信道估值是描述"实时测量一组信道的参数并利用得到的参数值来定量描述信道的状态和对传输某种通信业务的能力"的过程。在高频自适应通信系统中称它为链路质量分析。

由上述定义可以看出,实时测量信道参数是 RTCE 的主要任务。为了实现这个目标,信道估算的实施方法和考虑问题的出发点,采用了与长期预测及短期预测不同的途径。RTCE 的特点是不考虑电离层的结构和具体变化,从特定的通信模型出发,实时地处理到达接收端不同频率的信号,并根据诸如接收信号的能量、信噪比、误码率、多径时延、多普勒频移、衰落特征、干扰分布、基带频谱和失真系数等信道参数的情况不同和不同通信质量要求,选择通信使用的频段和频率。因此,广义地说,实施频率预测好像一种在短波信道上实时进行的同步扫频通信,只不过所传递的消息和对信息的解释是为了评价信道的质量,及时地给出通信频率而已。显然,这种在短波通信电路上进行的频率实时预报和选择,要比建立在统计学基础上的长期预测和短期预测准确。它的突出优点是:

(1)可以提供高质量的通信电路,提高传递信息的准确度;

(2)采用实时频率分配和调用,可以扩大用户数量;

(3)可以使高质量通信干线的利用率提高;

(4)在任何电离层和干扰的情况下,总可以为每个用户、每条电路提供可利用的频率资源。因而,在电缆、卫星通信中断时,短波通信能够担负起紧急的通信任务。

对实时信道估算值的要求是准确、迅速,而这两个要求又相互矛盾。要求实时信道估算准确,就要尽可能多地测量一些电离层信道参数,如信噪比多径时延、频率扩散、衰落速率、衰落深度、衰落持续时间、衰落密度、频率偏移、噪声/干扰统计特性、频率和振幅、谐波失真等。但在实际工程中,测量这样多的参数并进行实时数据处理,势必延长系统的运转周期,同时要求信号处理器具有很高的运算速度,这在经济上是不合算的。研究表明,只需对通信影响大的信噪比、多径时延和误码率三个参数进行测量就可以较全面地反映信道的质量。实时选频采用实时信道估值技术,探测电离层传输和噪声干扰情况,即实时发射探测信号,根据收端对收到的探测信号处理结果进行信道评估,实现自动选择最佳工作频率。

2. 自适应信号处理技术

在短波自适应选频通信系统中，自适应信号处理器是系统的核心部件，实时探测的电离层信道参数都在这里计算处理。它要求计算速度快、准确，当探测参数多时，计算处理的任务就相当繁重。采用什么样的信号形式进行电离层信道探测？探测哪些参数？如何快速准确地进行计算、分析和处理？这些都是自适应信号处理技术要研究的内容。目前，国际上研制成功的高速编程信号处理器，采用 FFT 算法来提取多种电离层信道参数，估算各种传输速率所需的各种质量等级的频率，供通信实时应用。

用数字信号处理器实现的短波自适应控制器如图 2－9 所示，主要由数字信号处理(Digital Signal Process，DSP)芯片，A/D、D/A 音频接口芯片，只读存储器，高速随机存储器组成。DSP 是该单元的核心，它的高速运行使得音频信号的实时处理成为可能。

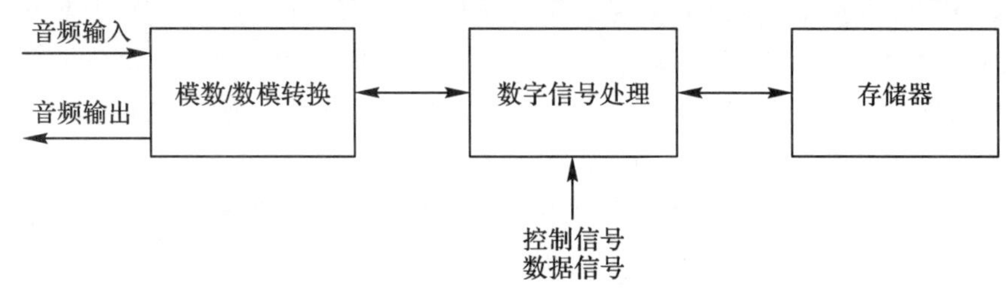

图 2－9　系统硬件组成框图

数字信号处理器处理的内容包括调制和解调、交织和解织、编码和译码、系统的同步、链路质量分析等。利用自适应信号处理芯片，可使自适应短波通信系统复杂程度降低，体积减小，成本减少，由于信号处理芯片是可编程的，因此可以根据不同的自适应功能要求编程，改变信号处理器的软硬件功能，以适应不同系统的要求。

3. 自适应控制技术

在短波自适应通信系统中，自适应控制器是系统的指挥中心，是系统成败的关键。自适应控制系统是一种特殊的非线性控制系统，系统本身的特性(结构和参数)、环境及干扰特性存在某种不确定性。在系统运行期间，系统本身只能在线积累有关信息，进行系统结构有关参数的修正和控制，使系统处于所要求的最佳状态。

由于短波信道是一种极不稳定的时变信道，所以短波自适应系统属于随机自适应控制系统。通常，随机自适应控制系统由被测对象、辨识器和控制器三部分组成。辨识器根据系统输入输出数据进行采样后，辨识出被测对象参数，根据系统运行的数据及一定的辨识算法，实时计算被控对象未知参数的估值和未知状态的估值，再根据事先选定的性能指标，综合出相应的控制作用。由于控制作用是根据这些变化着的环境及系统的数据不断辨识、不断综合出新的规律，因此系统具有一定的适应能力。目前，参数估计和状态估算的方法很多，最优控制算法也很多，因而组成相应的随机自适应控制系统也是非常灵活的。

在短波自适应通信系统中，随着自适应功能不断增强，控制的参数也不断增加，辨识器的功能和形式也逐渐增多，控制能力势必要增大，因此自适应控制器也相应复杂起来，需要自适应设计者统观全局、综合分析，以尽可能减少被测对象，以简单可行而又有效的辨识方法，获得尽可能多的自适应控制能力。

4. 全自动频率管理技术

短波自适应通信系统存在一些缺点，最主要的是在有限的探测信道上进行信道评估。

因此有可能在信道拥挤的夜间，选不出合适的频率来。信道测试表明在选频性能上，频率管理系统优于短波自适应通信系统。例如，曾用 Chirp 频率管理系统和“Autolink”短波自适应通信系统做过选频对比试验，Chirp 系统（探测频率点为 10000 个），在几分钟内总可以找到安静的信道，但“Autolink”系统（探测频率点为 50 个），很难保障所选最佳频率为安静频率点。因此有人提出“如何实现频率管理系统和通信系统相结合的问题”，以充分发挥频率管理系统的优点，解决它和通信系统分离的问题。Don. O. Weddle 等人提出一种实现短波系统全自动频率管理的方法，这种方法的基础是连续不断地测量，连续不断地预测，连续不断地分配频率和连续不断地控制。测量、预测、分配、控制的整个过程在不停地进行，24 小时的频率规划也在不断地更新和完善，从而能使网内各条通信链路自适应跟踪传播媒质的变化。

2.2.2　实际应用

2.2.2.1　短波自适应通信系统

短波自适应通信系统是在 20 世纪 80 年代初出现的一种新型短波通信系统。虽然短波自适应通信系统产品繁多，但基本功能大同小异，例如美国生产的 RF－7100 系列自适应通信系统，其商标为 AU－autolink，含义为能自动建立链路；又如 ALIS 系统，全名为自动链路建立（Automatic Link Setup）系统。可见，短波自适应通信系统是利用信令技术沟通电离层，自动选择和建立链路的通信系统。短波自适应通信系统的基本组成如图 2－10 所示。它的基本功能可归纳为以下四个方面。

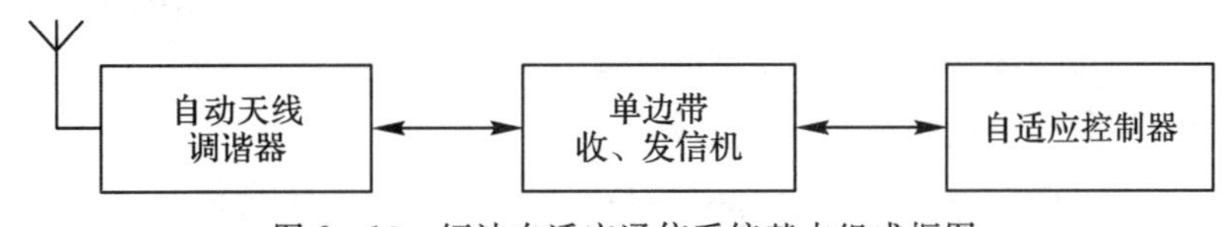

图 2－10　短波自适应通信系统基本组成框图

（1）RTCE 功能。短波自适应通信能适应不断变化的传输媒质，具有 RTCE 功能。这种功能在短波自适应通信设备中称为链路质量分析。为了简化设备，降低成本，LQA 都是在通信前或通信间隙中进行的，并且把获得的数据存储在 LQA 矩阵中。通信时可根据 LQA 矩阵中各信道的排列次序，择优选取工作频率。因此严格地讲，已不是实时选频，从矩阵中取出的最优频率，仍有可能无法沟通联络。考虑到设备不宜过于复杂，LQA 试验不在短波波段内所有信道上进行，而仅在有限的信道上进行。因为 LQA 试验一个循环所花费的时间太长，所以通常信道数不宜超过 50 个，一般以 10～20 个信道为宜。

（2）自动扫描接收功能。为了接收选择呼叫和进行 LQA 试验，网内所有电台都必须具有自动扫描接收功能。即在预先规定的一组信道上循环扫描，并在每一信道停顿期间等候呼叫信号或者 LQA 探测信号的出现。

（3）自动建立通信链路。短波自适应通信系统能根据 LQA 矩阵全自动地建立通信链路，这种功能也称自动建立通信链路（Automatic Link Establishment，ALE）。ALE 是短波自适应通信最终要解决的问题。它是基于接收自动扫描、选择呼叫和 LQA 综合运用的结果。这种信道估计和通信合为一体的特点，是高频自适应通信区别于 Curts 探测系统和 Chirp 探测系统的重要标志。

自动建立通信链路的过程简单描述如下。

假定通信链路上只有甲、乙两个电台，甲台为主叫，乙台为被叫。在链路未沟通时，甲、乙两台都处于接收状态。即甲、乙台都在规定的一组信道上进行自动扫描接收。扫描过程中每一个信道上都要停顿一下，监视是否有呼叫信号。若甲台有信息发送乙台，则要向乙台发出呼叫，即键入乙台呼叫地址，并按下“呼叫”按钮。此时系统就自动地按照 LQA 矩阵内频率的排列次序，从得分最高的频率开始向乙台发出呼叫。呼叫发送完毕后，等待乙台发回的应答信号。若收不到应答信号，就自动转到得分次高的频率上发送呼叫信号。以此类推，一直到收到应答信号为止。对于乙台，在接收扫描过程中当发现某信道上有呼叫信号时，就立即停止扫描接收，检查该呼叫地址是否为本台地址，若不是本台地址，则自动地继续进行扫描接收；若检查结果确定为本台地址，就立即在该信道上(以相同的频率)给主呼发应答信号，通常就用本台地址作为应答信号。此时接收机就由“接收”模式转入“等待”(STAND-BY)模式，等待对方发送来的消息。甲台收到乙台发回的应答信号后，与发出的呼叫信号核对，确认是被叫的应答信号后，立即由“呼叫”模式转为“准备”(READY)模式，准备发送消息。到此，甲、乙两台的通信链路宣告建立，整个系统就变成传统的短波通信系统，甲、乙两台在优选的信道上进行单工方式的消息传送。

(4)信道自动切换功能。短波自适应通信能不断跟踪传输媒质的变化，以保证线路的传输质量。通信链路一旦建立后，如何保证传输过程中链路的高质量就成了一个重要的问题。短波信道存在的随机干扰、选择性衰落、多径等都有可能使已建立的信道质量恶化，甚至达到不能工作的程度。所以短波自适应通信应具有信道自动切换的功能。也就是说，在通信过程中，碰到电波传播条件变坏或遇到严重干扰时，自适应系统应能做出切换信道的响应，使通信频率自动跳到 LQA 矩阵中次佳的频率上。

2.2.2.2 自适应控制器基本原理

自适应控制器是短波自适应通信系统的核心部件，自适应通信过程中的 LQA、自动扫描接收、ALE 以及信道自动切换等功能都由自适应控制器完成。自适应控制器的基础单元是一部微型计算机，通过编制相应的软件来完成选择呼叫、给信道排队和打分、扫描接收以及电台控制等功能。参考美国军用标准和中华人民共和国军用标准《短波自适应通信系统自动线路建立规程》，介绍自适应通信的基本协议和工作原理及基本术语。

(1)自动链路建立(ALE)：根据自适应通信规程，在两个或多个台站之间由自适应控制器自动选频呼叫建立台站间初始联系，加快台站间通信联系的速度。

(2)链路质量分析(LQA)：在通信线路上完成信号质量测试的全过程。信号质量由误码率(BER)、信纳比(SINAD)和多径(MP)等评价参数来表征。这些参数被储存起来作为单向 ALE 判决或在其它台站交换后作为双向 ALE 判决，在 TCP－742 型自适应控制器中这一过程由探测或呼叫完成。LQA 可分为两类：单向 LQA 和双向 LQA，以后者较为多见。

单向 LQA 又称探测，是指发起呼叫的电台使用自身地址(系统内每个电台规定有一个编号，称为该台的地址)，依次在已编程的(即预置的)所有信道上，以广播方式向各目标台发出探测信号。目标台在相应的信道上接收信号，并对接收到信号的质量进行检测、评分，再按评分的高低对各信道频率排序，存入相应的存储器中。

单向 LQA 只是使目标台得知各信道接收信号的质量及其优劣排序，当目标台要向原主叫台发信时，即选用其排于首位的最佳频率工作。原主叫台不能直接实时地得知各信道的质量，这是单向 LQA 的缺点。但单向 LQA 的完成过程较快，这是它的优点。

双向 LQA 分为单台间的双向 LQA 和网络间的双向 LQA。

①单台间的双向 LQA：指两电台对一组预置的信道逐个进行 LQA。其任一信道的 LQA 过程由呼叫、应答和确认三个步骤组成。

a. 呼叫：主呼台首先对目标台发出探测信号（包括主叫台和目标台识别地址的编码信号），目标台识别后，接收并测量其信号质量进行评分，再记录下来。

b. 应答：目标台在同一信道上向主叫台发出应答信号，其中包含探测信号和对来自主叫台探测信号的质量评分信息。主叫台接收并记录该信息，同时对来自目标台的应答信号的质量进行测量、评分和记录。这样，主叫台就掌握了通过该信道双向传输信号的质量评分，从而得到该信道的质量总评分。

c. 确认：主呼台再次通过该信道向目标台发出信号，其中包含对该信道的质量总评分信息，从而保证主叫台和目标台关于该信道的质量评分记录完全一致。

②网络双向 LQA：网内所有电台间对一组预置信道逐个进行的 LQA，类似单台间的双向 LQA，也由呼叫、应答和确认三个步骤组成。

a. 呼叫：主呼台首先在网络地址上对网内成员台发起呼叫（发探测信号）。

b. 应答：网内各成员台收到呼叫后，首先对接收信号的质量进行评估打分，然后依次发出应答信号（包括探测信号和对主呼台发出的探测信号的评分结果）。

c. 确认：主呼台在规定的时间内接收到各成员台的应答信号后，对其信号质量进行评估打分，并在网络地址上将评估结果发送给各成员台用以确认。

(3)单呼：主呼台对单个目标台发起的呼叫。主呼台首先在目标的地址上发起呼叫，然后在规定的时间内等待目标台的应答；在接收到应答信号后，立即给目标台发送确认信号。目标台收到呼叫后立即发出应答信号，并在规定的时间内等待主呼台的确认信号，当目标台收到确认信号后，两台间的链路便建立了（两单台都停留在相同的信道上）。

(4)网呼：网内成员台对本网内其它成员台发起的呼叫。主呼台首先在网络地址上发起网络呼叫，然后在规定的时间内等待其它各成员台的应答；在接收到应答信号，且应答时间结束后，给各成员台发送确认信号。各成员台收到网络呼叫后，按照先后顺序依次发出应答信号，并在规定的时间内等待主呼台的确认信号，当目标台收到确认信号后，网络内的通信链路便建立了。若某成员台因各种原因未给出应答，主呼台仍然可以与其它应答的成员台建立通信链路。

(5)全呼：一种广播式的呼叫，主呼台呼叫时不指向任何特定的地址，收到全呼的成员台也不需要对主呼台做出应答。主呼台发完呼叫后自动停留在呼叫信道上，收到全呼的成员台也自动停留在全呼信道上。

短波自适应通信系统之所以能得到迅速发展，是因为它具有以下很多优点。

①与传统的长期预报相比，大大提高了短波通信的通信质量和可通率。

②其通信系统对于探测结果的响应更为直接、及时，而且在通信过程中遇有严重干扰等能自动切换信道，因此能更好地跟踪短波传输媒质的变化，这是 Curts 系统、Chirp 系统等频率管理系统所不及的。

③操作简便，自动化程度高。不再像以往的短波通信那样，在很大程度上要依赖于操作人员。特别是在传输媒质剧烈变化时，电台之间用人工建立通信链路实际上是不可能的。

④设备体积小，重量轻，便于机动，适合野战条件下运用，成本也不算高，这也是 Corts 系统、Chirp 系统等所不及的。

短波自适应通信系统目前还存在的缺点如下。

①由于 LQA 只对已编程的有限个信道进行探测、评估、排序，因此所选出的“最佳信道”和“次佳信道”，不能说是短波波段内所有信道中真正的最佳、次佳频率。在信道拥挤的夜间，有时可能选不出合格的频率。

②在当前技术条件下，若需探测的信道数较多，则为寻求两个电台之间的最佳频率进行 LQA 所需的时间仍太长。如果网络内有多个电台，则为寻求全网的最佳频率进行的 LQA 所需时间就更长。因此，实时性仍不够理想。

③由于这类系统是在预置的有限个频道上以一定的图案进行探测，这暴露了己方的工作频率或频率表，故易遭敌方的侦察和干扰。

现阶段的国产短波自适应通信设备，都是单一的频率自适应通信系统，且均采用测量 SINAD 和 BER 的方法完成 RTCE。由于这些系统探测和通信不是同时进行的，并且探测时间较长(一般 10 个信道进行一次单站间的双向 LQA 大约需要 5 min)，由于短波信道的时变特性和干扰等原因，通信中所用的信道往往不是通信时真正的最佳信道。此外，在通信进行过程中，如果信道质量变差，电台无法自动切换信道。并且，通信用的最佳信道也仅仅是从预置的信道组(往往是在较窄的频率范围内的有限个信道)中选出来的，不是整个短波波段范围内的最佳信道。因此，准确地讲，目前的国产自适应通信系统应称为非实时的“准”频率自适应通信系统和“窄带”频率自适应通信系统。

2.2.2.3 短波自适应通信网

随着人类社会向信息化的不断演进，通信数字化、通信系统网络化、通信业务综合化成为通信装备发展的必然趋势，系统兼容、网络互通以及高可靠性、有效性、强抗毁性，成为通信系统建设的基本要求。短波通信作为现代信息系统的主要技术手段之一，一方面在装备体制上正逐步实现由模拟向数字、台站向网系、模拟低速跳频向数字高速跳频抗干扰体制的转变。另一方面不断地融入电子、信息技术领域里的新技术、新器件、新工艺，改造短波通信信道和终端设备，提高信息传输的可靠性与有效性；提升技术水平，增强系统与设备的自动化、智能化以及综合业务能力。短波通信正经历由第二代通信装备向第三代通信装备的过渡。

第三代短波通信的主要技术特征是数字化、网络化，其主体或关键技术包括：第三代自动链路建立技术(3G－ALE)、新型高速短波跳频技术以及短波组网通信技术等。3G－ALE 技术是针对 2G－ALE 技术存在的协议无法提供有效的信道接入机制，ALE 与数据链接标准(例如 FED－STD－1045 和 FID－STD－1052)采用不同的调制方式，由此引起的链接建立子系统与信息分发子系统之间性能失配，以及旧的自动重发请求(Automatic Repeat Request，ARQ)协议实现波形或数据率与信道之间的匹配所采用的方法相对复杂等问题，为了满足人们不断增长的对 HF 话音和数据信息系统的高可靠性及大量的需求，特别是满足更多的军事用户将战场扩展到互联网上，以及在 HF 信道上使用标准的互联网应用(如电子邮件)的需求而提出来的。3G－ALE 以第三代短波通信标准(如 MIL-STD-188-141B)为基础，在技术上与2G-ALE的显著区别是系统可工作在同步方式。由于采用了呼叫信道同步搜索、驻留组结构、载波监听访问协议以及8PSK突发波形传输等先进技术,在改善自动链路沟通性能方面取得了重大进展。3G-ALE可有效地支持由数以百计的台站组成的大型通信网络中的突发信息传输(最多可容纳1920个站点),从而大大提高电路沟通速度,改善短波网络的自动连接、网络容量以及数据流通量等性能,增强系统的自适应能力。

组网通信技术、自适应技术是现代短波通信系统的重要特征之一。随着对短波通信网的网络容量、传输速度、抗干扰能力要求的不断提高,世界各国进入了第三代数字化短波通信网的研究阶段。目前,国外正在向HF全自适应网络的实用化努力。建立在第三代短波通信基础上的HF网是一种远程综合业务数据网,它可作为各级指挥系统的重要手段,可将军用TCP/IP网络和军用程控电话网拓展到战场的纵深地,使各移动平台上的综合业务通过短波信道安全无缝地接入军用数据网、军用电话网和军用TCP/IP网络。新一代短波组网通信技术以3G-ALE技术为基础,包括HF网络管理、自适应网络控制以及HF网络接入技术等。

短波通信数字化主要包括两个方面的内容:一是语音数字化通信;二是数据通信业务,特别是高速数据业务。因此,在短波信道条件下的高速率可靠数字信号传输、低码率语音编码以及数字信号处理等技术,是实现短波数字化的关键技术。为了有效地利用短波频率资源,提高HF频谱利用率,欧美等地区和国家采用MIL-STD-110B标准(数据调制解调器互通性和性能标准),在3 kHz带宽的信道上,实现9.6 kb/s数传速率;在6 kHz带宽的信道上,实现19.2 kb/s数传速率;在两个3 kHz的独立边带信道上,通过信道捆绑技术,支持在56 kb/s范围内的数据吞吐量。

1.第三代短波通信网络

短波通信由于其传输信道的特性决定了它的码率不能太高,而且传输质量也不尽如人意,因此一般都在军事通信中才用到它。在20世纪80年代,美国国防部就制定出了短波组网的标准:MIL-5TD-188-141A,它属于第二代短波通信网。第二代短波网络系统实现了高频自适应的链路建立,能提供可靠的、健壮的、具有优良兼容性的链路自动建立技术,它使得本来在20世纪80年代并没有受到多少关注的短波长距离和移动语音网络开始受到了关注。再加上可靠性比较好的数据链路协议,使得第二代短波网络可以扩展到传送数据。在20世纪90年代中期,随着高频网络的增长,要求减少网络开销信息,使得有限的高频频谱能够支持较大的网络和更大量的数据信息,第三代短波通信网络开始发展,它建立在美军标准MIL-STD-188-141B的基础上,并且和第二代兼容。它在Modem技术、链路建立、网络管理和数据通过量等方面都有巨大的进展。第三代短波通信网络既是一种全自动短波数据通信网,同时也是一种无线分组交换网,采用OSI的七层结构模型。网络的主要设备是高频网络控制器(High Frequency Network Controller,HFNC),其主要功能有自动路由选择与自动链路选择、自动信息交换与信息存储转发、接续跟踪、接续交换、间接呼叫、路由查询和中继管理等。网内所有设备都接受网络管理设备(嵌入式计算机)的管理和控制,这些设备包括电台、ALE控制器与ALE调制解调器、数据控制器与数据Modem、HFNC等,可实现快速链路建立,能处理上百个电台和更大的信息量,支持IP及其应用等。它的开发目标是有效地支持上百个台站构成的对等式网络中的突发数据信息。

(1)第三代短波通信网络协议简介。

由 MIL-STD-188-141A 和 FED-STD-1045 定义的第二代短波自动链路建立系统，使用户可以组建抗毁性强、设备简单的交互式短波通信系统，但随着短波通信网络的增长，用户迫切需要更有效的短波通信管理协议。1999 年诞生的第三代短波自动链路建立系统协议(MIL-STD-188-141B)在支持第二代协议规定的语音通信和小型网络的前提下，有效地支持大规模、数据密集型快速高质量的短波通信系统，该标准的确立又一次掀起了世界性的短波通信研究高潮。随着最新微处理器/DSP 技术和理论以及软件无线电技术的发展，我国也开始致力于第三代短波自动链路建立系统协议的研究、仿真及实现。

第三代短波通信系统强调短波网络与互联网等其它网络互连互通，并在短波网络中大量利用现有的协议，如 TCP/IP 协议族等。1996 年，美军开始对 MIL-STD-187-721C 和 MIL-STD-188-141A 进行修订，其主要目的是提高短波自动化技术，以支持大范围的短波网络以及数字化战场和其它 C4I 网络的互操作性，在标准中加入新的 ALE 技术(第三代)及由 SNMP 改进的短波网络管理协议 HNMP 和短波邮件传输协议 HMTP 等一系列有关的内容。第三代短波通信网络的研究已引起技术领域的广泛重视，三代网建立在美军标准 MIL-STD-188-141B 基础之上，是一种无连接无线分组交换网络，采用 OSI 七层结构参考模型，具有以下功能特性。

①自动链路建立系统。三代 ALE 具有二代 ALE 的基本功能(选呼、控制、LQA、信道选择、扫描和探测)，并与二代系统有互操作性，三代 ALE 提高了重负荷信道的链接能力、链接速率和面向数据的大型网络运作效率。在跳频模式建立链路时，通过多跳传播每一协议数据单元(Protocol Data Unit, PDU)，对建立、控制、维护和终止无线链路所需的连接功能进行保护。

②强劲的网络控制功能。全自动短波网络中的一个重要设备是短波网络控制器(HFNC)，它涉及通信路由和转接的网络层功能，路由器是 HFNC 的中央实体，通过路由表和路径质量矩阵，自动选择路由和链路。自动信息交换(Automatic Message Exchange, AME)和信息存储转发，完成网络层端对端的信息传送。连通性交换(Connectivity Exchange Protocol, CONEX)协议交换路径质量矩阵内容。中继管理协议(Relay Management Protocol, RMP)用于建立直通连接电路或数据虚拟电路，此外还有间接呼叫转发、连接性监控、路由查询、站点状态协议(Site State Protocol, SSP)等功能。网络层报头指示后续信息类型，网络节点(站点)的 ALE 控制器和链接控制器具有数据链路层功能，分别负责信道选择、LQA、链路建立/撤销和数据传输、信息管理、链路管理。网络控制器的各功能级模型及第三代短波通信网络节点(站)功能级结构如表 2-1、表 2-2 所示。

③支持端对端通信中其它传输媒介。由于电离层传播的动态特性，HFNC 的特别设计用以对付这种起伏(时变、频变特性)的连接，使其适合在任意媒介网络中作路由器。一个由 HFNC 控制的短波网络，不仅有短波链路，还可能包括电缆、光缆、微波、散射、卫星链接，也可能作为一个大的互联网中的子网提供服务，把网络延伸到远程或移动用户。

④采用跳频抗阻塞、抗干扰技术。第三代自动链路建立系统在跳频前链接，链路以非跳频工作方式接通，就得到跳频同步并实现跳频启动；在跳频时链接，利用定时参数，修正同步

方式，每次跳频驻留时间包含保护时间(电台改变频率)和用户数据时间(发送数据)，网络内各站点的时间基准偏差、最大传播延时都需严格要求，以保证各站在跳频时保持同步。

表 2-1　网络控制器的各功能级模型

功能级	功　能
第 1 级(HFNC 最小模型、无路由表、无路径质量矩阵)	①控制 ALE 电台(包括非直接呼叫)；②远端数据载入支持；③自动信息交换；④无信息存储与转发功能；⑤互联网协议(可选择)；⑥控制 HF 数据 Modem(可选择)
第 2 级(HFNC 基本模型、无路径质量矩阵)	除了具有第 1 级所有功能外，还具有下列功能：①使用状态路由表的路由选择；②信息存储与转发；③路由表数据的填入；④路由查询；⑤转发路控制(可选择)；⑥接续检测；⑦控制多个电台 Modem(可选择)
第 3 级(HFNC 自适应模型)	除了具有第 2 级所有功能外，还具有下列功能：①路径质量矩阵；②连通性交换；③自适应路由算法
第 4 级(HFNC 多媒体网关模型)	除了具有第 3 级所有功能外，还具有下列功能：①通过可选择媒介的路由算法；②互联网协议(强制性的)；③互联网网关

表 2-2　第三代短波通信网络节点(站)功能级结构

<table>
<tr><td>网络层</td><td colspan="2">功能：①路由选择；②链路选择；③拓扑监视；④信息传输；⑤中继管理</td></tr>
<tr><td rowspan="5">数据链路层</td><td rowspan="4">HF 数据链路协议(HF Data Link Protocol, HFDLP)
数据传输
信息管理
链路管理</td><td>ALE 功能：①信道选择；②链路建立/撤销；③数据传输；④被动式链路质量分析；⑤主动轮询式链路质量分析</td></tr>
<tr><td>ALE 信息选择：①数据块信息；②数据文本信息；③自动信息显示；④链路质量分析；⑤时间交换</td></tr>
<tr><td>呼叫选择(ALE 帧格式)：①单个呼叫；②节点呼叫；③组呼叫；④探测呼叫</td></tr>
<tr><td>链接保护(可选择)</td></tr>
<tr><td>数据 Modem</td><td>ALE Modem</td></tr>
<tr><td>物理层</td><td colspan="2">接收器/发射器(电台)</td></tr>
</table>

(2)第三代短波通信系统的新技术。

相对于第二代短波网络自动链路建立系统，第三代短波网络自动链路建立系统进行了许多改进，采用了许多新技术，主要表现为数字 PSK 调制解调方式、BW 系列波形传输、呼叫信道的同步扫描、将网络内的电台划分为不同的驻留组、信道分离、时间片信道访问方式、信道使用前采用载波监听技术避免冲突、提供了与互联网协议的接口等。这些新技术的应用，使第三代短波通信网络的性能有了很大的提高，如可支持大数据量的高速传输，提高了输出信噪比，在低输入信噪比的情况下保证正常通信，通道效率高、速度快等。

①波形。第三代短波通信系统针对线路建立、控制、业务管理及数据传输等不同业务，定义了 BW0、BW1、BW2、BW3 和 BW4 五种不同的突发波形(Burst Waveform，BW)，提高

了系统的灵活性和通信效率。这一系列的突发波形能够满足短波通信系统的特殊要求，如不同信令在衰落、白噪声和多径迟延信道下对时间同步、持续时间、有效载荷、信号捕获和解调性能的不同要求。

所有的突发波形均使用基本 8PSK 调制，在频率为 1800 Hz 的串行单音载波上调制，以每秒 2400 符号的速率进行数据传输，这种调制方式同样被用在 MIL-STD-188-110A 串行单音调制解调器中。突发波形可以传输 PDU，包括呼叫 PDU、握手 PDU、通知 PDU 以及广播 PDU 等。传输时在波形中引入了大量的冗余码，以提高电台接收数据的可靠性。

五种突发波形的基本结构是相同的，它们的结构和时序如图 2-11 所示，通过使用不同的前导序列、交织和编码方式，以满足其不同场合的应用需要。其中前导序列用于各种突发波形的信息捕获，并完成伪码的初同步和收发双方的频差估计，进一步校正频差。不同突发波形的探测报头是不同的，并且相互正交，可用于在接收端对不同突发波形的判别、信道估计和位同步。不同突发波形的有效载荷信息是不同的，携带了协议中使用的各种 PDU 信息，分别对应建链信息、业务信道信息和传输的高速、低速数据分组信息等。

图 2-11　突发波形的基本结构

②信道分离。第三代短波自动链路建立系统将呼叫信道和数据流信道分离，并保持数据流与呼叫信道相邻，以使它们在传输特性上相近。信道分离的好处是信息流量相互分担。系统正常工作时，呼叫信道保持相对空闲，而数据流信道却在进行大规模的信息传送，而在必要的时候，呼叫信道也要用于业务传输（一般业务信道频率总是安排在呼叫信道的附近，以使得它们的信道特性相似）。这样就可以保证信息传送的高效率和链路建立的快速性。当然，信道分离同时也带来了一定的系统开销，这主要表现在一方面要额外确定数据流信道的传输特性，另一方面使用数据流信道进行数据传输时仍然要进行监听。

③链路建立的同步性。从根本上讲，第二代短波自动链路建立系统为异步系统，呼叫电台并不知道它所呼叫的目的电台现在驻留在哪个信道上。当呼叫电台进行呼叫时，为保证目的电台收到呼叫信息，只能延长呼叫长度（即呼叫时间）。而在第三代短波自动链路建立系统中提供了异步和同步两种链路建立方式，尤以同步模式性能更优，时延更小，更能反映第三代自动链路建立的特点，因为在这种方式下某一时间内电台的驻留信道是确定的。

进一步分析这两代短波自动链路建立系统建立过程不难发现，2G-ALE 中链路建立的过程为 3 次握手，即呼叫方首先发出呼叫，应答方回答，呼叫方接着再发回确定信号。而第三代短波自动链路建立系统同步建立过程中，呼叫方发出呼叫，被呼叫方接到呼叫后向呼叫方发出应答信号，呼叫方在规定的时间内接到应答信号则双方建立连接，否则本次链路建立尝试失败。

④驻留组划分。第三代短波自动链路建立系统，同步链路建立引入驻留组的概念，这种技术将网络中的所有电台划分成多个组。同一时间、同一驻留组内的电台工作在同一信道上，而不同的组工作在不同的信道上。呼叫电台能清楚地知道目的电台所在的信道，便于有针对性地通信，并减少电台的信道驻留时间。当一个呼叫台站想与被呼台站链接时，呼叫台将计算下一驻留周期被呼台站的搜索频率，并用该频率进行呼叫。和第二代自适应通信系

统相比，该方法大大地缩短了呼叫时间，减少了呼叫碰撞概率。

⑤划分时隙。第三代短波自动链路建立系统的另一个减少呼叫信道用户的方法是划分时间片技术。电台在一个信道上的驻留时间为 4.8 s。3G－ALE 将其划分为 6 个时间片，划分情况如表 2－3 所示。Slot0 为调谐和监听时间片，在一个新的驻留时间开始时，每一个电台都要在一个新呼叫信道附近的数据流信道上取样，监听是否有通信流量，这样做是为了使电台能提前探知数据流信道是否被占用，以便在电台要进行进一步通信时使用。

Slot1～Slot4 四个时间片统称为呼叫及应答时间片，用于呼叫和应答分组数据单元的传送。Slot5 用于响应和通知协议。3 代电台发送一个呼叫时，必须在发送前的一个时间片进行监听，确认无冲突时再呼叫，如果冲突则延期一个时间片。电台选择呼叫时间片的唯一原则是优先级选择法，即对优先级高的呼叫，一般选择较早的时间片；而对优先级低的呼叫，则选用迟一些的时间片。例如，对于优先级为 low 的呼叫，应选择 Slot3，而对于优先级为 highest 的呼叫，应选择 Slot1。

表 2－3　时间片划分

Slot0 （调谐和监听）	Slot1	Slot2	Slot3	Slot4	Slot5
800 ms	800 ms	800 ms	800 ms	800 ms	800 ms

⑥ARQ 协议。第三代短波自动链路建立系统 ARQ 协议相对第二代短波自动链路建立系统来说要简单得多。第三代系统在建立同步的前提下，通信双方能对信道质量进行正确的评价并进行高质量的通信，通信出错的概率减小，不需要通过 ARQ 保证通信的质量。所以在第三代系统中，大数据量的通信通常不使用 ARQ 协议，而对于小数据量的通信或复杂信道情况下的通信，可选用增强型 ARQ 协议来通信。

⑦探测信号的作用。在第二代系统中，探测信号（Sounding）在评价信道质量中的作用至关重要，但在第三代系统中，因其提供了很好的链接质量分析机制，即可通过日常的通信连接情况的积累，得到及时详尽的链路质量资料（尤其在同步通信机制中），使探测信号的作用大大降低。当然，系统空闲时也可以在时间片 4 中发出探测信号，起到对信道质量进行进一步监控的作用。

在第三代自适应通信系统中，系统本身通常不进行信道质量分析，而是利用 Chirp 频率管理系统来提供通信频率，并使通信系统中的搜索频率表达到最佳。所以说 Chirp 频率管理系统是第三代自适应通信系统的基础。在海湾战争期间，美军使用了上百套 Chirp 系统，取得了很好的实战效果。

2.3　短波跳频通信技术

2.3.1　基本原理

所谓跳频（Frequency Hopping Spread Spectrum，FHSS），是在收发双方约定的情况下不断改变载波频率而进行的通信，其载波频率改变的规律称作跳频图案。由于工作频率的改变受伪随机码的控制，因此跳频通信具有很强的抗截获、抗窃听及抗干扰能力。自 20 世纪 80 年代以来，短波跳频通信技术得到了不断的发展，先后经过了常规跳频、自适应跳频和高速跳频三个阶段。

2.3.1.1 短波通信常规跳频技术体制

1. 常规跳频技术概述

短波常规跳频通信即中低速跳频通信，是在短波通信中运用最早，型号和产品最多的一种抗干扰技术体制。其基本思想是，在多个射频信道（总带宽从几十千赫到几兆赫）上，以每秒几跳到几十跳的速率，按复杂的跳频图案进行跳频来躲避敌方的干扰，可以传送跳频明话、密话（模拟）、中低速数据。自 1980 年以来，美、英、法等国都相继有短波跳频电台产品问世。如 1982 年英国生产的 SCIMITAR－H 短波跳频电台，其跳频带宽为 500 kHz，跳速为 20 跳/s；JAGUAR－H 短波跳频电台，跳频带宽为 400 kHz，跳速为 10～15 跳/s；美国生产的 SOUTHCOM 电台，跳速为 10 跳/s；Harris 公司生产的 RF－5000 系列跳频电台，带宽可变，最宽可达 1 MHz，跳速为10 跳/s。

2. 系统模型

FHSS 通信系统的原理框图如图 2－12 所示。设跳频频率合成器能提供的频率数为 N，则发射信号为 $X(t)$。跳频信号经短波信道后，受各种干扰信号和噪声的污染，接收机收到的信号为 $R(t)$。经接收机射频滤波后，与本地跳频频率合成器的输出频率（与发射机同步）相乘，再经中频滤波后的输出信号为 $\nu(t)$。在理想同步情况下，信号已被解跳，经解调滤波后，即可得到发射端传来的信息。只有落入中频带宽内的少量干扰信号通过，其余均被滤出。

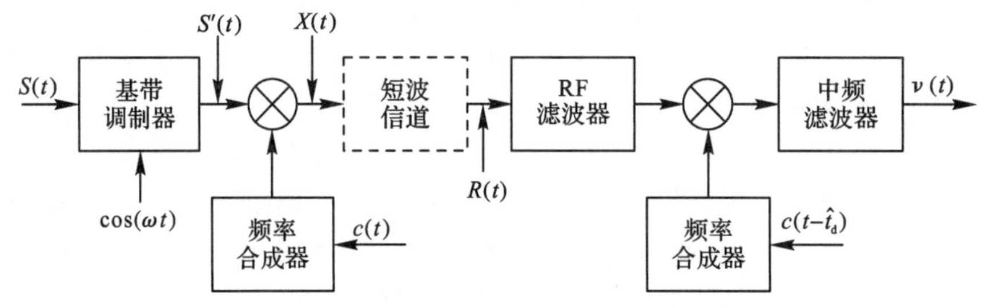

图 2－12 常规短波 FHSS 通信系统模型框图

从时-频域来看，多频率的频移键控信号由时频矩阵组成，每个频率持续时间为 T，并按跳频指令的规定在时频矩阵内跳变，如图 2－13 所示。

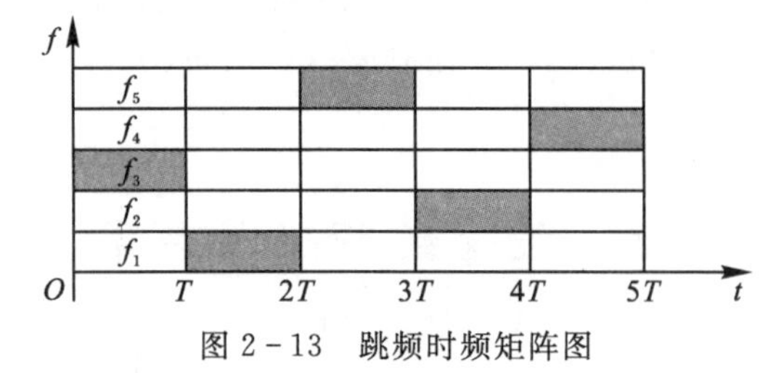

图 2－13 跳频时频矩阵图

3. 处理增益

对于跳频扩频系统，为使上下邻近频点信道之间完全不串扰，需保证发射信号频谱和邻道频谱完全分离。设最小跳频间隔 $\Delta f=2f_d=B_1$，跳频带宽为 B_2，跳频频点数为 N，则有 $B_2=NB_1$。这样，跳频系统的处理增益为

$$G_p = \frac{B_2}{B_1} = N \tag{2-1}$$

如果最小跳频间隔为 $\Delta f = mf_d(m=1,2,\cdots)$，有 N 个跳频频点，则跳频系统占用的频带范围是 $B'_2 = mNf_d$，而用某一频点发送情息数据平均占用频带宽度是 $B'_1 = mf_d$。

这时，系统的扩频增益仍是 $G_p = B_2/B_1 = N$。由上分析得出的结论是跳频系统的处理增益等于系统的跳频频点数。跳频系统的跳频点数越多，其扩频增益越大。

4. 跳频系统的同步

跳频系统的同步是关系到跳频通信能否建立的关键。因此，为了实现收、发双方的跳频同步，收端首先必须获得有关发端的跳频同步的信息，它包括采用什么样的跳频图案，使用何种频率序列，在什么时刻从哪一个频率上开始起跳，并且还需要不断地校正收端本地时钟，使其与发端时钟一致。

根据收端获得发端同步信息和校对时钟的方法不同而有各种不同的跳频同步方式。

(1)跳频同步信息的基本传递方法。

①独立信道法。利用一个专门的信道来传送同步信息；收端从此专门信道中接收发端送来的同步信息后，依照同步信息的指令，设置接收端的跳频图案、频率序列和起止时刻，并校准收端的时钟，在规定的起跳时刻开始跳频通信。

这种方式，需要专门的信道来传送同步信息，其优点是传送的同步信息量大，同步建立的时间短，并能不断地传送同步信息，保持系统的长时间同步。缺点是它占用频率资源和信号功率，其同步信息传送方式不隐蔽，易于被敌方发现和干扰，因此独立信道法的应用受到了限制。

②前置同步法，也称同步字头法。在跳频通信之前，选定一个或几个频道先传送一组特殊的携带同步信息的码字，收端接收此同步信息码字后，按同步信息的指令进行时钟校准和跳频。因为是在通信之前先传送同步码字，故称同步字头法。

同步字头法的优点是不需专门的同步信息信道，而是利用通信信道来传送同步信息。缺点与独立信道法相似，挤占了通信信道频率资源和信号功率。为了使同步信息隐蔽，应采用尽量短的同步字头，但是同步字头太短又影响传送的同步信息量的多少，需折中考虑。采用同步字头法的跳频系统为了能保持系统的长时间同步，还需在通信过程中，插入一定的同步信息码字。

③自同步法，也称同步信息提取法。这种方法是利用发端发送的数字信息序列中隐含的同步信息，在接收端将其提取出来从而获得同步信息实现跳频。此法不需要专门的信道和发送专门的同步码字，所以它具有节省信道、节省信号功率和同步信息隐蔽等优点。

自同步法在节省频率资源和信号功率方面具有优点，但由于发端发送的数字信息序列中所能隐含的同步信息是非常有限的，所以在接收端所能提取的同步信息就更少了。此法只适用于简单跳频图案的跳频系统，并且系统同步建立的时间较长。

在实际的跳频系统中，常常是将这几种基本方法组合起来应用，使跳频系统达到某种条件下的最佳同步。

(2)几种实用的同步方法。

①模拟跳频系统的同步方法。

a. 带外单音法。话音占据的频带为 300～3000 Hz，因此可利用低于 300 Hz 或高于

3000 Hz 的频率来传送同步信息，这种方法叫带外单音法。

b. 带内同步头法。此法是利用 300～3000 Hz 的话音频带，传送用单音进行编码的模拟信号同步字头。比如，用两个单音进行编码，用 1200 Hz 的单音频率表示“1”，用 1800 Hz 的单音频率表示“0”，采用最小频移键控调制方式，便获得带内的同步信息码字。此码字再经过模拟通信系统传送至收端，收端解出同步信息后，按照同步指令实现跳频同步。

②数字(数据)跳频系统的同步方法。

数字跳频系统是指传送数字话音或数据的跳频通信系统。因此，传送跳频同步信息是以数据帧的格式进行的。数字跳频系统的同步方法也不外乎同步字头法、参考时钟法和自同步法。

同步字头法。发端需发送含有同步信息的码字，收端解码后，依据同步信息使收端本地跳频器与发端同步。同步信息除位同步、帧同步外，主要应包括跳频图案的实时状态信息或实时的时钟信息，即所谓的“TOD”(Time of the Day)信息。实时时钟信息包括年、月、日、时、分、秒、毫秒、微秒、纳秒等；状态信息是指伪码发生器实时的码序列状态。根据这些信息，收端就可以知道当前跳频驻留时间的频率和下一跳驻留时间应当处在什么频率上，从而使收发端跳频器同步工作。为了保证 TOD 信息的正确接收，对 TOD 信息位还应采用差错控制技术，如纠错编码、相关编码或采用大数判决，以提高传播的可靠性。

参考时钟法。在一个通信网内，设一个中心站，它播发高精度的时钟信息，所有网内的用户依照此标准时钟来控制收、发信机的同步定时，达到收、发双方同步。采用这种方法进行跳频同步，需要事先约定好所采用的跳频图案和频率表，或者需通过其它方式将跳频图案信息通知网内用户。此法需要一个精度极高的标准时钟，否则不能实现跳频通信。

自同步法。它是依靠从接收到的跳频信号中提取有关同步信息来实现跳频同步的。

数字跳频系统中，根据需要也可采用不同方法的组合。比如，自同步法具有同步信息隐蔽的优点，但是存在同步建立时间长的缺点；而同步字头法具有快速建立同步的优点，存在同步信息不够隐蔽的缺点。因此可将这两种方法进行组合，得到一个综合最佳的同步系统。

(3)跳频同步系统性能及抗干扰性。

衡量同步系统性能的优劣，主要应考虑以下两个方面。

①跳频系统同步的可靠性。它包括系统同步的建立时间、正确同步概率和假同步的概率以及系统同步保持时间等多项指标。一般说来，跳频同步系统的同步建立时间越短越好，同步保持时间越长越好；正确同步的概率要大，假同步的概率要小，这样才能称为一个快速、稳定而可靠的同步系统。

②同步系统的抗干扰性。它包括抗人为干扰和噪声干扰。采用跳频技术的一个目的就是提高系统的抗干扰性，特别是在军事领域中，主要是抗敌方有意的干扰。因此，要求同步信息的传递要隐蔽、快速。为此，需考虑以下几点。

a. 尽量缩短同步信号在空中存在的时间，使敌方难以在很短的时间内发现同步信号。

b. 在多个跳变频道上传送同步信息，增大频道的随机性，使敌方难以侦察；增大跳频带宽，使敌方难以在宽带内施放干扰。

c. 频率跳变的速率要快，使跳频信号的驻留时间变短，可防止跟踪式干扰，从而保护同步字头。

d. 应尽量使同步信息的信号特征与通信信息的信号特征一致，以致敌方难以区分同步信息。

或者，人为地发出伪同步信息以迷惑敌人，从而提高对同步信息的保护能力。

对于噪声干扰，要求在低信噪比或高误码率的信道条件下能实现跳频系统的正确同步。为此，需考虑以下几点。

a. 同步信息本身的差错控制，如纠错编码、多次重发、相关编码、交织等。

b. 同步认定的算法控制，即经过多次同步检测后才认定系统同步的策略，并选择最佳的检测次数。

c. 同步状态下的失步算法控制，即经过多次失步检测后才确定系统已失去同步的策略，并选择最佳的检测次数。

5. 常规跳频通信体制的特点

(1)仅在常规通信系统中增加载频跳变能力，同时使整个工作频带大大加宽，因而设备简单，能够大大提高系统的抗干扰能力。

(2)抗单音(窄带)干扰能力很强。

(3)在相同的频带内可组成多个网(多址能力)，只要设计得当，可以做到网间干扰很小。

(4)若加上频率分集技术，可实现强背景噪声下的可靠通信。

(5)由于短波常规跳频速率只能达到几十跳，也只能在很窄的频段上跳频，这样在分段式扫描干扰或阻塞式干扰的情况下很难正常通信，因而这种“盲跳频”的抗干扰能力是有限的。

6. 常规跳频通信体制存在的问题

(1)跳速低。

现有收发信机(或电台)的信道切换时间不可能做到很小，且模拟信号在时间轴上很难进行压缩存储和扩展恢复，故信道切换势必会造成信号的损失。譬如当切换时间为 10 ms，跳速达 20 跳/s 时，话音损失达 20%，信道切换引起的信号恶化在跳速增高时增大，为获取一定强度的有用信号，克服多径效应的影响，每个跳频周期必须有驻留时间；同时，功放的上升和下降时间一直是制约跳速的重要因素。例如，对于 100 W 的功率输出，功率上升和下降的时间之和为毫秒数量级，仅功放的响应时间就将系统的跳速限制在每秒几十跳的范围内；另外，在传统短波跳频中，采用同步跳频模式，跳速越高，同步越困难。因而跳速不能太高，一般只能做到每秒几十跳。

(2)跳频带宽窄。

天调阻抗匹配时间的制约。由于短波天线插入阻抗随频率的改变变化很大，所以通常采用自动天调来实现天线与电台功放之间的阻抗匹配。由于天调调谐需要一定时间，在传统短波跳频通信系统中，一般先在中心频率上让天调调谐完毕后，跳频频率在该中心频率附近一定的带宽内跳变，在跳频工作过程中，天调不再进行调谐工作，以节约频率切换时间，但却限制了跳频带宽，一般为小于 256 kHz。

2.3.1.2　短波自适应跳频体制

1. 自适应跳频技术概述

自适应跳频通常可分为三种类型：一是在跳频同步建立前，通信双方首先在预定的频率集中，通过自适应功能选出“好的频率”作为跳频中心频率，然后在该频率附近跳变；二是在跳频同步建立前，通信双方首先在预定的频率集中，通过自适应功能选出多个“好的频率”作为跳频频率表，然后跳频工作在该频率表上；三是跳频通信过程中自动进行频谱分析，不断将“坏频率”从跳频频率表中剔除，将“好的频率”增加到频率表中，自适应地改变跳频图案，以提高通信系统的抗干扰性能，并尽可能增加系统的隐蔽性。目前，短波跳频通信装备主要是第一种类型。

2. 自适应跳频体制的特点

与常规跳频体制相比，自适应跳频有以下特点。

(1)“智能化”程度高，避免了“坏频率”的重复出现，抗干扰性能更好，传输数据误码率更低，也就是说，可通率得到提高。

(2)若再和宽带跳频结合起来，则可大大提高抗干扰性能。

(3)由于需要搜索较多的信道，因此时间开销要大。

(4)多部电台组网时操作过程复杂，确定可用频率的时间较长。

3. 自适应跳频体制潜在的问题

自适应跳频较常规跳频抗干扰能力进一步增强，但由以上分析可以看出，这种抗干扰体制仍存在着一些潜在的弱点。

(1)频率易暴露。自适应跳频电台按照 LQA 技术，在指定的信道上按一定的图案进行探测，实际上为敌人提供了自己使用频率的信息，暴露了自己在一定时期的工作频率，所以对于军事通信来说，这一点是比较严重的问题。

(2)信道搜索时间过长。收发双方保持通信良好的必要条件是：双方都工作在自己的安静频率点上，同时工作频率又都能保证良好的电离层传播特性。一般的自适应选频技术要做到以上两点非常不易。

(3)宽带跳频问题。宽带跳频问题仍没很好的解决，因而阻塞式干扰仍是它的一大威胁。

2.3.1.3 短波高速跳频技术

随着短波通信在现代军事通信中的地位不断提高，以及常规短波跳频通信体制暴露出越来越多的问题，各国都加大力量对短波跳频通信新体制进行研究，主要基于以下几点考虑：

(1)数字化是现代通信的发展总趋势，短波跳频通信也必然要向数字化的方向发展。

(2)为了提高抗干扰性能以及抗多径效应、抗衰落的能力，提高跳频速率是一种有效的途径。

(3)要进一步增加通信信号的隐蔽性和抗干扰性，必须增加跳速。

(4)信号特征要尽量减少，要有很强的抗干扰和纠错能力。

(5)通信信号在同一频率上不应频繁出现。

基于上述几点考虑，在短波波段采用“宽带高速跳频技术体制”是很有价值的。国外已开始研究新型的短波跳频通信电台，并已初见成效。美国已研制出 HF2000 短波数据系统，跳速可达 2560 跳/s，数据传输速率达 2400 b/s，美国 Lockhead Sandes 公司研制的一种增强型相关跳频扩频(Correlated Hopping Enhanced Spread Spectrum，CHESS)无线电台，跳速为 5000 跳/s，其中 200 跳用于信道探测，4800 跳用于数据传输，每跳传输 1～4 b 数据，数据传输速率为 4.8～19.2 kb/s。CHESS 无线电台把冗余度插入电台的跳频图案，以 4800 b/s 的速率传输数据时，误码率为 1×10^{-5}，跳频带宽为2.56 MHz，跳频点数 512 个，跳频最小间隔为 5 kHz。

2.3.2 组网应用

随着跳频通信技术的不断发展和跳频通信系统的逐步改进，短波跳频通信网在军事场景下大量使用，并已成为信息化条件下短波通信保障的主要组网形式。

利用跳频图案的良好正交性和随机性，可以在一个宽的频带内容纳多个跳频通信系统同时工作，达到频谱资源共享的目的，从而提高频谱的有效利用率。为了使跳频电台更好地发挥其性能，可将多个电台组成通信网络，完成专向通信或网络通信。根据跳频图案分为正交跳频网和非正交跳频网两种。此外，根据跳频网的同步方式，跳频电台的组网方法又有同步网和异步网之分。详细介绍见第 5 章短波跳频通信网。

2.4 短波调制与解调技术

2.4.1 模拟调制解调

早期的无线通信系统使用的都是模拟调制，这些模拟调制方案至今仍然广泛应用在诸如广播和电视等许多领域。模拟调制方案与数字调制方案相比更直观，更容易理解。模拟调制方式主要有幅度调制（Amplitude Modulation，AM）、频率调制（Frequency Modulation，FM）、相位调制（Phase Modulation，PM）。在众多模拟方案中，幅度调制是最简单的，也是历史上第一种模拟调制方案，频率调制在现代系统中更为常见，相位调制不太常见于模拟系统中，但是在数字系统中比较常见。在短波通信系统中，使用最多的主要是幅度调制方式，主要用来传输话音信号。

幅度调制是指用调制信号 $m(t)$控制高频载波 $c(t)$的振幅，使载波的振幅随调制信号的瞬时幅值而产生线性变化的调制方式。幅度调制器的一般模型如图 2－14 所示。

$$c(t)=\cos\omega_c t \tag{2-16}$$

$$S_{AM}(t)=m(t)\cos\omega_c t \tag{2-17}$$

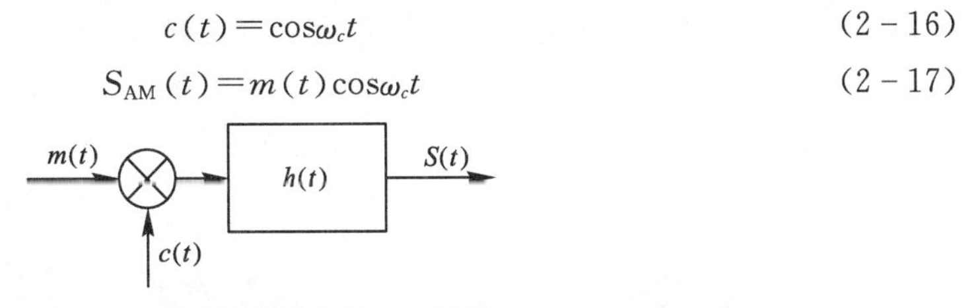

图 2－14　幅度调制器的一般模型

如果将调制后信号每个波形的波峰连接起来，就会得到形如原始调制信号的包络线，如图 2－15 所示。其频率为调制信号的频率，并且每个波形的一半（指幅值为正的部分或为负的部分）与调制信号的形状完全相同。输出已调信号$S_{AM}(t)$的频谱与调制信号 $m(t)$的频谱间呈线性搬移关系，因此幅度调制属于线性调制。

根据调制信号 $m(t)$的频谱与已调信号 $S_{AM}(t)$的频谱间的不同关系，可以得到各种不同形式的线性调制，包括标准调幅（Standard Amplitude Modulation，AM）、抑制载波的双边带（Double Side Band，DSB）调制、单边带（Single Side Band，SSB）调制以及残留边带（Vestigial Side Band，VSB）调制，它们都属于线性调制，这些不同的线性调制都有各自的优缺点和相应的应用场合。

发送信号功率和传输带宽是通信系统中的两个主要参数。在 AM 系统中，由于载波的存在，有用信号边带功率只占总功率的一部分(约 1/3),并且传输带宽是基带时的两倍,效率并不高。

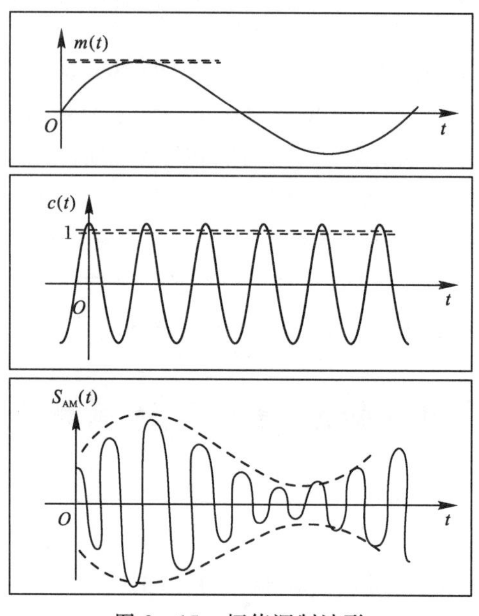

图 2-15　幅值调制波形

通过去除载波,可以提高效率,在 AM 信号中载波功率占信号总功率的 2/3,但是载波并不包含任何信息。因此,通过去掉载波得到的抑制载波的 DSB 调制信号,可以将信号中承载信息部分的功率增益提高为原来的 3 倍(约 4.8 dB)。

DSB 信号中的传输带宽与 AM 信号的带宽一样,也是基带信号时的两倍,由于上下边带互为镜像,它们包含的信息相同。因此在传输已调信号的过程中没有必要同时传送两个边带,而只要传送其中任何一个就可以了,这种传输一个边带的调制方式称为单边带调制。去掉其中一个边带将会使信号的带宽减半,信噪比提高。假设接收器的带宽也减半的话,则将导致噪声功率减半,信噪比提高为原来的 2 倍(3 dB)。因此,单边带调制与标准调幅相比,信噪比可提高 7 dB 以上,DSB 与 SSB 的频谱示意如图 2-16 所示。

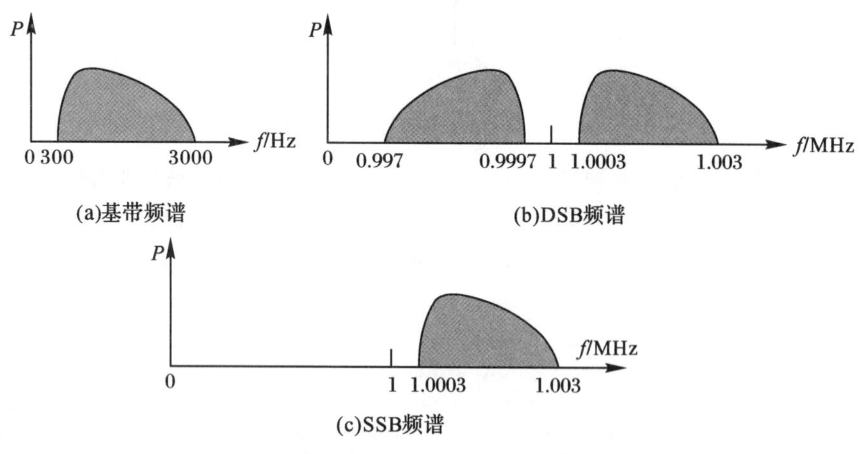

图 2-16　DSB 和 SSB 频谱

单边带调制只传输一个边带而完全抑制另一个边带,所以,需要频率特性非常陡峭的边带滤波器来完成这个任务,实现时比较困难。当传输电视信号、传真信号和高速数据信号时，由于它们的频谱范围较宽，而且极低频分量的幅度也比较大，所以边带滤波器的制作更为困难。为了解决这个问题，可以采用 VSB 调制。这种调制方法不像单边带调制那样将一个边带完全抑制，也不像双边带调制那样将另一个边带完全保留，而是介于两者之间，就是让一个边带通过，而另一个边带不完全抑制，残留一部分，它是单边带调制和双边带调制的一种折中方案。

幅度调制信号的解调有两种主要的方法，一种是同步解调方法，即需要提供本地同步载波以完成解调，双边带、单边带和残留边带的调制通常采用这种方法。另一种是不需要本地同步载波的包络检波法解调。这种方法很简单，只需将包络信号经过整流去掉一半，并使其通过低通滤波器，即可恢复出调制信号。AM 信号多采用这种方法，实际应用中采用包络检波法电路完成解调任务。

因为幅度调制信号依赖幅值变化，所以任何用于调幅信号的放大器都必须是线性放大器，也就是说，它必须能够准确地复制信号的幅度变化。这一原则也可以推广到任何具有包络线的信号，这一点是很重要的，因为非线性放大器与线性放大器相比，通常价格更便宜，效率也更高。

绝大多数短波广播电台都采用传统的模拟声音广播，使用 AM 方式进行调制，军用短波电台、海事电台、应急通信电台和一些海盗电台均具有单边带模式。另外，现代短波广播和电台大多也开设了全球数字广播(Digital Radio Mondiale，DRM)。

2.4.2　数字调制解调

2.4.2.1　短波信道对数据传输的影响

短波信道是一种典型的随参信道，存在着多径时延、衰落、多普勒频移等现象，严重地影响着短波数据传输的通信质量。主要表现在以下几个方面。

(1)多径效应所引起的波形展宽产生码间串扰，严重时会使接收机产生误判。为了减小码间串扰的影响，就要求增大码元宽度，而码元宽度的增加就意味着传输速率的降低，这是限制数据传输速率的主要原因。

(2)多径效应所引起的衰落，将使所传输的数据信号幅度时大时小，甚至完全消失，这是造成短波数据通信中出现突发错误的主要原因。

(3)电离层快速运动和反射层高度变化所引起的多普勒频移，将使信号的频率结构发生变化，相位起伏不定，从而造成数据信号的错误接收。

由于上述原因，在传统的短波数据传输系统中，信道误码率通常在 10^{-2}～10^{-3} 的数量级。为了适应数据通信业务迅速增长的需求，在短波通信的新近发展中，采用了一些有效的抗衰落和抗多径(通常是指抗码元串扰)的技术措施，使系统的误码率达 10^{-5}～10^{-6}。

目前在短波线路上广泛采用的抗衰落和抗多径的技术措施主要有短波自适应技术、分集接收技术、抗衰落性能良好的时频调制技术和差错控制技术等四种。

时频调制实际上是一种组合调制，每一个码元都用两个或两个以上的载波来传送。一般是将一个码元的持续时间分成几段，每段称为一个时隙，在每个时隙内安排一个频率，如图 2-17 所示。

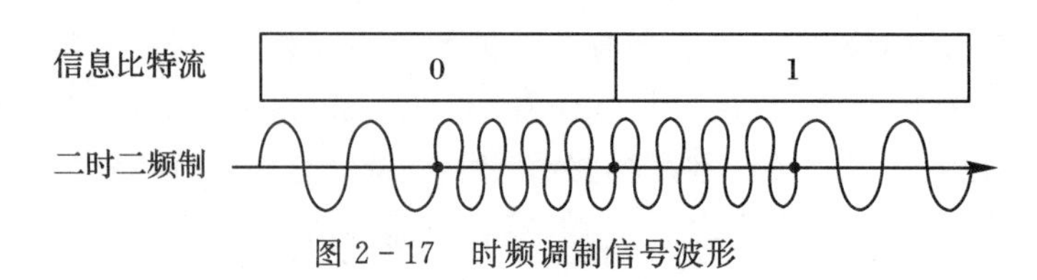

图 2-17　时频调制信号波形

时频调制技术如果其编码信号配置合理，就可以具备下述优点：①有一定的分集能力；②有一定的抗符号干扰能力；③可以有自同步能力（通过码组不同的频率配置实现同步）；④有一定的纠错能力；⑤占用带宽较大（特别是传输速率较高时）。

差错控制技术的作用是对接收码进行检错或纠错，主要方式有前向纠错（Forward Error Correction，FEC）、自动重发请求（ARQ）和混合纠错检错等。

以上是针对短波信道一般性的抗多径、抗衰落技术，为了在短波信道高质量地传输数据，还应采取专门的短波高速数据传输技术。

2.4.2.2　短波高速数据传输技术

目前，有两种体制能在克服多径迟延效应的条件下提高短波信道数据传输速率，即多音并行（多路并发）传输体制及单音串行传输体制。

1. 多音并行传输

多音并行传输是指将待传输的一路高速串行数据信号改变为多路低速信号同时发送，在接收端再重新恢复为高速串行信号，其原理如图 2-18 所示。

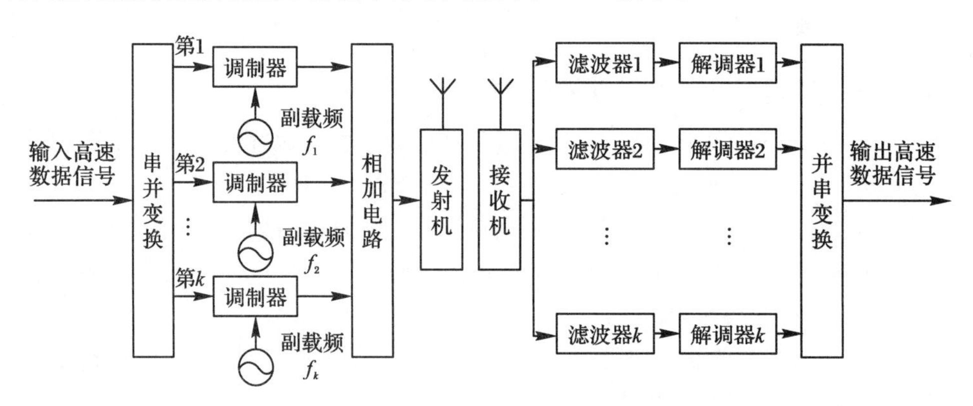

图 2-18　多音并行传输原理图

多音并行传输的工作原理：将每一高速数据信号经过串并变换分成几路，分别进行调制，每一分路各自采用一个特定的副载波，且各副载波的频率相互保持一定的差值。调制后的信号经过相加电路后，由发射机辐射出去；在接收端则完成相逆的过程。

并行体制研究较早，20 世纪 50 年代末首先提出的多音并行体制短波调制解调器称为 Kineplex，该系统最高速率可达 3000 b/s。方法是将 3000 b/s 的串行数据流先经串/并变换，变成 20 路 150 b/s 的低速数据流。然后采用四相时间差分相移键控（4TDPSK）分别调制在 20 个独立的正交副载波上。20 个副载波的频率值依次间隔 100 Hz，配置于 700～2700 Hz 的频率内。每路码速率为 75 b，码元宽度为 13.3 ms。最后通过加法器进行正交合路，低通滤波，形成带宽 3 kHz 的多音数据基带信号，也可以采用二重带内分集，数据率降为 1200 b/s。

多音并行体制虽然研究较早，但目前仍是广泛应用的技术。另外，新型的并行高速调制解调器采用前向纠错、分集、多普勒频移校正和 DSP 技术，性能得到很大提高。

2. 单音串行传输

(1)单音串行传输的基本概念。

单音串行传输是在一个话路带宽内串行发送高速数据信号,也就是说发送端采用单载波发送高速数据信号,而在接收端采用高效的自适应均衡、序列检测和信道估值等综合技术来克服由于多径传播和信道畸变所引起的码间串扰,保证数据传输的准确率。

高速串行 HF MODEM 技术方案大致可分以下三类:

①以自适应均衡器为主体的高速串行 HF MODEM;

②以最大似然序列检测器为核心的高速串行 HF MODEM;

③以自适应均衡器与最大似然序列检测(Maximum Likeihood Sequence Detection, MLSD)组合构成的高速串行 HF MODEM。

(2)自适应均衡。

对高速串行数据传输而言,自适应均衡技术是克服码间干扰、降低误码率的有效方法。图 2-19 为以自适应均衡器为主体的高速串行 HF MODEM 的示意图。

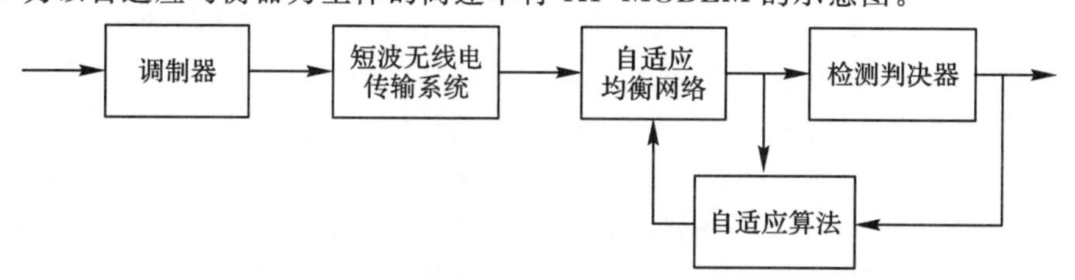

图 2-19 以自适应均衡器为主体的高速串行 HF MODEM

时间扩散是影响短波信道高速数据传输质量的主要原因,而自适应均衡器正是针对这一点,通过调节图中的自适应均衡网络来减轻短波信道的时间扩散效应,从而提高短波高速数据传输的质量。

(3)最大似然序列检测。

在噪声和干扰的条件下,判决数字通信系统接收机输入端是否出现了某种有用信号,这就是信号检测问题。为此必须对输入接收机的信号和噪声(含干扰)混合波形进行运算,这种运算称为检测方式。

不同的检测方式形成不同的接收机,能使正确检测概率为最大的接收机称为理想接收机。在各种可能的有用信号出现概率相等的情况下,采用最大似然检测方法,即按最大似然准则进行判决,可以得到总错误概率最小(正确检测概率最大)的效果。对信号进行检测,如果不是对码元逐个进行判决,而是对信号的各种可能的码元序列进行判决,便称为最大似然序列检测。

(4)短波单音串行调制解调器的发展现状。

目前,在单音串行传输体制中,以自适应均衡为主体的这一类,由于复杂程度低,运算量小,易于实现,得到了较多的研究与发展。

但从发展的角度来看,自适应均衡算法仍需进一步提高收敛速度和数值稳定性,降低复杂程度。MLSD 算法运算量太大,用目前的器件实时地实现仍很困难。因此,把自适应均衡和 MLSD 两大技术结合起来构成串行调制解调器的方案将成为今后一段时期串行高速 MODEM 研究发展的主要方向。

3. 两种体制的比较

从国外已研制出的串行高速调制解调器的实际信道试验结果看,在接收电平相同的条件下,串行体制无论是误码率还是可通率都优于并行体制。这是因为:

(1)串行体制对频率选择性衰落和窄带共信道干扰较不敏感;

(2)单边带发射机的互调失真所造成的非线性串扰对串行体制影响不大;

(3)串行体制克服了并行体制频谱利用率和功率利用率低的缺点,在窄带高速数据传输中逐渐占据了主导地位,随着其性能价格比的提高,今后将逐步取代并行传输。

2.4.2.3 短波抗干扰宽带高速数据传输技术

以上所讲都是在短波信道上进行窄带数据传输,而要在短波信道上宽带传送高速数据时,可以采用以下几种技术。

1. 直接序列扩频技术

直接序列扩频可以有效地抵抗来自信道中的窄带干扰。1995 年美国国防部联合武士互通性演示就采用了 SICOM 公司研制的新型直扩短波电台,该电台信息速率可达 58 kb/s,具有低截获率和低检测率,能抵抗多径效应和其它干扰的影响的优点。

2. 快速跳频技术

1995 年 2 月 Lockheed Sanders 公司研制成功了相关跳频增强型扩频电台。该电台采用了先进的数字信号处理技术芯片,跳速高达 5000 跳/s,其中 200 跳用于信号探测,4800 跳用于传送数据,每跳发送 2 b 数据,则可获得 9600 b/s 的传信率。通过改变每跳发送数据的比特数,可以获得 4800~19200 b/s 的数据率。跳频带宽为 2.56 MHz,划分成 512 个 5 kHz 带宽的子信道,收发双方约定其中 64 个质量较好的子信道构成当前跳频的频率集,频率集的大小根据信道条件和用户的需要来配置。CHESS 电台不影响传统的窄带传输的 HF 信号,具有频谱复用、减少多径衰落影响和降低干扰等优点。

3. 多载波正交频分复用(Orthogonal Frequency Division Multiplexing,OFDM)调制技术

多载波调制的主要优点是具有抗无线信道时间弥散的特性。短波信道是一种典型的时间弥散信道,采用多载波 OFDM 调制技术可以在短波信道上传输高速数据。

OFDM 在用于商业目的时,在支持高数据率的同时,使用了保护时间来消除码间串扰。然而,在军用 OFDM 技术中,出于抗干扰和保密的考虑,舍弃了保护时间,因为保护时间便于敌方电台进行监听,另外还有必要加入扰码器。在进入实用之前,还必须对短波电台进行中频宽带化改造。

由于短波信道复杂的时变特性,短波高速数据传输存在着许多技术难点,至今仍未有重大突破。而短波通信在军事通信领域又具有极为重要的地位,因此世界各国都在进行这方面的研究。

习题

1. 简述短波通信系统的基本组成部分及每个部分的功能作用。
2. 简述短波自适应通信的核心思想。
3. 简述链路质量分析和自动链路建立之间的相同点和不同点。
4. 简述跳频通信的核心思想。
5. 简述跳频通信同步网与异步网之间的异同之处。
6. 简述幅度调制的核心思想和基本过程。
7. 简述短波数字调制的常见方式。

第3章　短波通信天线

3.1　天线的概念及常用指标

3.1.1　天线的概念

在中学的物理课上我们已经知道，当导线上有交变电流流动时，就会产生电磁波的辐射，辐射的能力与导线的长度和形状有关。图3-1给出了通电(交流)导线在三种情形下的电磁辐射示意图。在(a)情形时，两导线的距离很近，电场被束缚在两导线之间，因而辐射很微弱；在(b)情形时，增大两导线的张开角度，电场就散播在周围空间，因而辐射增强；在(c)情形时，两导线完全张开，辐射效果更好。常见的对称阵子天线就是由情形(c)的设计改进而来的。必须指出的是，当导线的长度L远小于波长时，辐射很微弱；导线的长度L增大到可与波长相比拟时，导线上的电流将大大增加，因而就能形成较强的辐射。天线便是利用这种现象进行工作的，天线的作用是把传输结构上的导波转换成自由空间波。电气与电子工程师协会(Institute of Electrical and Electronics Engineers，IEEE)对天线的定义是："发射或接收系统中，经设计用于辐射或接收电磁波的部分"。

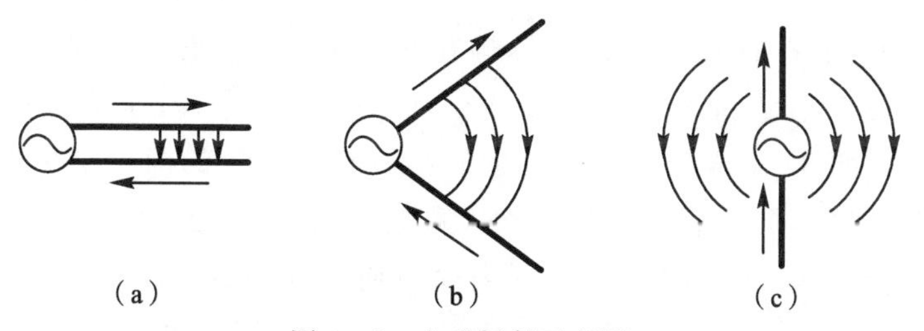

图3-1　电磁辐射示意图

天线是无线通信系统不可或缺的重要功能单元，天线系统通常包括天线和馈线(电缆或明线)系统两大部分。无线电发射机输出的射频信号，通过馈线输送到天线，由天线以电磁波形式辐射出去。电磁波到达接收地点后，由天线接收下来，转变为高频电流，并通过馈线送到无线电接收机。显然，馈线系统的任务是将发射机产生的已调制的高频电流传送给天线或者将由天线感应的高频电流传送至接收机。天线的任务则是将由馈线送来的高频电流转变为电磁波并向预定方向的空间辐射，或者是将由预定方向传来的无线电波转变为高频电流传送到与接收机相连接的馈线系统中，如图3-2所示。

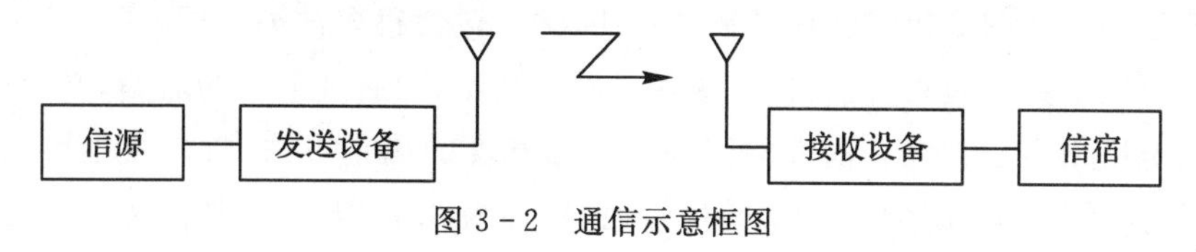

图3-2　通信示意框图

3.1.2 天线的常用指标

天线的技术性能由电参数来衡量，这些参数包括方向性、效率、增益等。一副天线中接收天线的电参数与发射天线的电参数相同，这称为天线的收发互易性。故只需讨论发射天线的特性参数即可。

3.1.2.1 方向性

在无线电通信中，总希望发射天线能将它的大部分能量向通信方向辐射，而不希望向其它方向辐射。因为这样可以降低功耗，从而提高设备的利用率。也就是说，发射天线在向空间辐射电波时，应具有一定的方向性。所谓方向性就是天线辐射的电场强度的相对值与空间方向的关系，可用方向图及方向性系数来描述。

一般来说，从天线发出的电磁波的强度在各个方向是不一样的。根据天线辐射到各个方向上的强度可画出一个方向图。垂直放置的半波对称振子具有平放的“面包圈”形的立体方向图，如图 3-3 所示。

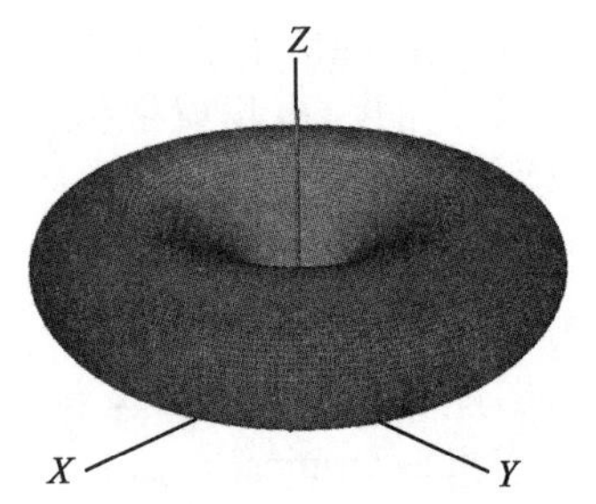

图 3-3　半波对称振子的立体方向图

在实际应用中，主要采用二维平面图，即在两个相互垂直的主平面上分别绘制的平面方向图，其中主平面一般是指包含最大辐射方向的平面。平面方向图描述天线在某指定平面上的方向性。图 3-4 给出了垂直放置的半波对称振子的两个主平面方向图，图(a)是垂直面方向图，图(b)是水平面方向图。从图上可以看出，在振子的轴线方向上辐射为零，最大辐射方向在水平面上，在水平面上各个方向上的辐射一样大。

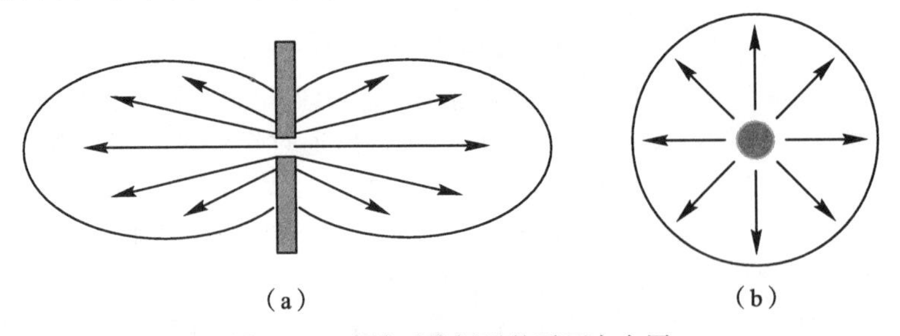

图 3-4　半波对称振子的平面方向图

实际天线的方向图要比半波振子复杂一些，常常包含很多波瓣。图 3-5 给出了一个例子。波瓣是以辐射强弱来划分的，最大辐射方向为主瓣，向后辐射的为后瓣，其余的为副瓣。通常用主瓣宽度来表征天线方向性的强弱。主瓣宽度的确定方法：首先在主瓣上找到两个半功率点(该点的功率密度为 $0.5P_{max}$，相应地，场强为 $0.707E_{max}$)，并将这两点之间的夹角

记为 $2\theta_{0.5}$，称为半功率点波瓣宽度，也就是主瓣宽度。主瓣宽度越小，方向图越尖锐，天线的方向性就越强。

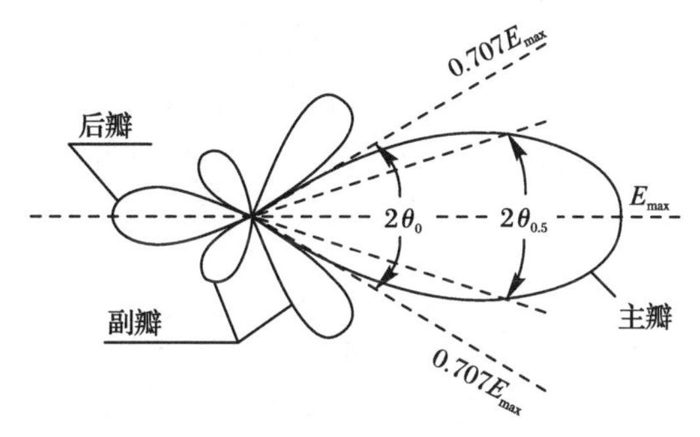

图 3 - 5　天线方向图及波瓣

主瓣与后瓣的辐射强度之比，叫作前后比，有些资料中也称其为正反比。

副瓣虽然辐射强度小于主瓣，但会产生一部分发射功耗，并干扰其它用户。因此，副瓣电平越小，功率损耗就越小，对其它方向的干扰也小。

不同的应用场合对方向图的要求会有所不同。例如，卫星地面站的天线需要将能量聚集成一束向卫星辐射，因而希望天线具有比较尖锐的方向图，即希望 $2\theta_{0.5}$ 尽可能小；卫星上的天线则需要兼顾它所服务的区域，不应顾此失彼；对于低损耗高增益天线而言，则希望副瓣越小越好。

方向性系数是在分析天线方向图的基础上，从能量的角度给出的一个参数。常定义天线的方向性系数 D 是定向天线在其最强辐射方向上某距离处的辐射强度与总辐射功率相同的无方向性理想天线在同一距离处的辐射强度之比。

3.1.2.2　效率

天线的效率通常是指天线的辐射功率与输入功率之比，记为 η。由于存在功率损耗，必有 $\eta<1$。对于发射天线来说，损耗功率包括天线中的热损耗、介质材料损耗、地电流损耗、天线周围物体吸收损耗以及面式天线的泄漏、遮挡损耗等。

一般对于线天线来说，天线长度与工作波长相比拟时，效率较高。中长波天线难以做到这一点，因此其效率较低，需采取铺设地网、加顶负载等措施来改善天线效率。

另外，在天线的输入端，如果天线的输入阻抗与馈线的特性阻抗不匹配，那么在天线与馈线的连接处就会产生反射，从而引起反射损耗。为减少反射损耗，应使天线的输入阻抗与馈线的特性阻抗接近或相等。

3.1.2.3　增益

前面在分析天线辐射功率的方向性时没有考虑天线本身的损耗。工程上常将天线本身的损耗合并分析，考察天线输入功率的辐射特性，因此引入了增益(G)的概念。其定义为：当以相同的输入功率输入被研究天线和无方向性理想天线(球形辐射单元)时，被研究天线最大辐射方向上某一点处的信号功率密度与无方向性理想天线在该点产生的信号功率密度之比。天线增益反映在相同距离上某点产生相同大小信号所需发送信号的功率比。

例如，若用理想的无方向性点源作为发射天线，需要 100 W 的输入功率，而用增益为 20

的某定向天线作为发射天线时，输入功率只需 100/20=5 W。因此，与无方向性的理想点源相比(指其最大辐射方向上的辐射效果)，某天线的增益是把输入功率“放大”的倍数。

需要说明的是，增益是在天线的输入功率相同的基础上给出的定义，方向性系数则是在辐射功率相同的基础上给出的定义。应用中要注意二者的区别。

增益与天线的方向性是一致的，一般方向图主瓣越窄，后瓣、副瓣越小，增益就越高。增益一般用分贝(dB)表示。

3.1.2.4 极化方式

天线的极化是指天线辐射时形成的电场强度变化的方向。当电场强度方向垂直于(或平行于)地面时，此电波就称为垂直(或水平)极化波。由于电波的特性，决定了水平极化传播的信号在贴近地面时将在大地表面产生极化电流，极化电流因受大地阻抗影响产生热能而使电场信号迅速衰减，而垂直极化方式则不易产生极化电流，从而避免了能量的大幅衰减，保证了信号的有效传播。

3.1.2.5 天线带宽

天线一般在某一频率调谐，并在以此谐振频率为中心的一段频带上有效工作，这个调谐频率称为谐振频率。谐振频率与天线的电长度相关。天线的谐振频率是一个频率点，但是在这个频率点附近一定范围内，该天线的性能差异不大，这个范围用天线带宽来表示。天线的带宽和天线的型式、结构、材料都有关系。一般来说，天线振子所用管线越粗，带宽越宽；天线增益越高，带宽越窄。天线带宽可以通过多种技术增大，如使用较粗的金属线，使用金属“网笼”来近似更粗的金属线等。常见的对数周期天线是一种宽带天线，但它的增益相对于窄带天线要小很多。

3.1.2.6 天线阻抗

天线阻抗是指天线对交流电所产生的阻碍。天线可以看作是一个谐振回路，一个谐振回路当然有其阻抗。阻抗匹配要求和天线相连的电路必须有与天线大小相等、相位相同的阻抗。

电波穿行于天线系统不同部分(电台、馈线、天线、自由空间)时会遇到阻抗差异。在每个接口处，取决于阻抗匹配，电波的部分能量会反射回源端，在馈线上形成一定的驻波。通过调节馈线的阻抗，即将馈线当作阻抗变换器，天线的阻抗可以和馈线及发射机相匹配。更为常见的是使用天线调谐器和阻抗变换器，通过调整匹配网络中电容和电感的取值，使天线的阻抗在不同的射频频率下都能达到匹配要求。

短波通信对天线的基本要求可概括如下。

(1)一定的方向性。为节省发射机的功率或提高接收信噪比，要求天线向所需通信方向辐射或接收电磁波。也就是说，天线对空间不同的方向应具有不同的辐射或接收能力，这就是天线的方向性。我们所要求的是与任务相适应的方向性。例如，地面通信的方向性要求不同于地空通信的方向性要求。

(2)较高的效率。由于短波通信设备一般常用于远距离通信，提高天线效率可以保证在一定发射功率的前提下获得更大的辐射功率。为此，一方面要降低天线上的各种损耗以及在天线邻近物体和地面中的损耗；另一方面还要求天线与馈线之间有良好的阻抗匹配，以降低馈线的损耗。

(3)一定的频带宽度。面对电子对抗的加剧和电磁环境的恶化,通信设备需要经常变换工作频率。这就要求在一定的频带内,天线的性能变化不能太大,从而避免更换天线。

(4)其它。有些大功率的通信系统要求天线能够承受较大的发射功率,而某些机动终端则对天线有体积小、重量轻、造价低廉、架设撤收方便、结构牢固可靠等方面的要求。

3.2　常用短波通信天线

在短波通信中,天线有着极其重要的地位。天线的性能对通信质量、通信效果都起着关键性的作用。采用高质量、强方向的天线,可以大大节省发射功率或降低对接收设备的要求,以提高工作信号的强度,因此十分有必要了解并掌握几类常用短波通信天线的工作频率、增益、方向性等相关知识。

短波天线品种繁多,可供不同用途、不同场合、不同要求使用。对于短波通信天线,可按照天线的特性来分类,例如,从方向性的角度考虑,可分为全向天线和定向天线等;从工作频带来分,可分为宽带天线和窄带天线;按照工作原理来分,可分为驻波天线、行波天线、阵列天线等。本书以传播方式进行分类,根据短波通信地波传播及天波传播,将短波通信天线分为地波天线和天波天线两大类。另外,大多数短波天线既能用于发射也可用于接收,部分天线专用于接收,在本节最后也对相关内容进行了介绍。

3.2.1　地波天线

地波天线主要应用于短波地波方式传播,受限于地面阻抗的影响,传播距离较近,因此也主要应用于短波近距离传播。常见的地波天线有鞭状天线、T 形天线、倒 L 形天线、斜天线等,其中鞭状天线使用范围最广,既可架设于楼顶、地面,也可作为车载天线使用,因此,本节主要介绍鞭状天线。

鞭状天线也称“鞭形天线”,是一种简单的垂直天线,属于直立天线,用以辐射和接收垂直极化波,因外形多为鞭状,故称鞭状天线。它是短波、超短波电台进行移动通信最常用的天线,其长度一般为工作波长的四分之一左右。为了便于携带,其结构多为接杆式、拉杆式或蛇骨式等类型,可以拆卸、伸缩或弯曲折叠。鞭状天线的主要优点是:结构简单,使用方便,全方向性,机动性好,适于运动中的无线电台使用,特别是在短波通信中得到广泛了应用,如图 3－6 所示。它的主要缺点是效率低,天线性能受周围环境的影响较大。

鞭状天线的原理结构及其等效方法如图 3－7 所示。假设地面是理想导体,地面的影响可用镜像来取代,这种单臂不对称的鞭状天线可等效为直立的对称振子。

鞭状天线可等效为垂直放置的对称阵子,故鞭状天线在水平平面的方向图是个圆,在垂直平面上的方向图是水平放置的“8”字形的一半,如图 3－8 所示。当大地不是理想导电体时,方向图将产生相应变化,尤其需要指出的是在水平面零度方向上的变化。

对于非理想地面的影响,应该按照电波传播理论,观察点的场强是直射波和地面反射波的叠加，理论分析的结果是沿地面方向的辐射应该为零。然而，实际上鞭状天线沿地面方向上的辐射并不等于零，这是因为，沿地面方向存在着表面波，计算沿地面方向辐射场强大小时，不能再参照对称振子的场强计算方法。

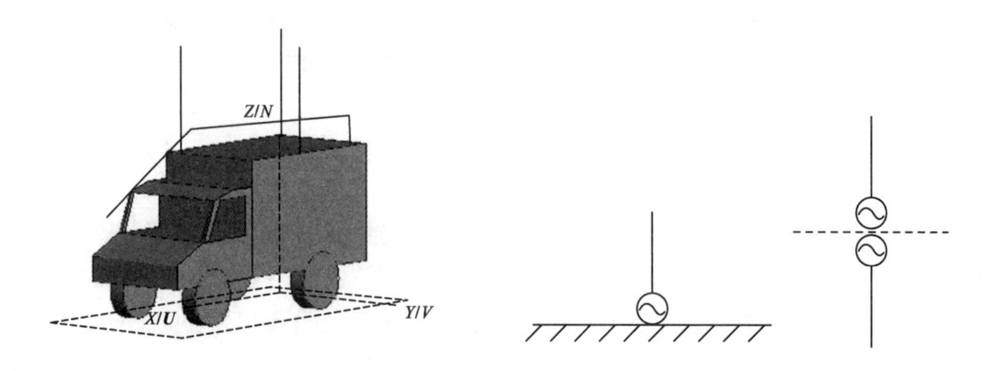

图 3-6　车载鞭状天线示意图(垂直及弯曲折叠方式)　图 3-7　鞭状天线的原理结构及其等效方法

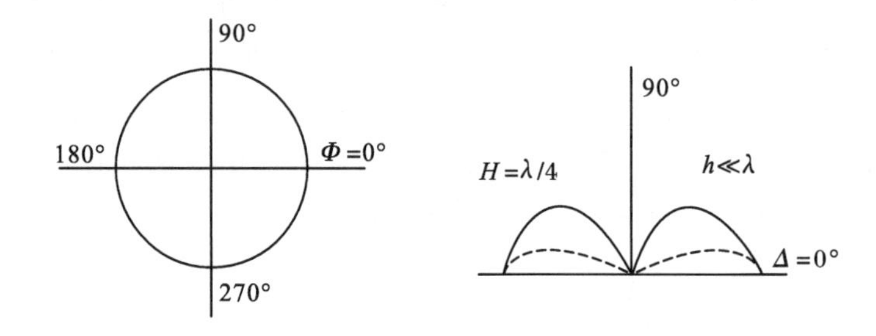

图 3-8　鞭状天线水平及垂直方向图

鞭状天线的一个重要的指标是有效高度，它表示直立鞭状天线辐射能力的强弱。天线工作波长一定时，天线物理尺寸越大，则天线的有效高度越高，辐射能力越强，效率越高；物理尺寸越小，则天线的有效高度越低，辐射能力越弱，效率越低。在实际应用中，常常采用提高辐射电阻(如天线顶部加装星形金属片)或降低消耗电阻的方法提高天线有效高度，增强天线的辐射能力。

3.2.2　天波天线

天波天线主要应用短波天波方式通过电离层反射达成通信，根据不同天线(阵列)方向性、增益的不同，传播距离从几百千米至上万千米不等，相对于地波天线而言传播距离较远，因此也主要应用于短波远距离传播。常见的天波天线有水平对称天线、对数周期天线、三线天线、菱形天线、同相水平天线等。

3.2.2.1　水平对称天线

水平对称天线包括水平对称振子和笼形天线等。笼形天线阻抗特性优于水平对称振子，但架设不便，一般用于固定台站。本书主要讨论水平对称振子。水平对称振子也称双极天线，是水平架设于地面的对称天线，由对称双臂、支架和绝缘子构成。天线两臂与地面平行，由单根或多股金属导线构成，导线的直径一般为 3～6 mm。天线两臂之间由绝缘子固定，并通过绝缘子与支架相连，用以辐射和接收水平极化波，其主要传播方式为天波传播。双极天线的结构及实物示意图如图 3～9、图 3～10 所示。

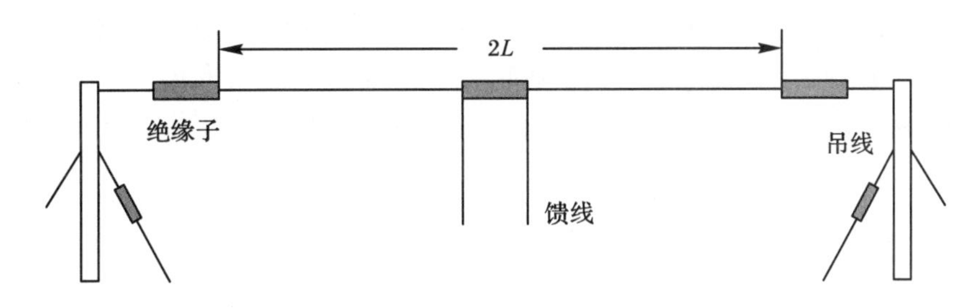

图 3 - 9　双极天线的结构

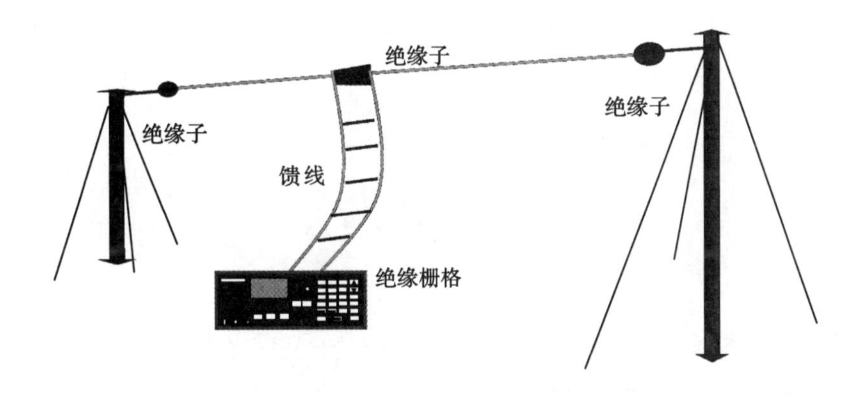

图 3 - 10　双极天线实物示意图

影响双极天线方向特性的主要因素是天线的架设高度与天线的臂长。通过方向图乘积定理，可计算出双极天线在垂直面上的方向图。

如图 3 - 11 可见：

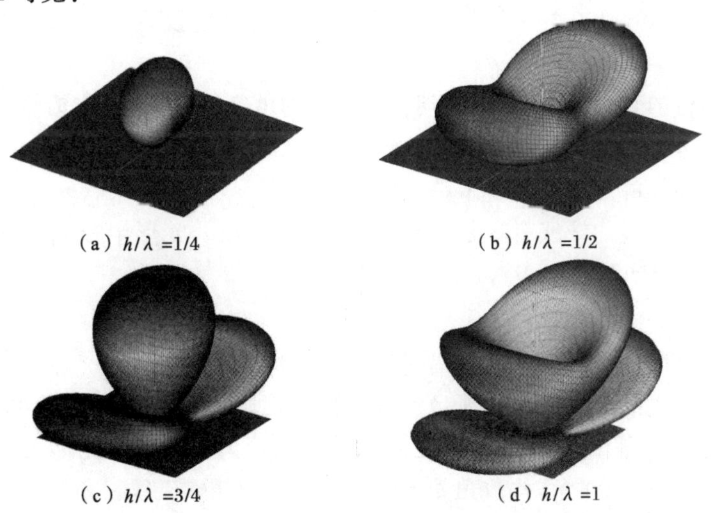

图 3 - 11　双极天线方向图

(1)不论 h/λ 取何值,沿地面方向($\Delta=0°$)始终为零辐射;

(2)当 $h/\lambda\leqslant 0.25$ 时,在 Δ 取 60°~90°时场强变化不大,电场最大值在 $\Delta=90°$的方向上,天线具有高仰角辐射的特性,这种天线称为高射天线,通常用于300 km距离内的天波通信;

(3)随着 h/λ 的增大,波瓣数开始增多,第一波瓣(靠近地面)的最大辐射方向的仰角(实际工作中作为通信仰角 Δ_0)随 h/λ 的增大而减小,这时通信距离也变远。实际工作中,可根据通信距离 r 和电离层高度 H_e来选择通信仰角 Δ_0,再根据通信仰角 Δ_0 便可确定天线的架设高度 h,即

$$h=\frac{\lambda}{4\sin\Delta_0}$$

这说明利用天波通信时,通信距离越远,通信仰角越低,要求天线架设越高。

双极天线的输入阻抗随频率变化较大,是一种窄频带天线。为了展宽带宽,可采用加粗天线振子直径的办法。通常将几根导线排成圆柱形组成振子的两臂,这种天线称为笼形天线,其结构图如图 3-12 所示。

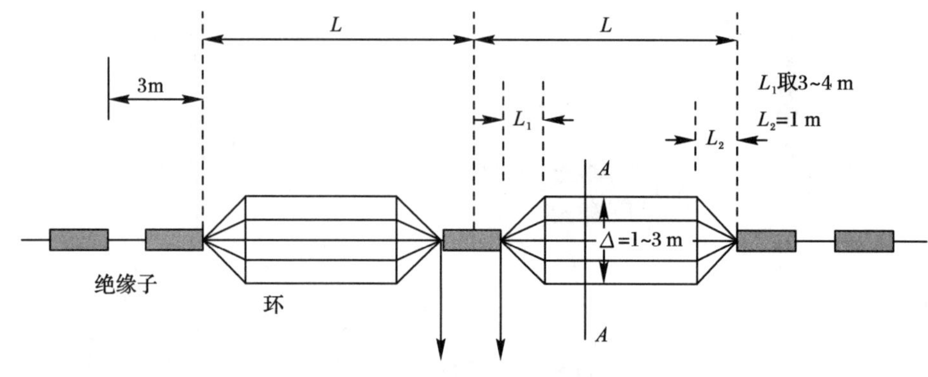

图 3-12　笼形天线结构图

笼形天线两臂通常由 6~8 根细导线构成,每根导线直径为 3~5 mm,笼形直径约为 1~3 m,特性阻抗为 250~400 Ω。笼形天线的输入阻抗在频段内变化较为平缓,工作带宽较宽。

笼形天线两臂的直径较大,在输入端引入很大的电容,使得天线与馈线的匹配变差。为减小馈电处的端电容,阵子的半径从距馈电点 3~4 m 处逐渐缩小,至馈电处汇集在一起。天线的两端采取同样的方法以减小末端效应。

如果组成笼形天线的导线有 n 根,单根导线的半径为 a,笼形半径为 b,则笼形天线的等效 a_e 半径可由下式计算:

$$a_e=b\times(na/b)^{1/n}$$

笼形天线的方向性和天线尺寸的选择与双极天线相同。

由笼形天线衍生的分支笼形天线,特性阻抗非常稳定,适当选择振子尺寸,可以在更宽的频段内与馈电线匹配,因此工作频率范围比普通笼形天线更宽。笼形天线和分支笼形天线的水平振子可以折成 90°角,构成角笼形天线和分支角笼形天线。角笼形天线和分支角笼形天线的水平方向图形更接近圆形。

笼形天线属于宽频段天线,广泛用于近距离通信。为进一步展宽双极天线的带宽,也可

将其双臂改成其它形式，如笼形双锥天线(图 3－13)。

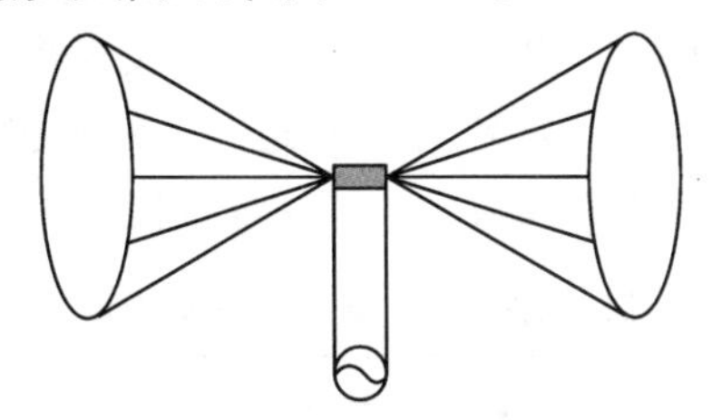

图 3－13　笼形双锥天线结构图

3.2.2.2　三线天线

三线天线的两极由三条平行振子组成，其平拉架设图如图 3－14 所示。其工作频段为 2～30 MHz，不用天线调谐器。与普通双极天线相比，三线天线具有以下显著优势。

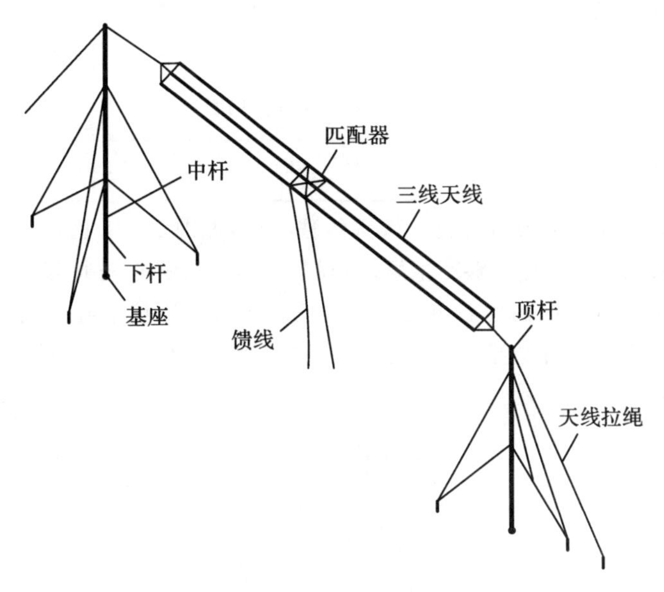

图 3－14　三线天线平拉架设图

(1)三线天线有 3～5 dB 的相对增益，而且在全频段基本保持 2∶1 以下的优异驻波比，而普通双极天线在很多频率上的驻波比超过 2.5∶1，因此三线天线的辐射效率明显高于普通双极天线。

(2)普通双极天线重心偏斜，随风摆动，状态不稳定，影响通信效果且容易损坏。而三线天线的形态和结构非常合理，架设后三条振子始终保持水平，性能稳定，且抗风能力强，不易损坏。

(3)普通双极天线只能平拉架设，而三线天线有平拉和倒 V 两种架设方式，具有多种用途。

(4)三线天线在近距离(覆盖“静区”)的通信效果远比普通双极天线好，中远距离通信效果也相对好些。

三线天线的两种架设方式及其不同用途如下。

(1)平拉架设。平拉架设主要用于点对点定向通信或点对扇面的通信。三线天线平拉架设方法与普通宽带天线相同，都是在天线的两端架设高杆，将天线在两杆之间拉直。但是三线天线平拉架设的方向图与普通宽带天线不同。在较低频率下,普通宽带天线的方向图是双球形,方向性强,在天线的窄边方向没有辐射;而三线天线的方向图是椭圆形,不仅在宽边方向辐射很强,在窄边方向也有一定辐射。因此三线天线在平拉状态下能够兼顾窄边方向的通信,适应性比普通宽带天线要强得多。其主要性能指标如表 3-1 所示。

表 3-1 三线天线(平拉架设和倒 V 架设)性能指标

指标名称	性能指标	备注
工作频率	2～30 MHz	
增益	5 dB	
驻波比	2∶1	90%频点
阻抗	50/600 Ω	
方向图	垂直圆＋水平椭圆	
方向性	全向	

(2)倒 V 架设。倒 V 架设方式是三线天线独有的,如图 3-15 所示。这种架设方式产生 360°全向辐射,在较低频率下还能够产生高仰角辐射,因此能够胜任通信网的中心站天线。特别是对于移动通信,三线天线的优势更为明显。它符合移动通信中心站的各种要素:全向,兼顾近、中、远各种距离;与各种类型、各种极化方式的车载、船载、固定台的天线都能良好兼容。其主要性能指标如表 3-1 所示。

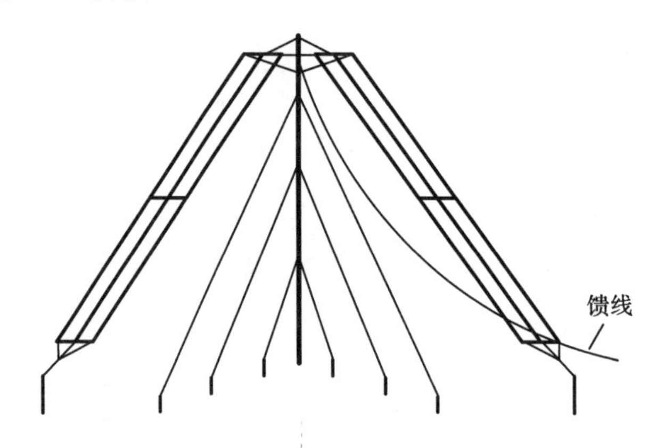

图 3-15 三线天线倒 V 架设图

3.2.2.3 对数周期天线

对称振子的工作频带是比较窄的,如果用若干个对称振子构成一般的振子阵,则由于振子之间的耦合作用,振子阵的带宽比单个振子的带宽还要窄。

但是,若用一系列长度不等的对称振子按不同间距排列起来组成一个特殊的长振子阵,称为对数周期振子阵,如图 3-16 所示,则可得到宽频带特性。

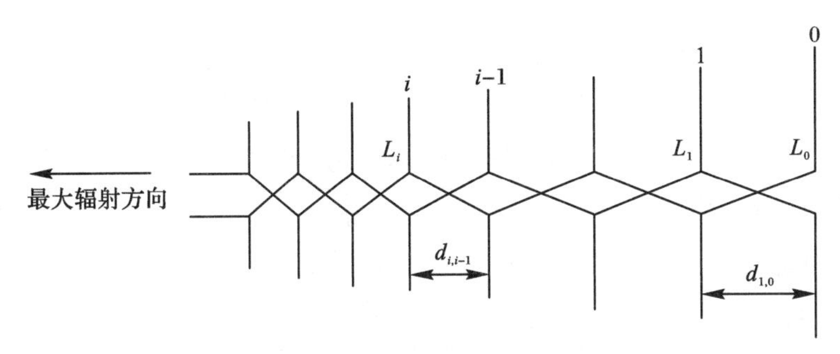

图 3-16　对数周期振子阵

在低频端，长振子阵中仅仅是末端附近的那几个长度较大的振子处于或接近谐振状态，真正得到馈电，其余振子由于电长度较短甚至很短，在其输入端呈现的容抗较大甚至很大，振子上的电流较小甚至很小，所以它们的辐射很弱。在高频端，仅仅是长振子阵中始端附近的那几个长度较短的振子处于或接近谐振状态，真正得到馈电。当工作频率由低向高变动时，真正起辐射作用的那几个振子的位置，从末端逐步向始端移动。

通常，把真正起辐射作用的那几个振子所在的区域称为有效辐射区，当工作频率变化时，仅仅是振子阵的有效辐射区沿阵轴移动而已，从而获得了宽频带性能。

在对数周期天线中，由于真正起辐射作用的只是处于和接近谐振状态的那几个振子所构成的有效辐射区，所以对数周期天线的方向性是由有效辐射区内的这几个振子组成的阵决定的，即其最大辐射方向是从长振子指向短振子的方向。

对数周期天线的缺点是天线幕庞大、结构复杂。水平极化的对数周期天线占用场地面积较大。

水平极化对数周期天线的结构，一般所有单元振子(以波长 λ 表示的)高度都不变。适当选择天线的高度，可以得到所需要的路径仰角，而且在整个工作频段范围内保持不变。

图 3-17 所示为水平极化对数周期天线高度为 0.3λ 和 0.5λ 时的典型辐射图。其最大辐射仰角分别为 45°及 30°。根据图形，要获得 20°以下的低仰角，天线高度应在 0.75λ 以上。对于低端频率，架设这样高的天线，造价很高。

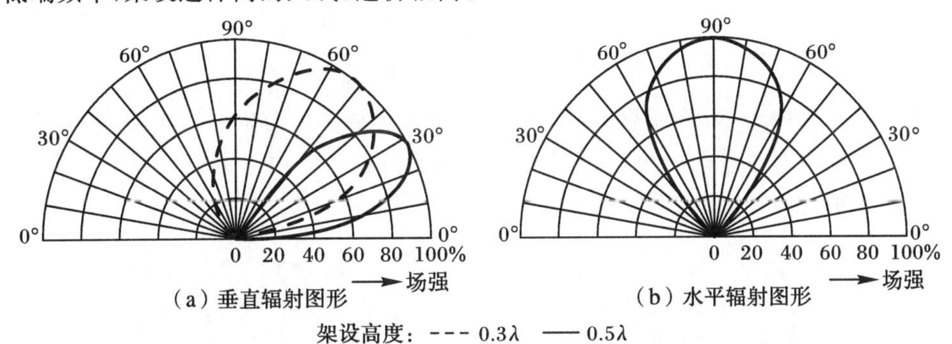

图 3-17　单片水平极化对数周期天线的典型辐射图形

单片水平极化对数周期天线的绝对增益为 10～12 dB，其值与单元振子的排列情况有关。水平极化对数周期天线可以组成多片结构，以提高增益。此外，在天线场地受限时，常使用可转动的刚性振子结构，其下限工作频率一般为 6 MHz。

单片垂直极化对数周期天线架设于中等导电地面上时，其增益为 8～9 dB，如果敷设地网增益可增大到 10～12 dB。

典型对数周期天线(单片)主要性能指标如表 3 - 2 所示。

表 3 - 2　典型对数周期天线(单片)主要性能指标

指标名称	性能指标	备注
工作频率	2～30 MHz	
增益	12 dB	平均
驻波比	2∶1	90%频点
阻抗	50/300 Ω	
极化方式	水平＋垂直	

双片水平极化对数周期天线的频带与单片天线基本相同,但其增益根据天线结构的不同,将增至 13～15 dB。其辐射仰角随频率而变,例如某一天线在 3 MHz 时,天线高度为 0.5λ,其半功率点仰角为 11°和 46°,最大辐射分量在 28°处;而在 30 MHz 时,天线高度约为 1.4λ,半功率点仰角为 4°和 16°,最大辐射分量在 10°处,如图 3 - 18 所示。在夜间使用时,由于工作频率降低和仰角增高的缘故,跳数可能会增加,但夜间路径衰减减小,故对接收质量的影响较小。

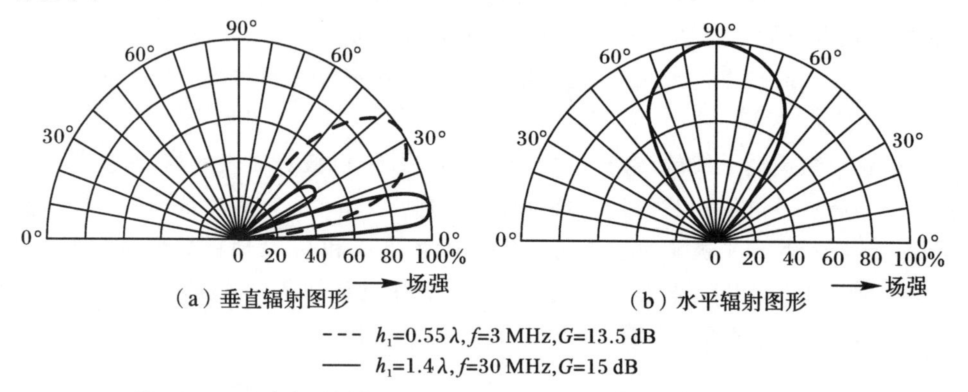

图 3 - 18　双片水平极化对数周期天线在 3～30 MHz 的典型辐射图形

当采用双片天线时,天线增益提高 3 dB。其垂直辐射图形与单片的相同,而水平辐射图半功率波束宽度只有单片的一半,如图 3 - 19 所示。这种天线由于不论使用夜频还是日频,都有低仰角辐射的特性,因此适宜用作远距离发射天线。

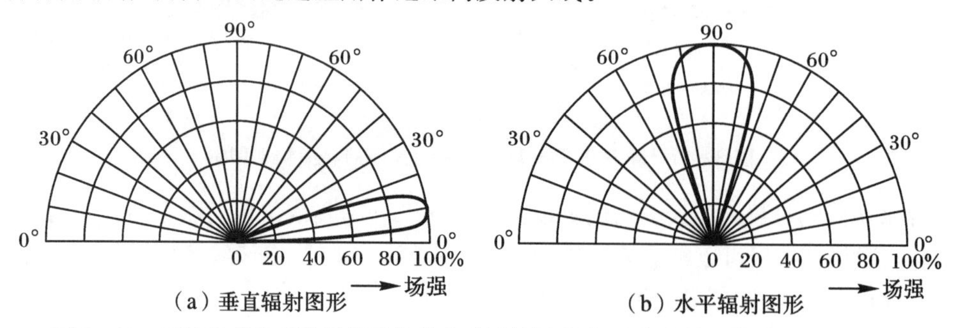

图 3 - 19　双片垂直化对数周期天线的典型辐射图形(场地为中等土壤,增益为 12 dB)

3.2.2.4　菱形天线

前面讨论的双极天线或鞭状天线等，当被看成等效传输线时它们工作于驻波状态，线上电流呈驻波分布，其输入阻抗随频率的变化比较敏感，故输入阻抗的频率特性决定了它们的工作频带较窄。由于承载行波的传输线的输入阻抗等于它的特性阻抗，因此当某种天线的等效传输线工作在行波状态时，就输入阻抗特性而言显然是宽频带的。菱形天线就属于这种行波天线，它可以被看成是终端接有匹配负载的行波双导线演变而来的，其结构示意图如图 3 - 20 所示。

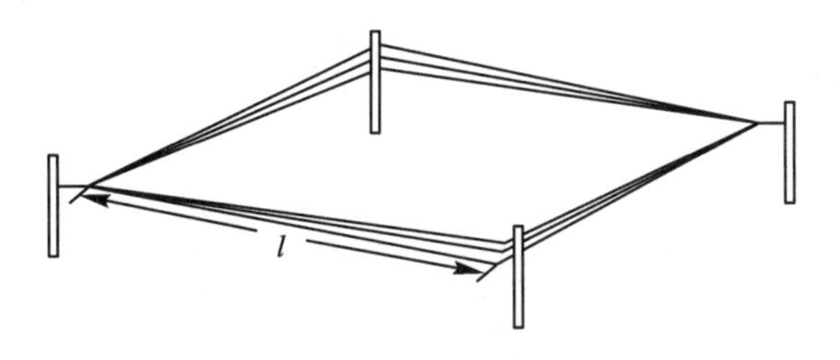

图 3 - 20　菱形天线的结构示意图

菱形天线的基本程式是单菱天线，其变型很多，包括双菱天线、平行双菱天线、叠菱天线、偏菱天线等。此外，垂直架设的半菱天线和三角形天线也都是由菱形天线变化而成的。

菱形天线具有单方向辐射的性能，其水平最大辐射方向与其长轴一致。辐射图中主瓣较窄，且随工作波长而变，波长越短，主瓣越窄。双菱天线和平行双菱天线的主瓣在水平面内比单菱天线窄；叠菱天线的主瓣在垂直面内比单菱天线窄。

菱形天线的垂直和水平辐射图形如图 3 - 21 所示。天线的高度以工作波长来表示，菱形天线的技术数据如表 3 - 3 所示。其垂直辐射图形在工作频率最低时，仰角最高；随着频率升高，仰角逐渐下降，工作频率最高时，仰角最低。

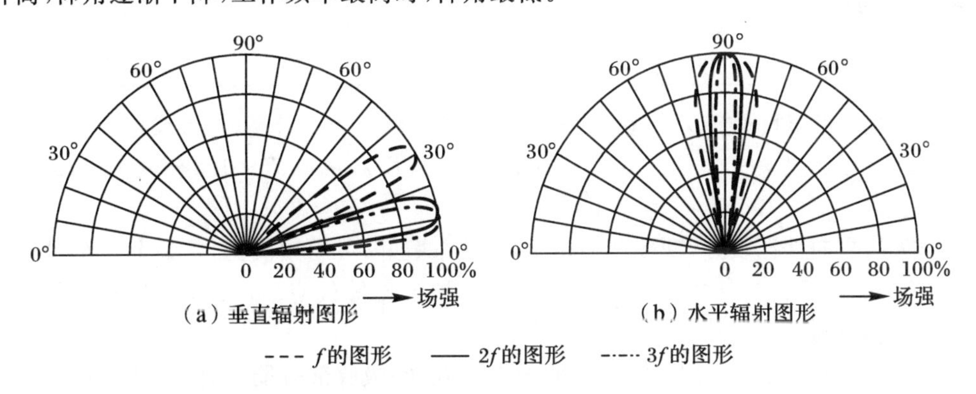

图 3 - 21　菱形天线的典型辐射图形(频段比 1∶3，边长 2λ～6λ，地面以上高度 0.6λ～1.8λ)

菱形天线的增益与其结构有关，并随工作波长的变化而变化，其最大增益出现在略低于设计波长 λ_0 处。双菱形天线的增益系数为单菱形天线的 1.5～2 倍。

典型菱形天线(小型)主要技术指标如表 3 - 4 所示。

表 3-3 菱形天线的技术数据

频率	f	$2f$	$3f$
菱形边长	$2l$	$4l$	$6l$
地面以上的高度	$0.6l$	$1.2l$	$1.8l$
锐角半张角 α	20°	20°	20°
最大辐射点仰角	28.5°	13.5°	8°
下半功率点仰角	18°	7°	5°
上半功率点仰角	38°	19°	13°
水平辐射半功率波束宽度	±13°	±8°	±6°
最大辐射点的增益/dB	14	19	22

表 3-4 菱形天线(小型)性能指标

指标名称	性能指标	备注
工作频率	3～30 MHz	
增益	18 dB	平均
驻波比	2∶1	90%频点
阻抗	50/600 Ω	
方向图	仿翼形	
方向性	定向	

菱形天线的工作频段宽度受垂直辐射图形变化所限。频率升高时，天线边长(以 λ 计)增加，副瓣数量和大小也随之增加。菱形天线可在设计波长 λ_0 的 0.75～1.8 倍内工作，最大限制约为 1∶3。

菱形天线方向性比较好，功率增益较高，行波系数好，可用频段宽，在整个工作频段内不需要调谐。此外，还具有结构简单，架设容易，维护方便等优点。因此，菱形天线广泛用于中、远距离定点通信。

菱形天线的缺点是，由于终端衰耗电阻(或衰耗线)吸收部分能量，因此效率较低。此外副瓣多，占地面积太大也是不利因素。

它在短波波段的远距离通信中，常常用做发射天线。菱形天线的效率一般为 40%～70%，馈至天线的功率有 30%～60%消耗在终端吸收负载上。

3.2.2.5 同相水平天线

同相水平天线由多个双极天线组成，是一种驻波天线。这种天线不加反射器时，前后两个方向发射，加上反射器，可做单方向发射。反射器采用与天线幕相同的振子结构时，称为调谐式同相水平天线；反射器采用栅网状结构时，称为非调谐式同相水平天线。

短波通信通常采用笼形双极天线组成的非调谐式宽带同相水平天线。

同相水平天线的辐射图形及其增益与天线的振子数及其架设高度(h_A/λ)有关。

天线的振子总数越多，增益越高，但振子数量受到物理结构的限制，不能过多，一般限于 4 层，每层 4 个(用 4/4 表示)。带反射幕的 4/4 宽带同相水平天线的绝对增益平均约为 20 dB。

同相水平天线每层的振子数越多，水平辐射图形越尖锐；振子层数越多，垂直辐射图形越尖锐。宽带同相水平天线的工作频段宽度约为 1∶2。设 λ_0 为设计波长，λ 为工作波长，则 $\lambda/\lambda_0=0.8\sim1.6$ 或 $0.75\sim1.5$。

宽波段同相水平天线方向性好、副瓣少、效率高、工作频段较宽。改动馈电点可以改变辐射主瓣方位角(偏向)，以利于对不同通信地点作时间共用。同相水平天线占地面积较少，而且沿发射方向的尺寸小，有利于沿山坡边缘架设，避免占用或少占耕地。宽带同相水平天线的主要缺点是行波系数较差，使用时须仔细考虑匹配问题，结构复杂，需要较高的天线杆塔，施工和维护较为困难。

3.2.2.6　高仰角天线

与前几小节所介绍的天波天线不同，高仰角天线虽然也应用天波方式进行传播，但其通信距离较近。这是由于“静区”的存在，关于“静区”的概念，已在本书中 1.2 节介绍。为解决短波通信的“静区”问题，通常可以采用 NVIS(Near Vertical Incidence Skywave)方法，选用高仰角辐射的天线，使电波能量最大程度地垂直向上辐射，经电离层反射后到达地面，使“静区”的外半径减小。

半环天线就是一类典型的高仰角天线，其实物图如图 3-22 所示。天线由 4 根 1 m 天线连接形成 4 m×1 m 鞭状天线，然后弯曲成半径为 2.5 m 的半环状。半环下方的铝合金基架(1.5 m×3 m)也是天线的一部分，天线的两个端点都与基架进行连接，形成一个完整的闭合环天线，即单体电磁环天线，馈电点为其中一个端点。

图 3-22　半环天线实物图

电台发射时，电磁波围绕天线环径向辐射，同时借助基架强化垂直辐射能量，从而在 50°～90°仰角区域形成“对空喷涌”状的方向图，经电离层反射后可覆盖半径 200～500 km 内的区域。当电台车驻扎建站时，可将半环天线恢复成 4 m×1 m 鞭状天线，用于远距离通信，此时可再接入一节 1 m 天线体，形成 5 m 鞭状天线，可获得更好的效果。

半环天线主要性能指标如表 3-5 所示。

表 3-5　半环天线主要性能指标

指标名称	性能指标	备注
工作频率	3～30 MHz	
增益	4 dB	
驻波比	2∶1	90%频点
阻抗	50 Ω	
方向图	近似圆	
方向性	全向	
极化方式	垂直+水平	

3.2.3　专用接收天线

前几小节介绍过的各种天线既可用于发射也可用于接收。作为接收天线使用时，辐射导线可以用得较细一些，结构也比较简单。除这些天线外，还有一些专门用于接收的天线，如鱼骨天线、双偶极天线和各种小型有源天线等。

3.2.3.1　鱼骨天线

鱼骨天线是一种宽波段行波接收天线，有单鱼骨天线和双鱼骨天线之分。鱼骨天线的振子与集合线间的耦合元件可以采用电容、电感或电阻。采用电容耦合时，其耦合阻抗随工作频率降低而增加，导致天线效率和增益系数下降。采用电感耦合时，其耦合阻抗随工作频率而变，因此工作波段较窄(一般为 2 倍)。采用电阻耦合时，工作频率与耦合电阻无关，工作波段很宽(一般达 4 倍)，增益系数随频率下降的速率较为缓慢。因此目前采用的鱼骨天线大都是电阻耦合的。电阻耦合鱼骨天线的缺点是电阻器容易被雷击坏(故使用金属膜无感电阻较好)。

鱼骨天线的增益系数与振子数量、挂高以及集合线特性阻抗有关。振子数越多、天线越高、集合线阻抗越低，则增益越高。单鱼骨天线一般用于距离约在 3000 km 以内的通信电路；双鱼骨天线用于距离大于 3000 km 的通信电路。双鱼骨天线的增益系数约为单鱼骨天线的 2 倍。双鱼骨天线的方向性系数也比单鱼骨天线高，在工作频段的高端约为单鱼骨天线的 2 倍；在工作频段的低端约为单鱼骨天线的 1.2～1.5 倍。鱼骨天线的效率，在工作频段的高端，双鱼骨天线与单鱼骨天线基本相同；在低端，双鱼骨天线比单鱼骨天线高。

鱼骨天线与菱形天线比较，具有方向性较好、占地面积小等优点。电阻耦合鱼骨天线与菱形天线的最大方向性系数相同时，其水平面内的主瓣张角比后者宽出一倍。这是由于散布于副瓣的能量较少的缘故。因此，在相同的接收质量指标下，鱼骨天线的服务范围比菱形天线大得多。鱼骨天线的效率较差，因此其最大增益系数比菱形天线低。此外，鱼骨天线的结构比菱形天线复杂得多，架设、维护工作量大。

3.2.3.2　双偶极天线

双偶极天线由两副谐振在不同中心频率的对称振子合并构成，在中心馈电点交叉馈电。

它的输入阻抗随频率的变化不大，能与 200 Ω 的馈电线较好地匹配，其工作波段可达 3 倍以上。

另外，双偶极天线由于长振子和短振子接收的垂直极化波有相互抵消的作用，所以对降低接收噪声有利，适宜于在市区或工业干扰较大的环境中应用。

3.2.3.3　小型有源接收天线

所谓小型天线是指天线的尺寸与波长的相对值(电尺寸)缩小的天线。一般习惯地把几何尺寸小于十分之一波长的天线称为电小天线。有源天线的电尺寸甚至可以缩小到百分之一波长或更小。

有源天线实质上是无源天线和有源网络的组合。有源网络无需很高的放大倍数，而只要求对由于天线尺寸缩小而引起天线性能的降低进行补偿。无源天线部分与有源网络在结构上是一个整体。

小型有源天线体积小、架设高度低、占地面积小、运输和施工方便。它有很好的宽带特性，一般说来，带宽高低端频率比可做到 20～30，这在无源天线上是很难达到的。因为有源网络与无源天线的良好匹配，可以把无源天线作为恒压源或恒流源来考虑，做到近似与频率无关。

有源天线和无源天线一样，可以组成所需要的各种天线阵。

改变有源网络的器件参数，可以在一定程度上控制有源天线的增益、带宽和方向图形，从而实现对部分天线性能的电子控制。如有源环形天线，通过改变有源网络的直流供电电压，可以得到 10～15 dB 的增益变化。

有源天线中因接入有源网络，将带来附加噪声，但可通过精心设计，使整个天线的信噪比不低于无源天线，半波振子有源天线可以做到整个频段内噪声低于大气的噪声电平。

由于有源网络中存在非线性元件，因此为有源天线引入了非线性失真，但设计得当，可使非线性失真很小，达到保证通信质量所允许的程度。

小型有源天线种类很多，但基本上可以分成以下几类：鞭状或杆状有源天线、水平振子有源天线、V 形振子有源天线、垂直和水平振子混合有源天线、环状有源天线。

图 3－23 所示为一种 1.5～30 MHz 杆状有源天线，其无源天线振子与有源网络匹配良好，因此具有优越的技术性能。杆状天线本身仅 1.5 m 长，而其灵敏度可与 3 倍以上长度的无源天线相比拟。天线线性极佳，与无源天线接上前置放大器或共用器后的性能差不多，二阶截获点≥60 dBm，三阶截获点≥38 dBm。交调指标是当干扰发射机工作频率高于接收频率 1 MHz、调制频率为 1 kHz、调制深度为 30%、交调产物低于 20 dB 时，干扰场强≥3.5 V/m。天线对于附近的雷电感应有较强的防御能力，其垂直辐射图形与频率无关，这种天线非常适于地波和低仰角天波接收。

图 3－24 所示为一种适用于 1.5～30 MHz 频段的偶极有源天线，其无源振子与有源网络准确匹配，从而具有良好的技术性能。振子长度仅 3 m，但灵敏度相当于长度在 3 倍以上的无源天线。其线性很好，同样可以与无源天线加前置放大器或共用器的系统相比拟。其水平辐射图形与频率无关，它可用于全向高仰角天波接收。

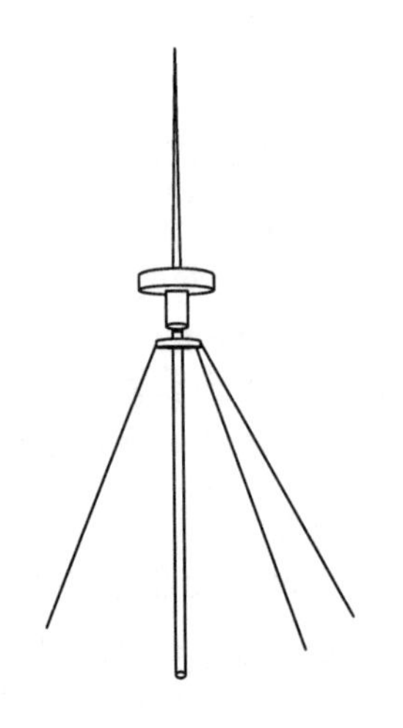

图 3-23　杆状有源天线
(输入阻抗 50 Ω;驻波比≤1.5)

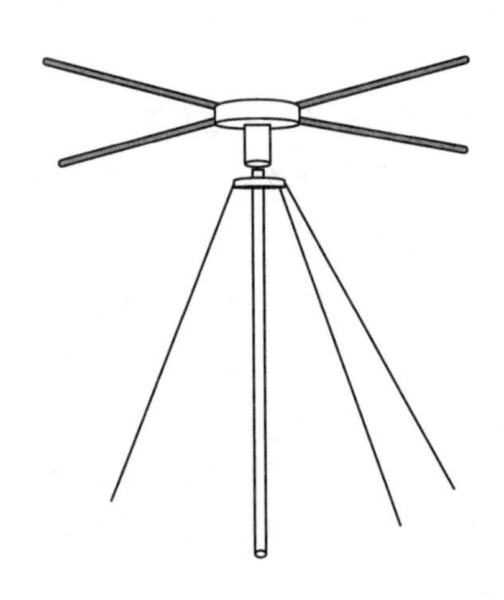

图 3-24　水平偶极振子有源天线
(输入阻抗 50 Ω;驻波比≤1.5)

图 3-25 所示为一个杆状有源天线和两个 90°交叉的水平偶极有源天线构成的组合天线。两个偶极天线用于接收水平极化信号,由一个 90°耦合器连接在一起,辐射图形为全向。这种天线可同时接收水平极化和垂直极化信号。有的组合天线,其垂直极化振子和水平极化振子在电气上互不相连,从而可以作极化分集接收使用。

图 3-26 所示为一种环状有源天线,它由一个无源环和一个有源网络组成。无源环的电尺寸很小,直径一般在 1 m 左右,用有源网络的放大性能来获得一定的增益。环状有源天线的工作频段为 2～30 MHz,在整个波段内的方向增益接近 5 dB。环状天线的水平辐射图形是 8 字形,沿环面方向为最大值,直对环面方向为零点;其垂直辐射图形是半圆形,如图 3-27所示。

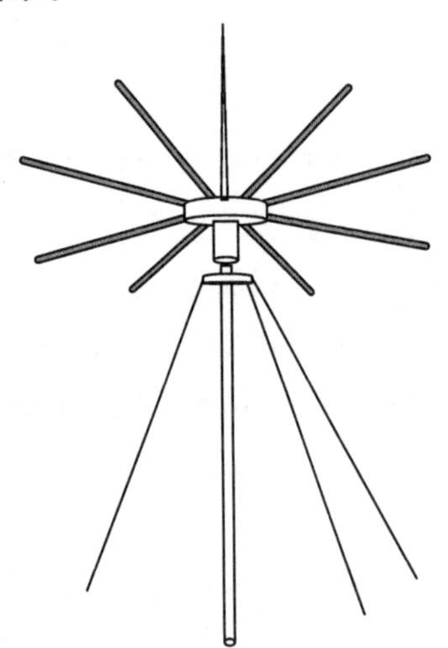

图 3-25　水平极化和垂直极化组合天线
(频率范围:1.5～30 MHz 输入阻抗 50 Ω;驻波比≤1.5)

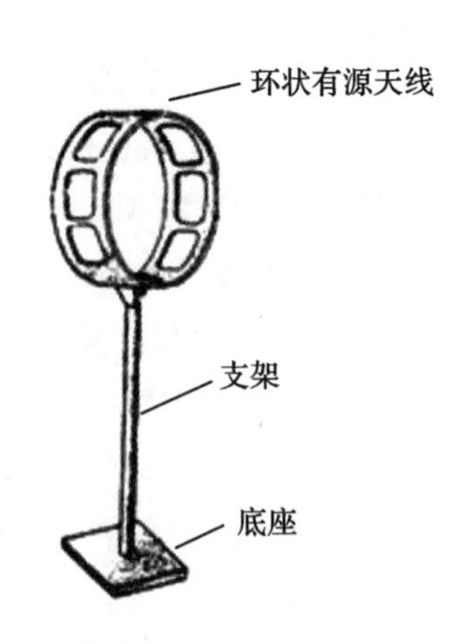

图 3-26　环状有源天线

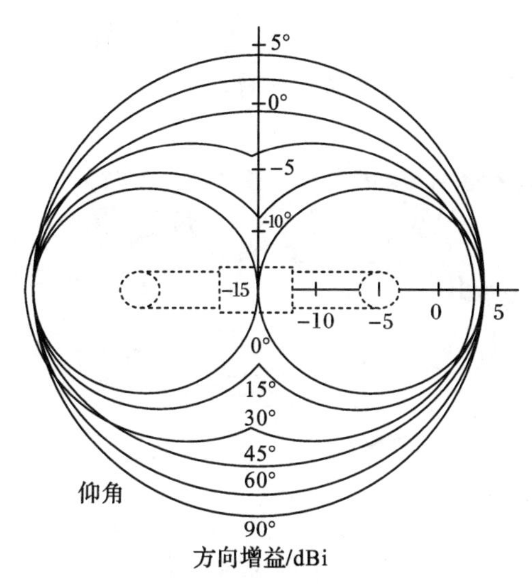

图 3-27　环状有源天线辐射图形

环状有源天线尺寸小、安装方便，非常适用于近距离天波传播通信。

目前某些场地受限的电台常利用若干环状有源天线组成端射式或边射式环状天线直线阵，以获得较好的方向性。

端射式直线阵是由一定数量的单元环天线排列成一直线，各环的环面在同一平面上，如图 3-28 所示。图中只给出四个有源环天线单元，因此称作四元阵。各有源环天线上的电流幅度相等，而电流的相移随各环空间位置不同而变化，使其在空间所产生的相移恰好相等，从而获得定向特性。通常，单元天线越多，其方向性越强。常用的有：二元阵、四元阵、八元阵，最多的有十六元阵，单元数再增加，方向性提高就不会明显了。这种天线适用于中、远距离的点对点通信。

有源环天线阵各环的间隔距离，一般按全波段使用来考虑时取值 4 m。如果分高、低波段使用尺寸，高端间隔取 4 m，低端间隔取 8 m。

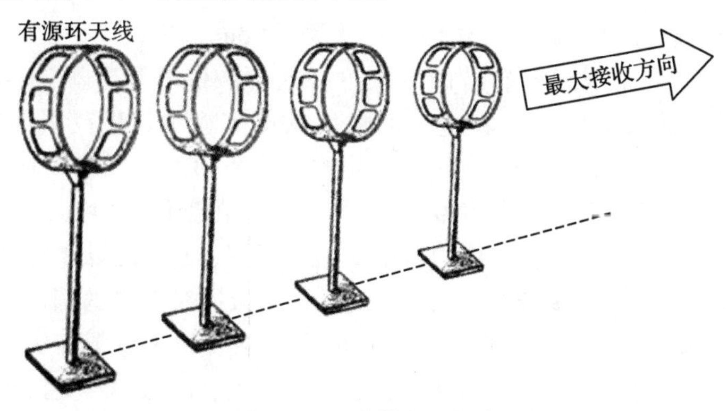

图 3-28　端射式天线阵

边射式直线阵（方向图主辐射方向在阵列轴线的两侧）如图 3-29 所示。各单元环天线也是排列成一条直线，只是各环面互相平行。边射式直线阵的特点是垂直面方向图很宽，而且与频率无关，因此适用于中、近距离的点对点通信。边射式直线阵在水平面的方向特性比端射阵更强些，而且可在一定范围内用电子线路控制，使其水平方向图作±30°偏转。用接有终端负载的有源环天线来组成边射式直线阵，则在水平面内可得到更强的方向性，这是因为接有终端负载的有源环天线具有心脏形方向特性。

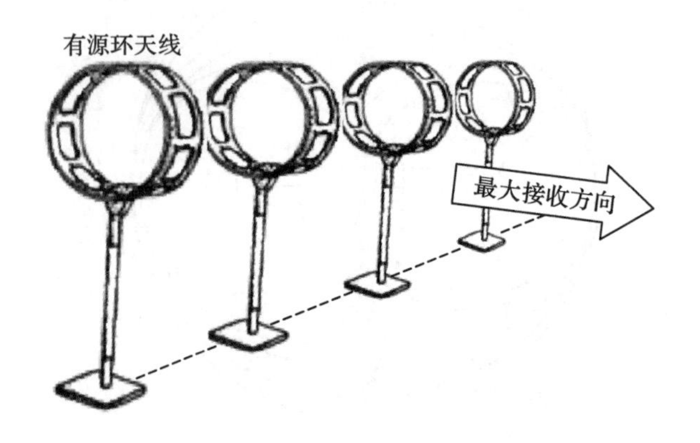

图 3-29　边射式直线阵

图 3-30 所示为有源环天线端射阵的有效高度随频率变化的情况。

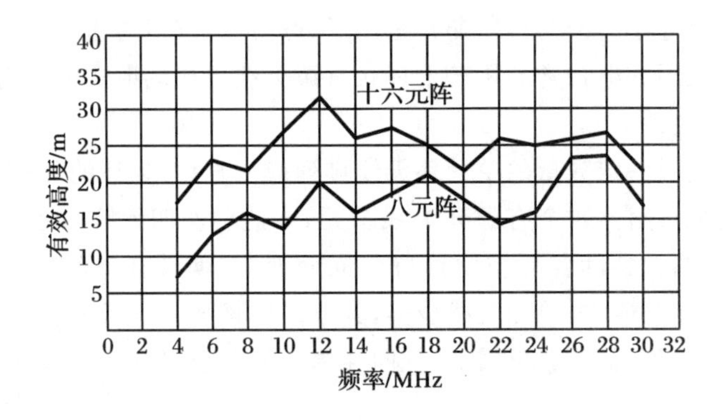

图 3-30　有源环天线端射阵的有效高度与频率关系（实测值）

3.2.3.4　多波束圆形天线阵

对于全方位接收、监测和需要类似业务的大型接收电台来说，采用常规接收天线（阵）是有许多不利因素的。常规天线（阵）的方位角必须对准信号发射源，而信号来自各个不同方向，天线本身的波束水平张角又有一定限度，因此要想在 360°范围内有效地覆盖整个短波波段，势必要求架设很多天线。同时，需要购置或征用大量天线场地。有时虽然可以利用可转动的对数周期天线来对准信号发射源，但问题在于任何时间只能对准一个方位，不能满足多部接收机同时与多点通信的需要。而且，可转动的天线在转动就位时，需要时间。因此，近年来陆续出现了多种全波段、全方位、多波束同时工作的圆阵式接收天线，例如菱形天线圆阵、同相水平天线圆阵、偶极天线圆阵和小型有源天线圆阵等。在这些圆阵中，小型有源天线圆阵具有投资省、占用场地面积小等突出优点，而其技术性能可以和大型常规天线相比拟。

3.3　短波天线选型与架设

天线是不少台站工作人员容易忽视的问题。当通信质量不佳时，操作手习惯只从电台上寻找原因，但在发射或接收设备状态良好的前提下，由天线相关因素导致信号接收或发射效果不佳的可能性极大。因此，合理选用并正确架设性能良好的天线对于改善通信效果极为重要。

3.3.1　基本方法

选择天线时，需要考虑天线的功率增益、垂直和水平辐射图形、可用频段范围等电气特性。此外，还应该从天线结构复杂程度、施工和维护条件、占用场地面积大小、工程造价和维护费用等方面结合业务要求和天线场地的实际情况进行综合比较。

关于天线的电气特性，首先要确定的是天线的功率增益。天线的增益必须满足电路计算结果所提出的要求。不仅在最大辐射分量方向上，而且在所要求的仰角和方位角范围内都应该满足。对宽带天线来说，还应注意在整个工作频段内其增益是否也能满足要求。

二十四小时连续工作的电路，通常需要一个日间工作频率（日频）和一个夜间工作频率（夜频），有时还要有一个或几个过渡频率。此外，随着电离层的季节变化和年变化，工作频率范围也在不断地变化。短波电台，除担负特种业务，工作频率不经常改变者外，大都避免使用窄带谐振天线，而使用宽带天线。宽带天线可以在一个较宽的频段内工作，而且电气指标基本保持在一定范围之内。采用宽带天线，不仅可以减少天线建设的数量、减少征购土地面积、节约天线工程投资，而且可以简化天线交换系统、缩短换频时间、提高电路利用率。

远距离通信，一般要求天线辐射主瓣强，副瓣弱而且少。固定业务点对点通信用的天线，要求其水平辐射主瓣窄。用于多点通信的天线（通播发射或时间共用），要求其水平辐射图形主瓣半功率点间有较大的张角，能覆盖所有需要通信的地点。对于方位角和距离相差不大的几个通信地点，如果通信时间可以错开，则采用可偏向发射的天线按时间共用方式工作，效果可能更好。同样，对于方位角相差 180°左右，而通信距离相差不大的几个通信地点，可以采用能够反向发射的天线，进行时间共用。可转动的硬阵了对数周期天线特别适合国内多点通信时间共用的情况。

近距离通信大都使用不定向天线或弱定向天线。

垂直辐射图形是天线选型的关键问题。地波传播链路要求天线垂直辐射图形在水平方向上有最大辐射。至于天波传播对垂直辐射图形的要求，则随路径长度、工作频率、电离层反射点的高度等条件而异。根据路径长度，可以求出 E 层或不同高度的 F_2 层反射时的射线仰角和必要的反射次数，从而确定其对于垂直辐射图形的要求。

总体来说，在短波天线选型时应遵循以下原则：一是综合考虑通信距离、通信方向、覆盖范围、场地情况、发射机功率和业务需求等，选择性能最佳的天线程式；二是一般通信业务应选择宽带天线，如有特殊需求，可根据实际选择天线程式；三是同一天线场应尽量选择多种程式天线，避免使用单一程式天线，近距离通信应采用高仰角、弱方向性天线，远距离通信应采用低仰角、强方向性、高增益天线，具体选型可参考表 3 - 6；四是利用天波通信时应选用水平极化天线，利用地波通信时应选用垂直极化天线。

表 3-6　短波通信天线选型参考表

天线类型	频率范围/MHz	方向性	通信能力/km	适宜的天线安装方式		
				楼顶	地面	移动
宽带三线天线	3～30	弱定向	1000	是	是	否
窄带三线天线	带宽 7	弱定向	1000	是	是	否
宽带三线天线(倒 V 架设)	3～30	弱定向	600	是	是	是
窄带三线天线(倒 V 架设)	带宽 7	弱定向	600	是	是	是
宽带双极天线	2～30	弱定向	800	是	是	否
窄带双极天线	带宽 6	弱定向	800	是	是	否
宽带鞭状天线	3～30	全向	600	是	是	是
窄带鞭状天线	带宽 4	全向	600	是	是	是
固定对数周期天线	3～30	定向	3000	否	是	否
旋转对数周期天线	3～30	定向	3000	是	是	否
菱形天线	3～30	强定向	4000	否	是	否
水平对数周期天线阵列	3～30	组合全向	8000	否	是	否
垂直对数周期天线阵列	3～30	组合全向	8000	否	是	否

3.3.2　选型实例

根据通信需求,需在内蒙古自治区某地设立通信台站 A,以保证该区域与南海某岛屿通信台站 B 的短波通信。

根据选型方法及原则,首先需考虑通信距离、通信方向与覆盖范围。从地图上测量可得通信双方的距离为 2797 km,根据该距离并参照表 3-6 中通信能力一栏可排除通信能力距离小于 2797 km 的天线程式。因此可选择的天线类型有固定对数周期天线、旋转对数周期天线、菱形天线、水平及垂直对数周期天线阵列。

其次,再依照“远距离通信应采用低仰角、强方向性、高增益天线”的原则,从可选择的天线类型中对比方向性指标,只有菱形天线的方向性属于强定向性,因此,该通信台站应优先选择菱形天线。

最后,依照通信对象方位角调整菱形天线架设方位角,保证角度一致。

3.3.3　天线架设

3.3.3.1　架设要求

天线应架设在平坦的场地内,地面应有良好的导电性,天线周围不应有大型金属物体和高大建筑物(楼顶架设的天线除外)。当天线通信方向有障碍物(包括近处和远处)时,从天线在地面上的投影中心到障碍物上界的仰角,不应大于最低通信仰角的四分之一,对于 2000 km 以上通信,遮挡角应不大于 2°。当天线周围有障碍物(如树木等)时,天线辐射体应高于障碍物工作频段中最大波长的十六分之一。

在固定站设置天线时，优先布设大型远程通信天线，并保证馈线相对短直。其次，布设其它近程通信的小型天线，但要尽量减少对大型天线的影响。

天线架设必须能覆盖各个通信方向，定向天线架设方位角必须与通信对象方位角一致。在具备条件的情况下，对于重要方向应保障2副以上可通天线。

3.3.3.2　架设实例

双极天线由于结构简单，方向性强，便于携带，架设和撤收方便，通信距离远，因此在机动分队中使用较为广泛。下面主要讲述双极天线的架设方式，其它天线架设时可参照双极天线架设方式。

1. 双极天线架设前的准备工作

(1)确定站立点。首先台站长要知道自己当前所处的位置，了解通信对象的位置。

(2)准确判定方位。校正指北针，转动指北针，使活动指针上的"北"指向表盘上已给定的密位角度数，此时通信方向(又叫发射角度或天线角度)即为表盘上所标示的"北"所指向的方向。确定通信方向后，便可根据天线的类型来判定天线的架设方向。

(3)正确选择开设位置。仔细查看周围地形和道路情况，集中放置器材，人员合理分工。

2. 双极天线架设与撤收

(1)架设准备。

①全站列队，台站长将电台开设的地形、联络方向向全站人员作简要说明。

②携行器材分工。1号手背天馈线包，2号手背一端的天线杆包，3号手背一端的地钉包(含铁锤)，4号手背另一端的天线杆包及地钉包。

③人员任务分工。1、2、3号手负责一端，4号手负责另一端的架设。

(2)取设备。当听到"准备"的口令后，全体台站人员，按站长的任务分工，各取负责的器材，放到指定位置，动作要迅速，不得拖泥带水。

(3)插杆。当听到站长"开始架设"的口令后，负责插杆的人员右手握顶杆前三分之一处，将杆向正前方送出。左手向上，握杆尾约10 cm处，离地面约30 cm，右手取二根杆，其头部搭于顶杆底部，并将尾部抬起与第一根杆成一条直线。顶杆在前，尾杆在后，最后将天线杆底座安装于天线杆的底部，其它人员按分工各司其职。

(4)收放地钉拉绳。

(5)收放天线体。放天线体通常由三人配合进行。中间一人右手抓天线架的中间，左脚向前跨一步，左手将天馈线解开，别处两人各持一端迅速跑向两侧12 m处(约10～12步)，将天线拉直校正方向，同时放于地面。

(6)挂钩、摘钩。

①挂钩。手握拉绳末端，拇指与食指捏住挂钩与拉绳的连接处，挂钩开口向下，身体下蹲，将钩倒于拉环相应的孔内。

②摘钩。身体下蹲，用拇指与食指捏住钩柄，按挂钩时的相反方向将钩摘下。

(7)打地钉、拔地钉。

①打地钉。右手将地钉尖置于左脚尖下，左手拉住地钉绳拉环处，使地钉与地钉绳成90°，地钉与地面成45°；右手拿铁锤，将地钉按预定方向打入地下，地钉深度依土质软硬程度确定，通常以打入三分之二到五分之四为宜。

②拔地钉。身体下蹲成弓步，左手握住地钉拉绳，右手抓握地钉末端，用力晃动，沿地钉走势方向将地钉拔出。若拔不动，可用大锤前后左右轻轻击打使地钉松动，然后按上述方法将其拔出。

(8)立杆。打好左右两侧地钉、挂好所有挂钩后，右手虚握地钉的拉绳，跑步至天线杆底座处，右脚外侧横位抵住底座，左脚后退一步，左、右手紧握两根地钉拉绳，身体协调向后用力将杆拉起，当天线杆基本垂直于地面时，两手在拉住天线绳的同时向后依次倒手，直至退到后地钉位置时，按打地钉的方法打下后地钉。

(9)调整天线拉绳。左脚外侧抵住地钉，右手适当用力将拉绳拉紧，左手同时将紧线板垂直于拉绳，上下推拉，调整拉绳的松紧。架设完毕后，可将天线杆包挂于尾杆固定钩上，将地钉包放于后地钉的两地钉绳中间的根部，大锤放于天线底座处，也可将其全部收回车(室)内。

(10)撤收。四人双极天线的撤收一般采用每端各两人同时撤收的方法，当听到“开始撤收”的口令后，4 号手先松开拉绳，然后按双人单杆的动作要领开始撤收，最后收好天馈线，整理好所有物品。

3. *双极天线架设要求及注意事项*

(1)架设双极天线水平线与下引馈线要尽量垂直。

(2)天线杆上端可装置滑轮，这样可以根据需要随时调整天线水平部分的垂度。

(3)架设时要统一指挥、明确分工、相互配合、协同作业。

(4)使用 44 m 双极天线工作时，电台的工作频率不宜超出 5.95～14.85 MHz；使用 64 m 双极天线工作时，电台工作频率不宜超出 3.25～8.11 MHz。

习 题

1. 天线常用的技术性能指标有哪些？
2. 简述天线效率的含义。
3. 简述天线的极化含义。
4. 概述地波天线的特点。
5. 简述短波通信对天线的基本要求。
6. 简述几种天波天线的特点。
7. 天线在短波通信系统中的作用有哪些？
8. 简述天线主瓣宽度、方向性与增益三个参数的关系。

第4章　短波固定通信系统

在大型短波固定通信台站中，由于使用的设备功率较大，通常采用收发分离的台站设计形式。根据任务的不同，短波固定通信台站主要分为短波收信台（主要负责各网系之间的沟通联络，传递各类信号、电报）、短波发信台（主要配合收信台完成无线电信号的发射）等，系统常见配置如图4-1所示。本章主要围绕短波固定通信台站的系统组成、配置及功能、台站维护等方面进行阐述。

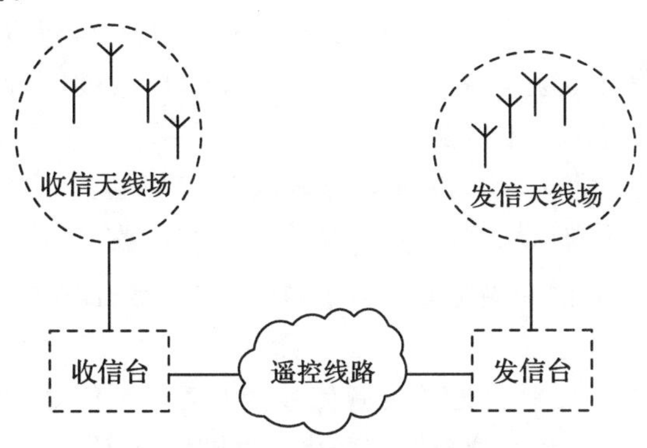

图4-1　短波固定通信台站组成示意图

4.1　短波发信台

4.1.1　发信台组成及作用

4.1.1.1　组成

短波发信台的主要技术装备如下。

(1)短波发射机及其附属设备。

(2)短波发射天线、高频馈电线及天线交换系统。

(3)监控系统：包括低频信号交换设备、控制设备、监测监听设备、测试仪表等。

(4)中间设备：包括音频放大器、音频放大整流器等。

(5)电源设备：包括市电变配电设备和自备应急发电机组等。

(6)遥控线路：音频电缆、微波链路等进线设备。

图4-2为短波发信台主要技术装备组合框图。来自中央控制室或控制中心的低频信号，经由遥控线路（电缆或微波）送至发信台后，通过进线设备、中间设备、监控台接至发射机，对发射机的射频信号进行键控或调制。发射机输出的已调射频大功率信号，经天线交换系统送至发射天线进行发射。

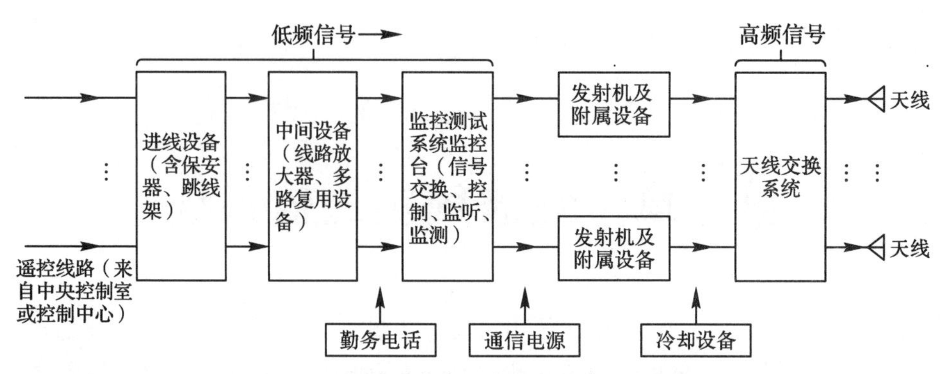

图 4-2 短波发信台主要技术装备组合框图

4.1.1.2 作用

短波发信台是担负短波信号发射任务的固定台站。信源端将要传输的信息，通常都经由收信台(短波广播发信台除外)通过传输线路传送到发信台，经过发信设备调制、放大等处理后，通过发射天线将信号发射出去。一个独立的发信台，必须配置发射机、电源、发射机房、传输配线和发射天线等基本工作要素。

一般情况下，对于通信距离较远，发射功率较大(400 W 以上)和工作地点固定的台站基本采用收、发信台分离的原则，设置独立的发信台。从减少收、发信台相互干扰和安全等因素考虑，要求收、发信台之间的间隔距离应大于等于 $1.5\sqrt{p}$ km，其中 p 的单位为 kW。

1. 短波发射机

短波发射机的基本任务是将传送的音频信号变换为射频信号，并将其放大到所需要的功率，以便天线发射。以固定台站型短波数字化发射机为例，该设备是专为固定台站设计的高技术发射机。其激励器采用 DSP 技术，实现了对中频信号的数字化处理，频率合成器采用了 DDS(Direct Digital Synthesis)技术，提高了频率的锁定速度及频谱的纯度。功放采用全固态功率放大及合成技术，天线自动调谐匹配，并具有全自动天调预调存储功能。其技术指标和可靠性指标较好，并具有边带抑制强、载波抑制好、频响好、群时延小、功能扩展性强等优点。

台站中如果采用单边带发射机，可以根据需要对载频进行电平处理：全载频发射、减幅载频发射或抑制载频发射。为了便于供多种业务使用，单边带发射机通常还具备发射双边带调幅电话、启闭电报、移频电报等功能。

2. 发射天线

发射天线是完成电磁转换和辐射的关键设备，天线的性能优劣，直接影响短波通信的效果。

选择短波天线应根据工作需求、可用场地、施工难度、工程造价等多方面综合考虑，尽量选择全频段免调谐宽带天线。根据通信距离和通信方向确定天线的方向性和增益，选择不同类型的天线，一般通信距离在 500 km 以内，可考虑采用弱方向、一般增益天线；通信距离在 500～2000 km，可采用具有一定方向性、中等增益天线；2000 km 以上应采用方向性强、高增益天线。

3. 发信台电源

电源系统一般由交流电源、稳压电源和不间断电源(Uninterruptible Power Supply,

UPS)组成。交流供电系统由市电和柴油发电机组组成,市电作为主电源。市电及柴油发电机组供电系统应采用三相四线制,供电电压为380 V和220 V。

稳压电源和UPS电源可根据发信台要求有选择地进行配置。交流市电的设计容量应包含生活和工作用电;柴油发电机组应采取一主一备方式,发电机组供电负荷容量应包含通信设备用电量、空调、照明和必要的办公、生活设施及其它设施必须保证的用电量。

4.发射机房

发射机房是发信台站的工作机房,用于安装发射机、发射控制台、天线交换系统等相关设备。机房建设应符合发信机房工程建设规范的标准,满足发信机和相关设备的工作条件。发射机房应达到表4-1的基本工作环境要求。

表4-1　发射机房基本工作环境

名称	条件
机房环境	湿度:30%～70%
	温度:18～28 ℃
	照明度:150～200 lux
	室内背景噪声:≤60 dB
	防尘要求:良好
机房接地	接地电阻≤2 Ω(设备有其它要求应按照最高标准设计)

5.传输配线

传输配线系统是发信台信息传输的枢纽,是各种有线联络和通信的基本保证。

传输配线按照短波发信台传输线路的功能大致分为三类:一是遥控线,主要用于对发射机和发信台控制设备进行控制和发射信号的传输;二是电话线,用于工作和生活的通信联系;三是网络和TV音视频线,网线主要用于台站各种网络连接,TV线用于音视频信号的传输。

目前发信台主要传输方式分为电缆、光缆、微波等,根据通信技术的发展,传输线路已基本实现光缆化。

4.1.2　发信台配置

由于各种技术设备大都安装在发射机房内部,这里就围绕发射机房的配置进行阐述。大、中型发信台的发射机房内一般设置主房间和辅助房间,如表4-2所示。

此外,发射机房内还可根据需要设置一些办公室、技术资料室、夜班休息室、候班室、会议室、卫生间等辅助性用房。

发射机房一般采用单层建筑,力求结构简单实用。如果考虑节约用地,可局部建成二层楼房,将辅助房间设置在二楼。

发射机房内各种房间位置的安排,应从满足技术要求、便于设备安装和维护、经济合理等方面进行考虑,并应符合防火安全的规定。

发射机大厅供安装发射机使用,是发射机房的主要部分。发射机大厅的位置应便于天线馈电线出线,并应有足够的天线窗口。发射机大厅通常为一字形的多开间大厅,当发射机和天线数量较多时,可以采用L形。

表4-2　发信台发射机房配置

房间类型	房间名称	房间类型	房间名称
主房间	发射机大厅	辅助房间	电子管预热器室
	天线交换室		
	发射机风机室或冷却设备室		电子管储藏室
	发射机专用变压器室		材料室
	监控室		仪器室
	遥控线进线室		
	电力室		测试用屏蔽室
	电力变压器室		检修室
	调压器室		金工室或机修室

天线交换室供安装大型天线交换器之用,其位置应与发射机大厅毗邻。当天线交换器采用体积较小的同轴开关矩阵时,可将同轴交换开关柜安装在发射机大厅内,而不设置天线交换室。当发射机和天线数量较少,天线交换只采用简单的室内明线刀开关时,也不必设置天线交换室。

监控室供安装监控台、中间设备列架和线路复用设备列架之用。监控室的位置应紧邻发射机大厅,以便值机人员得以透过玻璃窗随时观察大厅情况。中、小型电台可以不设监控室,而将监控台等设备直接安装在发射机大厅中。

进线室供安装保安器箱(或配线箱)、跳线架以及电缆充气机之用,其位置应便于遥控电缆引入。

电力室和变压器室应互相毗邻,并应设置在机房用电负荷的中心位置,或尽量靠近主要负荷,以节省电力线并减少电力损耗。电力室和变压器室均应有门直接通向机房外面,以利安全。电力室可以分为两间,一间安装低压配电盘(或开关柜),一间安装高压开关柜。

低压供电的中小型电台,可以不设电力室,而将低压配电盘安装在发射机大厅内或油机发电机室内(当发射机房内设有油机室时)。

发信台需要安装油机发电机作为主用或备用电源时,一般应建设独立的油机发电机房(简称油机室)。但当油机发电机容量较小(例如小于75 kW)时,可以考虑在发射机房内设置油机室安装油机发电机。在发射机房内设置油机室时,必须考虑防火问题(例如采用防火墙使之与发射机房内其它部分隔开),应有向机房外开的门、窗、排气孔等。油机发电机在运转时,其震动和噪声应不影响发射机及其它设备正常工作。

总之,安排机房各个房间的相对位置时,应考虑尽可能使各分系统简单、清楚、设备维护便利,并使各分系统之间衔接紧凑,以节省各种线路和管道材料,压缩建筑面积,节约工程投资。同时,应考虑风道、水管、电缆、馈筒等应尽可能地短,使安装和维护方便。安装体积较大的设备的房间,应有足够的搬运出入口和通道。各房间的面积,应根据准备安装的各种设备的数量和尺寸、准备存放的仪器和器材体积以及需要留出的维护通道等因素来确定,并应预留一定的扩展余地。

4.1.3 发射机

本节以 400 W 短波数字化发射机为例进行阐述。

4.1.3.1 发射机简介

短波数字化发射机工作频率范围为 2～29.999999 MHz，以单工、半双工方式进行无线电通信，可储存 100 个信道，可进行上下边带、独立边带、调幅话、调幅报和等幅报工作。

发射机适用于固定台站和装车，在天线架设良好的情况下，适用于远距离无线电通信；能发送无线电报和电话；通过配置相应的终端设备，还可发送窄带保密话、数字传真和 FSK 信号等。

短波数字化发射机主要用于台站间的中远距离通信，也适合岸台、陆地通信以及点对点的短波单边带通信，还可应用于紧急情况下的应急通信。该设备机上备有遥控接口和自适应控制接口，可与短波数字化接收机、自适应控制器等组成短波自适应数字化通信系统。

4.1.3.2 工作原理

400 W 短波数字化发射机（固定台站型）由数字化激励器（以下简称激励器）、功放、电源、短波自动天线调谐器（以下简称天调）组成，其连接关系如图 4－3 所示。

激励器包括标频单元，压控振荡器（Voltage Controlled Oscillator，VCO）单元（VCO-A 单元、VCO -B 单元），混频单元，放大单元，数字信号处理单元，接口Ⅰ、Ⅱ单元，电源单元及控制板。它采用 DSP 技术实现了中频信号的数字化处理。从送话器输入的音频信号进入接口Ⅱ单元放大后，送入数字信号处理单元中进行模数转换。数字信号在 DSP 中进行 AGC 处理、基带滤波、信号调制。此外，DSP 根据功放检测电路送来的正、反向功率检测电平，控制激励器输出信号的大小，实现对发射机输出功率的控制（ALC 处理）和功放保护。DSP 输出的基带数据流经上变频器和数模转换后输出 5 MHz 中频模拟信号。5 MHz 中频信号在混频单元中和 VCO -A 单元输出的58.078 MHz的信号混频，其输出经晶体滤波器滤波，得到63.078 MHz的信号。63.078 MHz的信号再和 VCO -B 单元输出的 63.078～93.078 MHz 的信号混频，混频后的信号经过放大单元的低通滤波器，得到 0～30 MHz 的射频信号，最后经两级放大输出到功放，输出功率为 100 mW/50 Ω。

功放主要由 400 W 功率放大器（以下简称功率放大器或功效）、谐波滤波器、功率检测板和显示板组成。功率放大器由驱动级和末级放大电路构成，其中驱动级为甲类放大，末级为甲乙类的推挽放大电路，放大输出的射频信号经谐波滤波器（六阶椭圆函数低通滤波器）滤波后经功率检测板输出。由功率检测板提供正、反向功率检测电平送到激励器的 DSP 单元中，实现对发射机输出功率的控制和功放保护。

电源主要由电源板、调制解调板、PTT 解调板、24 V/46 V 电源板、显示板、延时开关板以及继电器等开关控制电路组成。电源单元为发射机功放、激励器和天调提供电源，并能完成 PTT 解调功能。

天调主要由天线调谐板、CPU 板、检测板组成。配谐时，天调 CPU 根据检测板对天线的阻抗、相位的检测数值调整网络参数，并根据射频传输的驻波比值，判断配谐成功与否。天调完成配谐过程后，送出“允许工作”信号给激励器，发射机按键发射，功放输出的射频信号经天线配谐网络由天线发射出去。

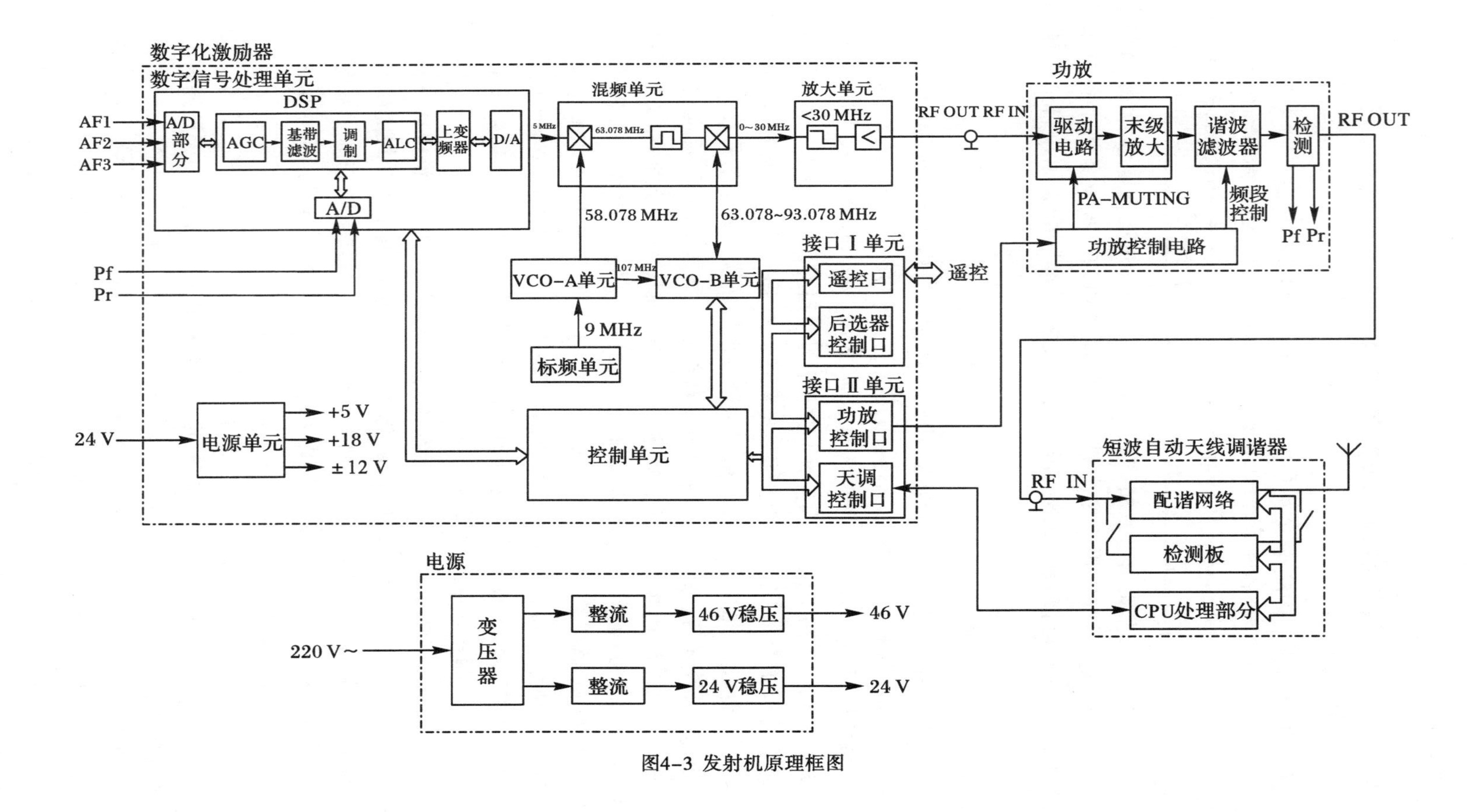

数字化激励器
数字信号处理单元
DSP
AF1
AF2
AF3
A/D部分
AGC
基带滤波
调制
ALC
上变频器
D/A
A/D
5 MHz
混频单元
63.078 MHz
0~30 MHz
放大单元
<30 MHz
58.078 MHz
63.078~93.078 MHz
Pf
Pr
VCO-A单元
107 MHz
VCO-B单元
9 MHz
标频单元
接口Ⅰ单元
遥控口
后选器控制口
遥控
接口Ⅱ单元
功放控制口
天调控制口
24 V
电源单元
+5 V
+18 V
±12 V
控制单元
RF OUT RF IN
功放
驱动电路
末级放大
谐波滤波器
检测
RF OUT
PA-MUTING
频段控制
Pf Pr
功放控制电路
短波自动天线调谐器
RF IN
配谐网络
检测板
CPU处理部分
电源
220 V～
变压器
整流
46 V稳压
46 V
整流
24 V稳压
24 V

图4-3 发射机原理框图

4.2　短波收信台

4.2.1　收信台组成及作用

4.2.1.1　组成

短波收信台的主要技术装备如下。

(1)短波接收机及其附属设备。

(2)短波接收天线、高频馈电线和阻抗变换器、天线共用器和天线交换器等高频设备。

(3)低频监控测试设备:低频通路互换、控制、监听、监测、仪表以及业务联络电话等。

(4)低频通路的进线设备、多路复用设备和中间设备:保安器箱、跳线架、线路放大器、音频键控器等。

(5)电源设备:市电变配电设备和自备应急油机发电机组等。

(6)遥控线路:音频电缆或微波链路等。

图 4-4 为短波收信台技术装备组合框图。

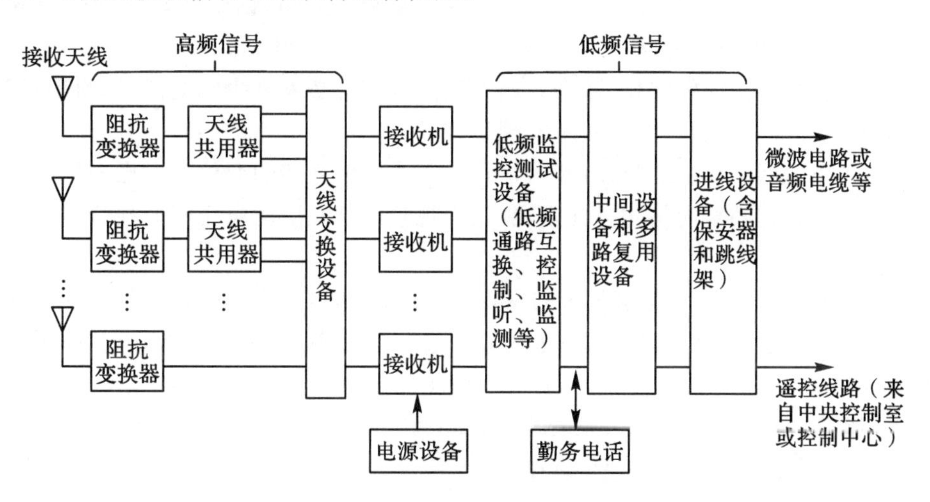

图 4-4　短波收信台技术装备组合框图

4.2.1.2　作用

短波收信台是担负短波信号接收的固定台站。目前一般的短波收信台除完成信号的接收外,还要完成对已收报文的分发和处理,发射信息源的生成(广播接收台站除外)、处理和传送,在业务上还担负无线电警报信号的收听、广播等任务。随着短波通信技术和设备的发展,短波收信台逐步实现了收、发信台设备的自动监控和管理,短波收信台将取代以往短波发信台的部分操作、管理功能,发信台可实现无人值守,由收信台实施统控统管;同时随着各种通信网络的互联互通,短波收信台将与有线网、其它无线网组成互联网,成为互联网的一个网络节点或用户。

作为一个独立建制的收信台应与发信台类似,具备供电系统、综合配线传输系统、自适应控制器、接收机、收信天线等几个基本部分。

1.供电系统

收信台的供电系统一般由市电、发电机组、稳压电源和 UPS 电源等组成，有些台站根据设备需求(如程控交换设备等)还需配置直流电源。

市电及油机供电系统应采用三相四线制供电。市电的设计容量应考虑整个台站的生活和工作用电，并留有一定的发展余量，发电机组容量设计应满足生活和工作用电，至少要满足机房和办公以及必须保证用电设施的用电量，通过合理配置，分别为收信设备、空调、照明等供电。UPS 电源主要用于保证工作机房和办公设备用电，后备时间应不小于 30 min。

2.综合配线传输系统

短波收信台随着设备、终端的智能化和通信的网络化，所需线路种类越来越多，要求越来越高。短波收信台所需线路主要是收、发信台之间的设备遥控线、电话线(直通和拨号)、数据线、网络线、音视频线和高频信号线等。

收、发信台设备遥控线路主要利用直通电缆、光缆和微波线路等方式实现。根据技术发展和新的技术要求，遥控线路要求实现光缆化，并要求提供多种遥控手段和多条物理路由。

收信台遥控线应配置与发信台发信设备相对应的等量遥控线，实现和完成对发信设备遥控和发射信号源的传输。

电话线是台站必备的通信线路，在有些固定台站还建有独立的电话交换设备。根据要求，收、发信台之间业务通话联络除保持自动拨号电话外，还要保留磁石直通电话。

随着短波台站通信的数字化，数据线已是当前收信台必不可少的线路。通信数据、设备控制、状态监测等都需要通过数据线来实现和完成。

在当前工作中网络线被广泛使用，收信台的工作设备之间的通信控制已向网络化过渡，台站训练、办公、管理朝着网络化方向发展。音、视频线已经广泛应用于监控音、视频信号的传播中。

高频信号线是收信台接收短波信号的主要工作线路，收信台高频信号线主要用作接收天线馈电线和各种收信设备的高频传输，高频信号线一般都采用特性阻抗为 50 Ω 的射频同轴电缆。

根据不同的天线形式要求，短波高频接收信号的引接和分配采取不同的方法。一种是一副接收天线连接多套接收设备，采用天线共用器模式；另一种是每副天线分别接入一套接收设备；还有一种是采用天线交换设备，收信机可选择任一天线。

3.自适应控制器

自适应控制器主要用来控制短波接收机、发射机以实时选择最佳通信频率，保证通信质量。该设备功能包括自动发送信号、选择呼叫、自动应答、频率扫描、探测以及链路质量分析等，可使操作人员在最短的时间内用最小工作量使一个短波电台和另一个短波电台建立联络与通信。

4.接收机

目前常见的接收机为短波数字化接收机，它是一种全微机控制的高性能短波通信接收设备，采用先进的器件和电路技术，配合微处理器的应用，使其操作、使用更加方便、灵活，自动化程度更高。该接收机主要用于接收 AM、SSB、USB、LSB、CW 等常规无线电通信信号，还可接收 FSK 信号、传真信号、2400 波特高速数传信号。接收机能与短波数字化通信系统各分设备组成系统工作，完成自动扫描搜索、自动选频、自动建立通信线路，以确保两个电台之间可靠通信，也可作为单机供地面接收中心、固定台站等场合使用，必要时可组装成通信列柜。

4.2.2　收信台配置

接收机房是收信台中的主要建筑，无线电接收机及其附属设备、高频通路设备、低频通路设备、监控测试设备和电力设备等均安装在机房内。机房布置合理与否，不仅影响机房的造价，而且影响设备性能的正常发挥和设备的正常维护。

由于各种技术设备大都安装在接收机房内部，这里就围绕接收机房的配置进行阐述。接收机房中通常设置如下房间：接收机大厅、天线交换室、进线室、监控室、监测室、油机室、电力室、修理室、生产试验室、材料室、仪表室、技术资料室、候班室、休息室、会议室等房间。当台内不另设行政办公房屋时，其中还应附设各种办公室。中、小型台和一些大型接收台不单设进线室、监控室和天线交换室，而将其中设备安装在接收机大厅内。收信台接收机房配置如表 4－3 所示。

表 4－3　收信台接收机房配置

房间类型	房间名称	房间类型	房间名称
主房间	接收机大厅	辅助房间	修理室
			生产试验室
	天线交换室		材料室
	进线室		仪表室
	监控室		技术资料室
	监测室		候班室
	油机室		休息室
	电力室		会议室

接收机房作为设备和人员昼夜值勤的工作场所，在设计上应充分考虑到设备和人员的工作环境，要做到设备摆放合理，机房整齐美观，设备操作方便，机房供暖降温等设施齐全、完好，符合通信机房环境要求标准(与发信机房环境要求标准相同)。

接收机房的设计主要遵循因地制宜的原则，在技术上一定要把握电源系统供电种类、容量是否满足工作要求，机房接地(接地电阻≤1 Ω)、避雷、工作环境是否符合标准。在机房摆放设计上，要根据机房面积、形状、工作需求和设备的具体功能要求等多种因素综合考虑。目前机房设备摆放形式主要为两大类：一是工作台式，即收信设备和收信终端组合成一套完整的接收系统，将每套系统分别安装到独立的工作台上，工作台在机房均匀分布摆放。这是一种传统的机房设计方式，特别是在通信设备和终端必须需要人工操作的情况下基本采用此方式。二是操作终端与设备分离摆放方式。随着通信设备、通信终端的自动化和智能化水平的提高，通信设备可实现遥控，在无须手工操作的条件下，机房设计基本采用操作终端与通信设备分离摆放的方式，此方式基本上都采用终端用控制台，设备用列柜方式摆放，并采用终端室和设备室物理隔离的方法，此摆放有以下优点。

(1)节省空间。一个机柜可放置多套通信设备，与工作台式相比可节省较大空间。

(2)整齐、美观。通信设备和其它不同形状及颜色的附属设备都可采用规格、尺寸和颜色相同的机柜，整个机房比较整齐、美观。

(3)安装设计统一、规范。在设计时，设备可按型号、功能进行统一划分和布局，在整个安装和布线设计时，电源、地线和线路布放容易规范设计和安装。

(4)值班环境改善。终端与设备分离后，可使值班员活动的终端操作室空间扩大(与第一种方式比较)，同时可减少设备噪声和设备散热等因素对值班环境的影响，可明显改善值班室环境。

4.2.3 接收机

4.2.3.1 接收机简介

本节以短波数字化接收机为例进行阐述。

短波数字化接收机是一种全微机控制的高性能短波通信接收设备，采用模块化设计，全固态，微电脑控制，能提供多种工作种类和工作方式输入功能。本机频率范围为 10 kHz～29.999999 MHz，可接收 AM、SSB、USB、LSB、CW 等常规无线电通信信号，接收频率、BFO 频偏、工作种类以及其它参量均可在面板上显示。短波数字化接收机有接收信道存储功能，可存储预定的接收频率、工作种类、带宽、BFO 频偏、AGC 状态、天线衰减和预选器通断等参数；具有 RS232 外部遥控接口，能接收外部遥控命令，实现全面板遥控。

给短波数字化接收机配置相应的终端设备，还可接收 FSK 信号、传真信号、2400 波特高速数传信号。本机能与 400 W 短波数字化通信系统各分设备组成系统工作，也可作为单机供地面接收中心、固定台、站、车辆、舰船等场合使用，必要时可组装成通信列柜。

4.2.3.2 基本工作原理

接收机的基本工作原理：从天线接收到的信号中选出所需要的(单边带)信号通过频谱搬移、放大和解调，恢复原来的音频信号。

图 4-5 给出了一个典型的单边带接收机原理方框图。该机采用两次变频，加上解调级，一共搬移频谱三次。各级本振信号源(包括本地重置载频)都由频率合成器供给。前端电路为宽带式，外来信号通过预选器、30 MHz 低通滤波器和宽带高频放大器，进入第一混频器。信号与第一本振频率相混合，变换成第一中频信号。在第一中放电路中，接有石英晶体带通滤波器，其带宽仅比边带信号的频带略宽些，以尽量抑制带外邻近干扰，减少以后各级的三阶互调产物。在第二混频器中，将信号与第二本振频率混合，产生第二中频信号。第二中频信号再经放大和滤波后，分为上、下边带及载频三个支路。

上、下两个边带支路的电路结构相同。边带滤波器滤出所需的信号，放大后送到解调器与频率合成器送来的重置载频(第三本振)混合，得到音频信号，再经低频放大后输出。

进入载频支路的信号经放大后由窄带载频滤波器滤出，再经放大供给自动频率控制(Auto Frequence Control，AFC)和自动增益控制(Auto Gain Control，AGC)系统使用。AFC 系统的简单工作过程：当外来信号频率略有变化时，外来载频和本地重置载频之间产生频率差，它们在 AFC 单元中进行比较后输出一个控制电压去控制 VCO，使第二本振频率向减少此频率差异的方向改变。

当接收机和发射机的本振信号都由高质量的频率合成器提供时，接收机不需要自动频率跟踪。但在接收图像信号时，除接收机本振必须有很高的频率准确度和稳定度外，还需利用信号中的减幅载频(即所谓外来载频)作为提供解调器的重置载频，以避免因电离层起伏引起载频与边带相位相对变化时产生失真。

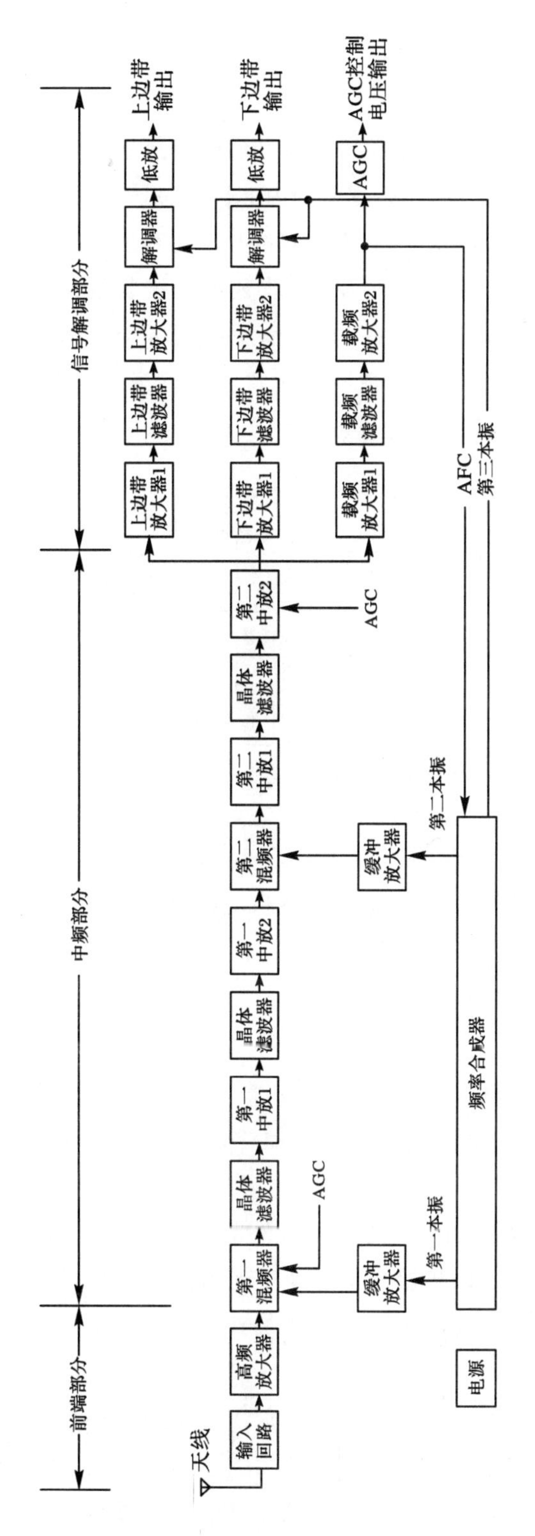

图4-5 单边带接收机工作原理方框图

4.2.4 自适应控制器

4.2.4.1 自适应控制器简介

自适应控制器设备应用DSP处理技术完成自动链路建立规程的各项功能，应用单片机实现用户的键盘操作处理、界面的显示、本机的内部控制、对接收机和发射机的状态监控，以及接收外部终端对本机的遥控等功能，具有较高的自动化程度。

自适应控制器能与短波数字化发射机、短波数字化接收机设备等组成大功率短波自适应通信系统，适合台站、车载和舰船等的中、远距离报务、话音、数据传输等通信。各级通信部门和单位可应用本系统进行自适应点对点或组网通信，完成调度和协同联络等任务。自适应控制器与相关设备连接关系如图4-6所示。

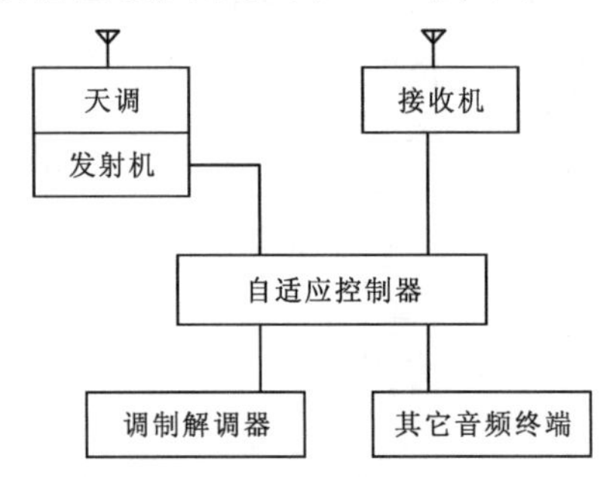

图4-6 自适应控制器与相关设备连接关系

4.2.4.2 工作原理

自适应控制器可满足《短波自适应通信系统自动线路建立规程》所要求的功能。本控制器由面板单元、微机控制单元、信号处理单元、后面板单元及电源单元组成。下面对各单元进行说明。

1. 面板单元

面板单元由一块电路板组成。它完成人机对话功能，仅仅显示当前的状态，信息是由微机控制单元来管理的。通过三总线(数据总线、地址总线、控制总线)与微机控制单元相连。

2. 微机控制单元

微机控制单元完成对收、发电台的控制，对外部终端的监控，对内部音频单元的控制。面板的操作及屏幕显示也是由微机控制单元来实现的。微机控制单元与电台、终端及信号处理单元的通信采用通用串行接口。

3. 信号处理单元

信号处理单元可分为两个主要部分，即ALE部分和音频处理部分。每一部分都由单独的微处理器及外围电路组成。ALE部分处理与微机控制单元的通信和自适应规程。当收到微机发送的呼叫信息时，将首先进行Golay编码和交织，每个ALE字都重复发射以降低衰减、干扰和噪声产生的影响。对已交织和编码的数据进行8音FSK调制。8音中的每个音代表3位数据。发射速率是每秒125音(数据发射速率375 b/s)。通过对接收机输出的解调信号进行模数转换。对信号解调后，将对数据进行大数判决，并以大数判决的结果来测定发射信号的质量。在反交织和解码后，对基本 ALE 字进行解释，并将有关信息反馈给微机单元。

音频处理包括线路输入信号的切换、远距离遥控信号的转换(数据与音频之间的切换(有线调制解调器))、PTT 及 CW 信号的产生等。

该单元利用单片机(89C2051)产生 PTT(键控)、半双工的控制信号及 CW(等幅报)信号。当发射机工作为非等幅报方式时，若 PTT 信号为低电平，其对应的频率为 3.333 kHz；若 PTT 信号为高电平，无信号输出。当发射机工作为等幅报方式时，电键按下，其对应的频率为 1.805 kHz；电键松开时，其对应的频率为 1.623 kHz。该单元还利用单片机(89C2051)及外围电路组成一个有线调制解调器，来完成对远地发射机的遥控。

4. 后面板单元

后面板单元完成对外接口信号的转接。

5. 电源单元

该单元是一个开关电源，向其它单元提供 3 路直流电源：

+5 V　　(3 A)

+12 V　　(1 A)

−12 V　　(1 A)

4.3　集中控制系统

短波固定台站集中控制系统(以下简称控制系统)，在实现通信设备监控、无线链路调度和管理的基础上，实现短波固定台站远程异地遥控、一点多控、多点互控等功能。

4.3.1　系统简介

控制系统在各短波固定台站中的作用如图 4－7 所示。各短波固定台站之间通过宽带传输网连接在一起，形成短波通信网络，短波固定台站内部由控制系统设备、终端设备(综合终端、801 终端等)、信道设备(自适应控制器、接收机、发射机、遥控线路等)、其它通信系统(如卫星通信系统等)组成，在宽带传输网的支持下，通过上级通信组织部门的统一规划、配置，控制系统可以实现一点多控、多点互控等功能，提高短波固定台站的抗毁性、灵活性。

短波固定台站控制系统由收、信台控制设备和发信台控制设备组成，收信台控制设备包括集中控制台、控制设备列柜、自适应控制器列柜、接收机列柜；发信台控制设备包括发信控制台，由收、发信台共同完成对台站内各种通信设备的监视、控制、调度、管理等功能，同时在上级通信组织部门的统一规划、管理下，通过宽带传输网，实施对其它台站发信设备或自适应通信系统的远程异地遥控。

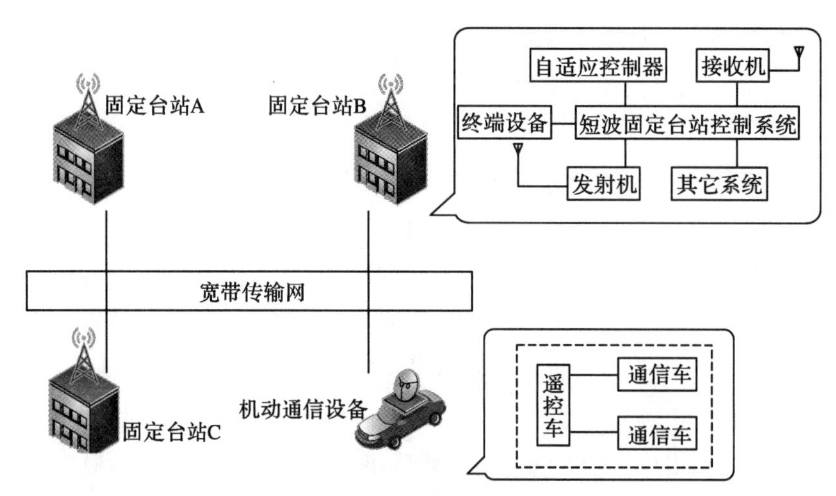

图 4-7　控制系统在短波固定台站中的作用

4.3.2　系统功能

1. 短波链路管理与调度

控制系统可实现通信设备自动调度与控制，同时支持上层网络的控制和管理，实现远程监控、远程调度，并为上层网络提供无差错传输。

2. 通信设备三遥控制与管理

本控制系统可实现终端设备、信道设备的集中三遥（遥控、遥测、遥信）控制，实时监测各通信设备工作状态，为值勤人员提供设备详细信息。

3. 自适应通信系统遥控

控制系统能实现自适应通信系统的全功能遥控及状态监控，包括自适应控制器、接收机、发射机的遥控。在收信台可遥控发信台发射机进行开关机、改变工作频率、工作种类等状态，并能监视发射机的发射功率、天线匹配状态等信息，可基本实现发信台无人值守。

4. 遥控线路检测、分配

系统可检测遥控线路的通断（主要是所使用的群路接口 E1 线路的通断检测），可灵活实现自适应控制器与发射机对应关系的配置。

5. 综合终端遥控

本控制系统能实现综合终端的全功能遥控，包括接收、发送控制，工作类型控制，工作状态监控等。

6. 设备交换控制与管理

设备交换控制与管理包括信道设备与终端设备之间的动态连接、远程用户与信道设备之间的交换、自适应控制器与发射机的交换。交换能力可扩充、裁减。

7. 通信过程自动控制

用户配备综合终端、自适应通信系统后，可实现通信过程自动控制。发送时，报务员编好报文后向控制系统发出通信请求，控制台自动控制自适应通信系统呼叫，无线建链后控制台自动控制终端接收报文，报文发送接收过程自动完成。

8. 通信管理自动化

本控制系统可自动生成设备运行记录、通信记录、交接班记录、参数修改记录等，同时提供记录查询服务。系统还可以对各种记录进行统计，对统计结果提供打印输出功能，实现自动化管理。

9. 综合业务接口

用户配备综合终端后，控制系统支持数据、传真、声码话等综合业务功能，同时支持 2400 b/s、1200 b/s 等高速通信业务。在终端设备的支持下，本控制系统还可以实现通信速率自适应。

10. 固定台站一点多控、交叉互控、野固互控

配备本控制系统的台站在宽带传输网的支持下，通过一定的权限配置管理，各固定台站之间可以实现一点多控、交叉互控和野固互控等工作模式。

11. 值勤管理

本控制系统提供短波通信台站值勤管理接口和设备状态实时监测。设备发生故障时，还提供声光报警功能。

12. 数据备份

控制系统具有良好的数据自动/人工备份功能，系统数据受损时能快速恢复系统核心配置参数。

13. 频管系统接口

控制系统具有频管系统接口，当用户频管系统应用模式确定后，通过增加相应模块软件即可实现频管系统的接入，实现频率数据的指配与分发。

14. 网管系统接口

控制系统具有网管系统接口，实现同网管系统的互联互通。当用户配置网管系统后，在上级网管中心的统一配置、管理下，可以实现台站之间的网络化管理和资源信息的共享。

4.3.3　系统工作原理

控制系统在固定台站中通常采用收、发信台分开安装的工作模式，收信台和发信台之间通过专线交换信息。每个收信台通过 E1 接口接入宽带传输网遥控其它台站发信台。

短波固定台站控制系统是固定台站中的核心设备，主要由收、发信台控制台设备组成，它们共同完成对台站内各种通信设备的监视、控制、调度、管理等功能，同时在宽带传输网的支持下，通过上级通信组织部门的统一规划、管理，可以实现对其它台站发信设备的远程异地遥控。收、发信台内各通信设备与控制台设备的连接关系如图 4-8、图 4-9 所示，图中阴影部分为控制台设备。

集中控制台安装有主从通信监控器、频管接口、网管终端、实时时钟、串行通信总线设备、集线器等，其中：频管接口供将来安装频管系统用；控制设备列柜安装有综合传输交换设备(局端)、配线架等；自适应控制器列柜用于安装自适应控制器及串行通信总线设备；接收机列柜用于安装接收机。

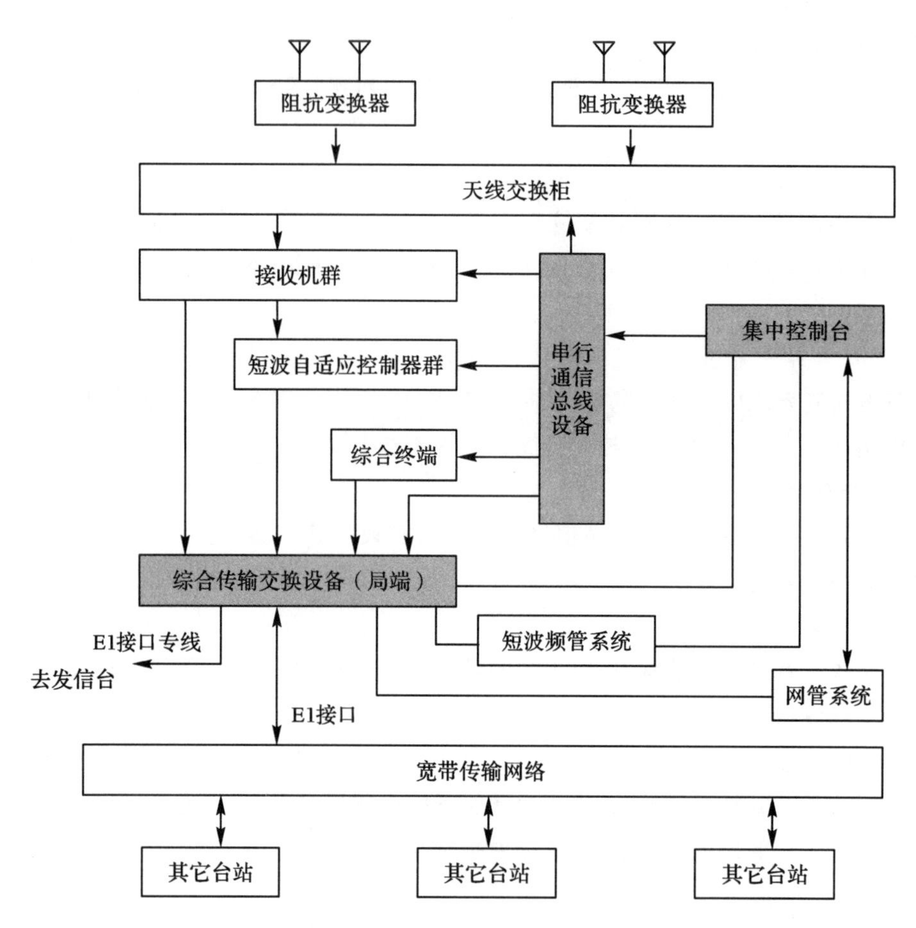

图 4-8　收信台设备连接示意图

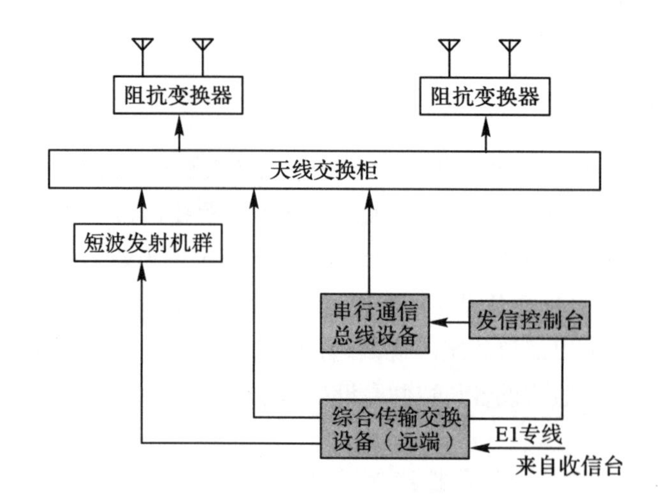

图 4-9　发信台设备连接示意图

发信控制台安装有主从发信监控器、综合传输交换设备(远端)、串行通信总线设备等。

1. 通信监控器

通信监控器是短波固定台站控制系统中的主控设备,它负责监控并调度台站内的全部通信设备,使它们组成有机的整体,并负责台站外部接口(如与宽带传输网间的接口)的管理控制和信息传输;同时,它还是系统软件的硬件支撑平台,系统软件运行在通信监控器上,实现对各通信设备的监视、控制、调度、管理等功能,同时还实施对台站之间互控的权限管理。

通信监控器由主控单元、以太网卡等组成。主控单元选用工业级计算机,提高系统可靠性、灵活性。通过局域网,主从通信监控器可以与网管终端、频管终端实时交换信息。

2. 综合传输交换设备

综合传输交换设备是系统的核心交换接入平台,它可为用户提供语音、图像、数据等多媒体信息的接入、传输和交换服务。综合传输交换设备支持多种业务的接入,主要接口包括:四线音频接口、PTT 接口、二线音频接口、异步数据(RS-232/422)接口、E1 接口等。它同时具有本地交换、远程异地交换两种模式。

综合传输交换设备基于 MPC860 的硬件平台、采用 VxWorks 的嵌入式操作系统的软件平台,利用 PCM 编解码、大容量电路交换矩阵、E1 编解码、E1 到局域网转换、回波抵消等技术实现多种业务的接入、交换与传输。

3. 发射机本地遥控

短波固定台站在实际安装中采用收发信设备分开的安装模式,收信设备、控制设备安装在收信台,发信设备安装在发信台,收、发信台之间通过专线进行连接,发射机遥控采用音频遥控的方式。

自适应控制器将控制发射机的遥控命令调制成控制音频(CTL AF)、将终端输出的信息音频与 PTT 合并成上边带音频(USB AF)接入到综合传输交换设备的二线音频接入端口,通过综合传输交换设备的接入与交换功能,将上述音频信号交换到收、发信台之间的 E1 群路接口的时隙中,通过光纤传输线路将信号传送到发信台的综合传输交换设备上,由发信台的综合传输交换设备将音频信号交换到相应的业务接入端口,通过业务接入端口连接到发射机设备上,从而实现对发射机的遥控。

4. 设备监控

通信监控器通过串行通信总线设备对终端设备、自适应控制器等通信设备进行控制,通过 TCP/IP 协议方式实现对综合传输交换设备等控制设备的遥控,遥控接收机、发射机的命令需经自适应控制器转发。

综合传输交换设备实现本地音频信号的交换(主要包括终端设备与自适应控制器之间的音频切换,包括接收音频、发射音频、PTT 的对应切换);同时还实现自适应控制器与发射机之间的音频切换,包括控制音频(CTL AF)、上边带音频(USB AF)、下边带音频(LSB AF)等的对应切换。

5. 异地一点多控工作原理

短波固定台站控制系统实现一点多控信号流程如图 4-10 所示,以 A 台站向前线的用户(通信车)传送报文的信号流程说明其基本原理。通信前,上级通信组织部门将 A 台站的信道设备可以控制 B 台站、C 台站的发射机的内容以通信计划的形式下发给相关台站,当相关台站(如A、B、C台站)收到通信计划后,由B、C台站的短波固定台站控制系统分配一套空闲自适应通信系统,然后由A台站的控制台设置好A台站到B台站、A台站到C台站的直达传输通路,A台站通过宽带传输网调用B、C台站的发射机组成自适应通信系统。

通信时,A台站自适应控制器遥控B、C台站发射机向通信车发送信息,通信车的应答信息由A台站的接收机接收。

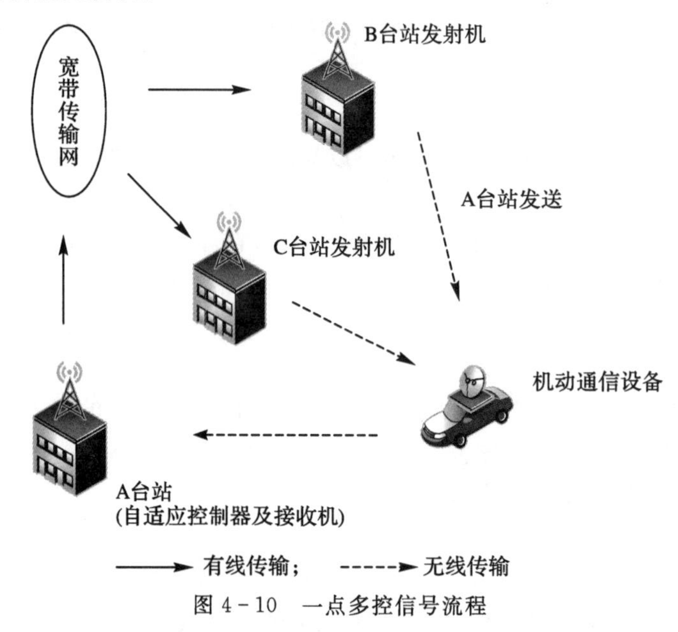

图4-10 一点多控信号流程

要实现一点多控,每个收信台与宽带传输网之间至少提供一路E1接口。图4-10中,为实现A台站对B、C台站发信机的控制,宽带传输网必须提供三路E1通道分别同A、B、C台站相连接。A台站的收信设备遥控异地B、C台站的发射机时,控制信号首先进入宽带传输网,然后进入B、C台站的收信台,由B、C台站收信台的综合传输交换设备将控制信息经收、发信台之间的专线通道送到B、C台站发信台,从而实现对发射机的控制。

6. *多点互控*

多点互控的过程实际就是多个收信台同时实现一点多控。每个收信台都按照一点多控的配置,即每个收信台均可以和多个方向的发信台通信。在这种工作方式下,可实现在不同地区的网内进行多点通播和在同一地区的网内控制多台收信设备同时进行多点接收的模式。

经过一定的台站权限配置管理后,各台站通信监控器向宽带传输网申请建立需互控的各台站间的动态连接通路,任务结束后可根据需要释放该条通路。

4.4 短波固定台站天馈系统

4.4.1 短波发射天线和馈电线

短波发射天线种类很多,除功率增益、辐射仰角、工作频率范围等特性各不相同外,辐射效率、方向性、行波系数等其它许多技术性能也都互有差异。此外,各种天线在结构、复杂程度、占用场地面积、施工和维护便利与否以及工程造价和维护费用等方面也有很大区别。本节旨在讨论如何根据业务要求，合理选择天线程式，提出天线设计技术指标。

大、中型发信台中发射天线数量较多，在如何合理布置天线场地，减小各天线之间的相互影响，缩短馈电线长度减小其损耗，压缩占用场地面积以及充分利用场地地形等方面，也是在实际电台使用中需要关注的重要问题。由于天线部分已在第 3 章中有详细介绍，在此不再赘述。

发射天线的馈电线一般采用损耗低的架空明线，只有在机房内或天线离机房很近的特殊情况下才使用同轴电缆。架空明线馈电线常用的有二线式 600 Ω 阻抗和四线式 300 Ω 阻抗两种。导线为 3 mm 或 4 mm 的铜包钢线，根据发射机输出功率选定。表 4－4 列出几种发射天线常用的馈电线的最大允许传输功率。

表 4－4　馈电线的最大允许功率

馈线程式	线径/mm	最大允许功率/kW	
		报	话
二线式（W＝600 Ω）	3.0	67.5～118	34～59
	4.0	120～210	60～105
四线式（W＝300 Ω）	3.0	135～237	67.5～118
	4.0	240～420	120～210
二线式（边联）（W＝300 Ω）	3.0	300～500	150～250
	4.0	540～950	270～475

注：(1)表中数值按行波系数 k＝1 计算而得。当馈电线上的行波系数小于 1 时，馈电线的最大允许功率要用表中数据乘以馈电线上实际行波系数 k，这一点必须注意。

(2)发射机的平均输出功率≥50 kW 时，一般应采用四线式馈线。

(3)在我国南方或沿海潮湿地区，馈电线最大允许功率应取表中的下限再乘以行波系数 k。

架空明线馈电线的线杆可以用木杆、钢管、玻璃钢杆、水泥杆或水泥基础的小型铁塔等。馈电线的杆档长度应符合表 4－5 的要求。

表 4－5　馈电线的杆档长度

馈电线名称	杆档长度/m
ϕ3.0 mm 的二线式或四线式馈电线	30±5
ϕ4.0 mm 或 ϕ6.0 mm 的二线式或四线式馈电线	35±5

注：当地最大风速小于 8 级时，杆档长度可适当加大，但不允许超过 5 m。

为了避免加大反射作用，在整条馈电线杆路上，杆距不应相等，而应依次变化，例如分别取定为 26，28，30，32，35，33，31，29，27，28，…，或者 34，36，38，40，39，37，35，…单位为 m。

为了节省馈电线杆，可以在一条馈电线杆路上同时挂设几路馈电线，但最多只能挂设四路。同时应注意使相邻的两路馈电线中心轴之间距离不小于 1.5 m。

馈电线的几根导线安装拉力应相等，导线中间不应有接头，连接馈电线同极性导线的连接线不需焊接，跳线处必须加焊。

馈电线相互跨越时，其最近两导线间的距离应不小于 0.75 m。两条杆路之间的距离应大于杆高，且尽量不要平行。

转角杆和终端杆必须加装拉线，直线杆可每隔5～10档加装人字拉线。拉线可采用7股ϕ2.0 mm或7股ϕ2.2 mm的钢绞线。拉线上部距杆面1 m处加装卵形绝缘子一个，以减少水平方向的电波感应。拉线根部应接花篮螺丝一个，以便调节拉线张力。

地质条件较差(土壤松软)时，馈电线杆必须加装底盘。在风速较大(≥30 m/s)地区或导线裹冰厚度大于5 mm的地区，应在每档馈电线中点加装瓷分离棒，每隔2～3档直线杆加装四方拉线或人字拉线，档距也应适当缩短。

4.4.2 短波接收天线和馈电线

对接收天线馈电线的主要要求是它不能直接接收电磁波，也就是说，要馈电线没有天线效应，否则由馈电线本身接收的附加电动势将会引起天线方向图的改变，丧失了定向天线的优越性，同时降低了信噪比。

为了防止和减弱馈电线的天线效应，接收天线的馈电线通常用四线式馈电线。四线式馈电线中对角线上的导线并联，使馈电线的作用中心重合，从而不接收电磁波。

四线馈电线是利用特制的绝缘子把直径为1.6 mm或2.0 mm的硬铜线或铜包钢线，按边长D为35 mm的正方形排列而成。在馈电线的始端和终端，对角的导线连接在一起，如图4－11所示。四线馈电线的特性阻抗可由下式计算：

$$W=138\lg\frac{\sqrt{2}D}{d}$$

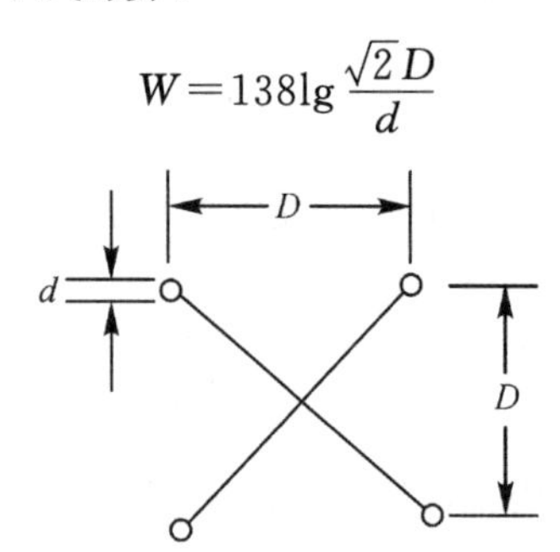

图4－11　交叉连接的四线馈电线

当导线直径$d=2.0$ mm时，$W=192$ Ω；当导线直径为$d=1.6$ mm时，$W=208$ Ω。

四线馈电线的杆距一般采用(20±3) m，杆档和发射天线馈电线一样要按规律变换。杆路应尽量取直，必需转弯时，每次转弯的馈电线夹角应不小于120°。杆路中的角杆和终端杆必须加拉线，直线部分每八档加设一次人字拉线。各天线的馈电线可以同杆架设，每根馈电线杆上，最多可以架设4副馈电线。为避免相互影响，馈电线间的距离一般要求达到1 m，最少不应小于0.75 m。

馈电线与其它物体之间的距离，应不小于表4－6给出的数值。

馈电线在天线端的始杆应加装重锤，以调节导线张力，使导线保持正常垂度。当线路较长时，中间转弯处也应加装重锤。

馈电线的绝缘电阻，在干燥天气应不小于20 MΩ，在潮湿天气应不小于2 MΩ。

在$\lambda=20$ m时，四线式馈电线的损耗约为12 dB/km。设计和施工良好的四线式馈电线，其天线效应相当于二线式馈电线的$10^{-3}\sim10^{-4}$，可以忽略。当天线距机房不远时，其馈电线可采用高频对称电缆或同轴电缆。

表 4-6　接收天线馈电线与其它物体之间的距离要求

其它物体的种类	最小距离/m
天线场地地面	3.5①
技术区内的道路路面	4.5
技术区外的通行卡车的道路路面	5.5
技术区外的乡村大路路面	6.0
铁路轨道	7.5
屋顶	1.5
木馈电线杆	0.1
金属馈电线杆	0.75
钢筋混凝土馈电线杆	0.5
天线杆、塔	0.6
天线杆拉线	0.5
房屋外墙	0.25
树木	2.0

注:①　馈电线下的土地上如有高杆农作物,馈电线至高杆农作物顶端的距离应不小于 1.0 m。

高频对称电缆和同轴电缆与四线架空明线相比较,具有天线效应小、机械损坏的可能性小、工作性能与大气情况关系小等优点。电缆馈电线可架空敷设,也可以穿管甚至在地下直埋敷设。电缆馈电线的缺点是损耗较大、造价较高,因此,通常只用于距离机房较近的天线。

4.4.3　短波天线场

4.4.3.1　组成

天线场内设施很多,归纳起来有以下几种。

1. 天线体

短波通信天线大多是线状结构,由金属线(杆)及其它绝缘件、连接件制作成 T 形、笼形、菱形等各种类型的天线。每副天线占据一定的空间位置,不能重叠、交叉,尤其是发射天线,应考虑其方向性,防止相互影响。

2. 天线杆

天线必须离开地面一定高度,所以用天线杆将天线悬挂在空间。天线杆的高度应根据技术要求和地形情况确定,若利用山坡架设则 1～2 m 高就可以了;若在平地架设,则数米至数十米不等。天线杆材料有用沥青处理的木杆,也有水泥杆、铁塔和槽钢等。不论用哪种材料的天线杆都必须坚固可靠,不受恶劣气候的影响。

3. 馈电线杆和架空明馈

天线架设在野外,通过馈电线将天线与收、发信机连接起来。对馈电线的要求是能承受一定的功率,传输损耗小,性能稳定,机械强度高等。架空明线馈电线一般用铜线或铜包钢线。馈电线架设在馈电线杆上,杆高根据地形的不同而异,一般为 6～8 m,架设方法与明线线路相似。

4. **馈电线电缆**

大多数的收、发信台机房建在地下坑道内，天线的引入必须是明馈与馈缆相结合，在地面上用明馈，在地下用馈缆。馈缆一般用射频电缆，一根为一对线，分内、外导体。内导体用铜线，外导体为金属网，也叫屏蔽层。其特性阻抗为 75 Ω，与明馈相连时，要加匹配装置。

5. **天线馈电线阻抗变换器**

一般明馈阻抗为 600 Ω，电缆是 75 Ω。为解决阻抗匹配，需在连接处加阻抗匹配器。天线匹配器有两种安装方法：一是装在引入杆上，一边连接明馈，另一边接馈缆；二是安装在馈电线堡内，在坑道口部专门建立馈电线堡，便于馈电线的引入。

6. **避雷装置**

天线场一般多建在山坡丘陵地，天线高大，易遭雷击。为了保护天线设施、机房设备和人员的安全，天线场要安装防雷装置。其方法是在天线杆上安装避雷针，并接好地线；在天线终端点、匹配器上和机器接线端上，均安装尖端放电避雷装置，间隙一般为 3～5 mm，称为天线三点避雷装置。

天线场各设施的连接，就是天线、馈电线、匹配器与机器的连接，如图 4-12 所示。

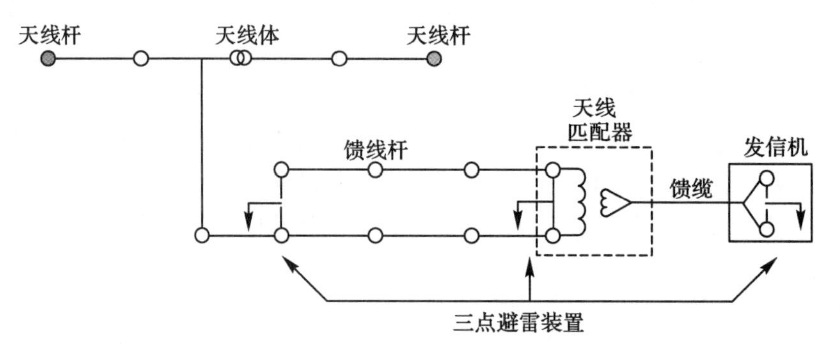

图 4-12　天线场各设施间连接图

4.4.3.2　场地配置

根据通信任务确定需要采用的天线程式和数量后，即可在选定的天线场地上布置天线。关于台址和天线场地选择的原则请阅读第 3 章。布置天线时应考虑发信台的发展，预留近、远期可能架设的天线的位置。

天线数量少时，天线布置问题比较简单。如果天线数量较多，但通信方向各方都有，天线布置也不困难。通常的方法是以发射机房为中心，沿着一定的圆周布置，其半径的取定应使所有天线(包括预留发展的天线)都能有适当的位置。如果天线数量很多，沿着一个圆周布置时半径太大，馈电线长度超过容许数值，这时可考虑把天线分成两层或局部分成两层，布置在大小两个圆周上。如果天线的数量不太多，但通信方向集中于某一小范围内，此时为了不使某些馈电线太长，也可能需要将天线布置成前后两排。两排间应有适当距离，防止前后两排天线间有过大的屏蔽作用。

布置天线时，应将结构比较简单、占地较小的或通信距离较近的天线放置在距离机房较近的地方，而把较复杂、占地大的或通信距离较远的天线放在离机房较远的地方。波长越短，馈电线的损失越大，因此波长较短的天线也应考虑放在离机房较近的地方。

为了节省投资，减少天线杆数量，布置天线时可以考虑共杆架设天线，或在两根天线杆之间悬挂两副天线，或上、下两层架设日、夜波天线。相邻两副菱形天线如其方位角相差不大于 20°时，可以在钝角处共用一根天线杆。笼形天线方位角相差不大于 60°时，也可以共用一根天线杆。笼形天线可以共用边杆。两副垂直极化对数周期天线如果其方位角不同，且在 120°～240°之间时，可以共用后(高)杆。

共用天线杆悬挂天线虽可节约投资，但由于各天线间仍相互有影响，且日后维护比较困难，因此对于 15 m 以下的矮杆，由于节约不大一般不采用。

布置天线时应使馈电线尽量缩短，否则要采取措施以减少馈电线损耗。

天线方位角应对准通信地点，同时，天线在场地上的位置应该在通信对方所在方向上，换言之，应该避免天线辐射场穿过天线场地。天线前方应该没有建筑物阻挡，天线附近如有架空线路，天线与架空线路之间应保持一定距离以减小相互之间的影响。

布置天线应考虑场地地形和土壤性质对天线方向图的影响。天线不应布置在水田或大的池沼上，以免不利于施工和维护。天线所在地如果是坡度较大的斜坡，则天线主瓣的仰角将受到影响。因为天线仰角是由入射波和反射波合成决定的，有坡度时反射波仰角改变，故天线主瓣仰角改变。将天线布置在向通信方向下倾的斜坡上，可以降低天线主瓣的仰角，这有利于远距离通信。反之，如将天线布置在向上倾斜的坡地上，天线主瓣仰角将增加，不利于低仰角通信。

天线场地上如有较高的天线杆塔，应根据航空安全要求将杆塔涂上色彩标志，并安装灯光标志。如利用馈电线杆路加挂红灯照明线时，照明线应与馈电线距离 1.5 m 以上，并应采取措施防止在照明线上感应高频电压。

馈电线路的长度应尽可能缩短，馈电线愈长，则高频损失愈大，建筑费用愈大。馈电线杆路应尽量取直，必需拐弯时，拐弯杆路内夹角不应小于 120°，个别情况下(例如配线区等处)不应小于 90°。

天线数量较多时，可分组布置天线，把馈电线集中成若干馈电干路引向机房。这样可节省馈电线杆，减轻维护工作，并减少对于场地中农业生产的影响。共杆架设馈电线的缺点是，当某一路发生故障时，可能影响到其它馈电线路，而对发射天线或馈电线检修时还受到其它馈电线带电工作的限制。因此馈电线路的布置应按具体情况考虑。一般来说，馈电线不容许从其它天线幕下穿过，以免影响天线的方向性，防止馈电线上感应高频电压。另外，在天线倾倒或线条折断时也会影响该馈电线的工作。

为便于维修，一条杆路上架设的两副馈电线最好接于同一套天线(如日、夜波天线)上。在同一根馈电线杆(中间杆或角杆)上，馈电线不应超过四对。

4.5　短波台站维护

4.5.1　收、发信台维护

4.5.1.1　台站场地选择

台站场地选择应考虑多方面的因素，如交通情况(是否利于器材运输和人员生活保障)、安全条件(是否暴发过山洪和泥石流)、电磁环境等。

1. 天线场地的选择

从天线效能方面考虑，台站应设在远山近水、地面平坦或略有倾斜的场地，以便排除积水、延长天线杆寿命、地面导电性好。场地及周边无金属矿，可提高天线辐射效率。与金属物体（如长于 1/8 波长的金属导线、金属房屋、钢筋混凝土建筑等）的距离应为 2～3 个波长，至少也要大于 1 个波长，以减少损耗和对天线的影响。发射天线周围 80～100 m 内不得有高大障碍物，在架设天线时应高出障碍物。

2. 屏蔽物的高度

在天波天线发射方向前面，允许的屏蔽物高度为天线底部的地平面到屏蔽物顶点的仰角，在通信方向的±30°范围内，一般不超过天线辐射仰角的 1/4，最多不超过 1/2，如图4－13 所示。

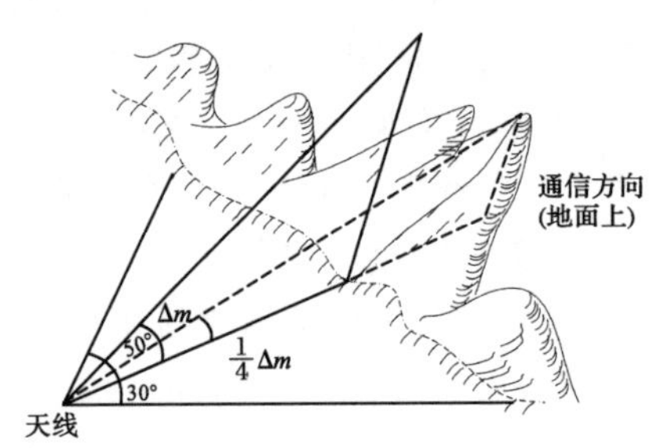

图 4－13　通信仰角与山峰遮蔽角

3. 利用山沟架设水平天线

天线架设在山坡上时，山坡应面向通信方向。如果需要利用山沟架设天线时，应选择朝向通信方向的山沟，在两边坡上或山脊部立矮桩拉上钢索，下面吊挂 2～3 副水平天线；或不用吊索，直接架设水平天线，如图 4－14 所示。

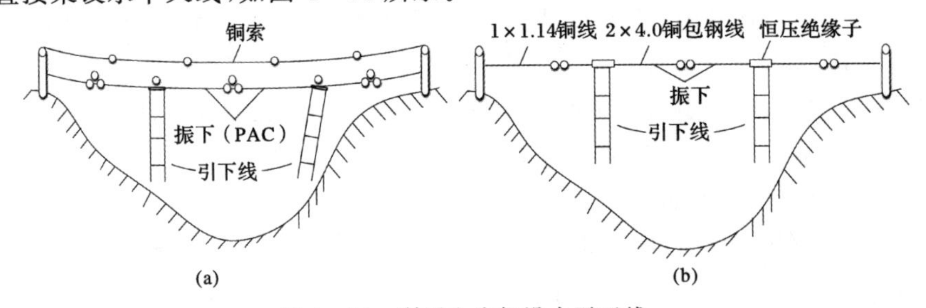

图 4－14　利用山沟架设水平天线

4. 山区架设

天波天线在山区架设时，天线辐射方向前后延伸 50～100 m 的地面应保持平坦。地波天线必须在山区架设时，应选择开阔高地。如果山顶不能架设，应选择沿着通信方向比较开阔的平地或斜坡。当障碍高度在 1 个波长以下，且距天线在 10～20 个波长以外时，对地波传播影响不大。

5. 树林架设

在树林里架设天线，应将天线架得高于或等于树林的顶部。树枝与天线的距离最好大于 2～3 m，避免接触。值得注意的是，大片的森林不仅会吸收高频能量，还可能改变天线的方向性。

6. 防止互扰

为了防止收、发信相互干扰，收信台站应远离发信台站，至少相距 8 km。

7. 架设距离

发射天线与架空输电线和架空通信线之间的距离应不短于表4-7的规定。

表4-7　架设距离

<table>
<tr><th rowspan="2">序号</th><th rowspan="2">天线名称</th><th colspan="3">最短距离/m</th></tr>
<tr><th>至架空通信线</th><th>至1000 V及1000 V以下的输电线</th><th>至1000 V以上的输电线</th></tr>
<tr><td>1</td><td>在定向天线的最大辐射方向上</td><td>300</td><td rowspan="3">按电力部门的规定办理或协商解决，但应大于相邻最高的天线杆高的1.5倍</td><td>300</td></tr>
<tr><td>2</td><td>在全向天线的最大辐射方向上</td><td>50</td><td>50</td></tr>
<tr><td>3</td><td>弱定向和非定向天线</td><td>—</td><td>200</td></tr>
</table>

8. 减少人为干扰

为了减少对收信机的人为干扰，干扰源与收信天线的距离应不短于表4-8的规定。

表4-8　收信天线离开各种人为干扰源的最短距离

干扰源	最短距离/m
电动机、发电机	100
架空通信线	200
干线公路	250
车库和汽车修理所	250
一般电疗器械	250
35 kV以下电源线	500
35～110 kV电源线(架空)	1000
修理厂	1000
110 kV以上电源线(架空)	2000
大型工厂	3000
电容器式X光透视机	3000
高频电炉和振荡式熔焊机	5000
1 kW以下短波发信台	1500
1～5 kW短波发信台	1500～4000
5～25 kW发信台	4000～14000
25～120 kW短波发信台	14000～20000
120 kW以上短波发信台	20000～30000

9. 对土地的选用

对同一种程式的天线来说，增益越高，占地面积越大，征用土地费用也越大。所以，在选择天线形式时，应尽量选占用土地少的天线，如果增益不能满足要求，可考虑适当加大发射功率或选择其它天线程式来弥补。

常用短波天线占地面积如表 4－9 所示。

表 4－9　常用短波天线占地面积

天线名称	每副天线占地面积/m^2		每分贝增益的占地面积/($m^2 \cdot dB^{-1}$)	备注
	不含桅杆拉线	含桅杆拉线		
窄带单菱形天线	7800	14000	786～1140	λ_0＝50 m，桅杆 38 m，4 座
窄带双菱形天线	18600	25500	1290～1680	λ_0＝30m，桅杆 33 m，2 对 40 m，2 座
窄带宽波段同向水平天线	500	7500	335～450	λ_0＝24 m，桅杆 72 m，2 对
窄带电阻耦合大鱼骨天线	2500	4500	235～310	桅杆 33 m，4 座
窄带电阻耦合大双鱼骨天线	4990	8700	370～520	桅杆 25 m，9 座
窄带对数周期偶极天线	2000	5700	520	λ_{max}＝46 m，桅杆 33 m，2 座 8 m，2 座
窄带分支笼形天线	—	700	80～120	桅杆 16 m，2 座
窄带角笼形天线	550	2500	715	桅杆 21m，3 座
窄带偶极天线	—	700	80～120	桅杆 16 m，2 座
窄带双偶极天线	—	780	100～130	桅杆 20 m，2 座
宽带三线天线	—	25	4	桅杆 12 m，3 座
宽带倒 V 形天线	—	20	3	桅杆 12 m，1 座
宽带小鱼骨天线	84	84	4	桅杆 12 m，5 座
宽带小双三菱形天线	106	106	4	桅杆 12 m，8 座
宽带小型对数周期天线	—	23	2.5	桅杆 12 m，1 座
宽带小型多路全向天线	—	80	11	桅杆 12 m，1 座
宽带小型双偶天线	—	18	3	桅杆 12 m，3 座
宽带小型 A 天线	—	15	3	桅杆 12 m，1 座
宽带小型对数间隔天线	—	48	5	桅杆 12 m，3 座

4.5.1.2　设备维护

1. 发信台设备维护

调配人员要认真做好调配工作，精心维护设备，保障无线电联络顺畅。

(1)调配工作。

①调机。调机要迅速、准确，其主要步骤如下。

a. 选好波段，放准频率，“强放匹配”放置适当。

b. 调整激励，使其输出最大。

c. 在“配谐”位置加高压，反复调整找准谐振点。

d. 启键时加全压，调整平衡，使输出达到规定值。

②巡视机器。

a. 频率设置是否准确。

b. 各电表指示是否在规定范围。

c. 汞整流管辉光是否正常。

d. 强放管屏极是否发红。

e. 机内有无异味和跳火现象。

f. 继电器、电源变压器有无怪叫声。

③情况处理。

a. 用于定时联络的 5 kW 以下发信机，应提前 10 min 开机，7.5 kW 以上的发信机，应提前 30 min 开机，均要在联络前 5 min 调好机；随叫随应的发信机，不得关灯丝电压；当有线电报中断需要开机时，2 kW 以下发信机，应在 4 min 内完成开机。

b. 开机后报务员听不到本台信号，应主动检查键控线，核对波段、频率或自听信号，确认无误后通知报房工作。

c. 联络不顺畅或回答不通时，调配员要根据报务员的要求，耐心细致地调高、调低频率或调整机器，改善发信情况。更换发信机和天线时应请示领班员。

d. 警报台的备用发信机必须校频。

e. 接到通知，在听清机号、报务员代号和信号情况后，方可关机（7.5 kW 以上发信机，应冷却 10 min 后关机），并作登记。

(2)日常维护。

①每日清洁机器表面。

②每日检查警报键控线。

③检查机器各种开关、旋钮有无松动和滑挡。

④擦拭设备线缆接头。

(3)月维护。

①清洁机内：擦拭传动机构、电容器、线圈、瓷柱、瓷板、管座和各种开关接点。

②擦拭调整各种继电器。

③检查各级阴流、栅流和激励输出。

(4)半年检修。

①检查控制台、配线架；测试配电盘绝缘，要求不小于 30 MΩ。

②测试各种低压变压器、保险丝座和电源线的绝缘，要求大于 20 MΩ。

③测试高压变压器、扼流圈的绝缘，要求大于 50 MΩ（用 2000 V 以上摇表测）。

④清洁保养冷却风扇或其它冷却系统。

⑤测试电子管各极对地电阻和各种整流输出电压。

⑥测试各种小型管主要参数，并记录数据。

⑦校准主振器频率，使误差不超过 1.2×10^{-3}。频率校准后应进行统调。

⑧检查输出功率。无功率计测试时，可用对比法检查：将曝光表平放在瓦数近似发信机输出功率的负荷灯泡附近，按步骤调整好发信机，使灯泡最亮，记下曝光表指数（曝光表、灯

泡位置不动);然后,将灯泡接入装有电流、电压表的可调变压器次级回路,初级接上 220 V 电源,调灯泡亮度使曝光表指数与前相同,此时电流、电压之积即近似输出功率。要求输出功率不低于额定值的 90%。

2. 收信台设备维护

收信设备由修理所(室)进行维护。维护人员要做到勤了解、勤检查、勤维护,确保报房设备正常工作。

(1)日维护。

①向使用人员询问机器、附件工作情况,适时提出正确使用要求。

②检查警报台的收信机、自适应控制器。

③倒换天线共用器,并检查各管工作电流。

④试听备用机器各波段的信号密度、大小有无变化。

(2)季维护。

①清洁机内,擦拭高频接点;检查度盘转动和波段转换机构。

②测试电子管主要参数,并记录数据。

③清洁检查机桌、控制桌和配线架,整理配线架跳线,测试配电盘的绝缘,要求大于 30 MΩ。

④检查各种避雷装置。

⑤测试天线共用器的频率特性和噪声电平。

⑥检修耳机、电键。

(3)半年检修。

①测试电源变压器的级间绝缘,要求大于 20 MΩ。

②测试电子管各极对地电阻、电压,要求不超过规定值的±15%。

③测试各级和全机灵敏度。要求全机灵敏度:一级收信机的话小于 3 μV,报小于 1 μV;二级收信机的话小于 6 μV,报小于 3 μV。

④检查频率准确度,校准其误差,使各波段的各点频偏均不超过 1.2×10^{-3}。

4.5.2 天馈系统维护

4.5.2.1 天线布局原则

天线布局应根据天线数量和通信对象分布情况统一考虑。原则上要求天线应围绕机房架设,这样可以使馈电线最短,以便于对多根馈电线间距均匀安排引入机房。

天线数量不多,通信对象分散时,应以机房为中心,向外呈辐射状配置。每副天线的最大辐射方向应对准通信方向,对于弱方向性天线,误差不大于 8°;对于强方向性天线,误差不大于 1°。

天线数量较多时,应分层架设。地波天线紧靠机房,通信距离近的天波天线应比通信距离远的天波天线离机房近,通信距离远且方向性强的天线应排在最外面。在天线正前方有另外天线(称屏蔽天线)阻挡时,会产生较大的能量吸收,从而降低天线效能,因此前后天线应保持一定的距离。收、发射天线与屏蔽天线之间的距离不得短于表 4-10 和表 4-11 的规定。

为了减少天线杆用量，天线可以共杆架设，但应符合下列要求。

(1)架设方位角在 60°以内时，两副相邻的天线可以共杆架设，如图 4－15 所示。

(2)架设方位角在 20°以内时，两副相邻的菱形天线在钝角处可以共杆架设，如图 4－16 所示。

(3)架设方位角在 120°～240°时，两副垂直极化对数周期天线可以共用后(高)杆架设。

(4)角形或角笼形天线可以共用边杆架设。

表 4－10　在发射方向上发射天线与屏蔽天线最近端点之间的最短距离

发射天线名称	屏蔽天线名称	λ_1(发射天线波长) λ_2(屏蔽天线波长)	最近端点之间的最短距离/m
窄带单菱形天线	窄带单菱形天线/窄带双菱形天线	任意值	$10\lambda_{2\max}\leqslant 300$
窄带双菱形天线	窄带对数周期偶极天线		$10\lambda_{2\max}\leqslant 100$
	窄带分支笼形天线/窄带角笼形天线		$3\lambda_{2\max}\leqslant 200$
窄带电阻耦合大鱼骨天线/窄带电阻耦合大双鱼骨天线	窄带电阻耦合大鱼骨天线	任意值	$10\lambda_{2\max}\leqslant 400$
	窄带单菱形天线/窄带双菱形天线		$10\lambda_{2\max}\leqslant 300$
	窄带分支笼形天线/窄带角笼形天线		$5\lambda_{2\max}\leqslant 200$
窄带对数周期偶极天线	窄带宽波段同向水平天线	任意值	$10\lambda_{2\max}\leqslant 400$
	窄带单菱形天线/窄带双菱形天线/窄带对数周期偶极天线		$10\lambda_{2\max}\leqslant 300$
	窄带分支笼形天线/窄带角笼形天线		$5\lambda_{2\max}\leqslant 200$
窄带分支笼形天线/窄带角笼形天线	窄带宽波段同向水平天线/窄带单菱形天线/窄带双菱形天线	任意值	$8\lambda_{2\max}\leqslant 200$
	窄带对数周期偶极天线		$8\lambda_{2\max}\leqslant 200$
	窄带分支笼形天线/窄带角笼形天线		$2\lambda_{2\max}\leqslant 100$
宽带小双三菱形天线	宽带小双三菱形天线/宽带小鱼骨天线	任意值	$5\lambda_{2\max}\leqslant 100$
	宽带小型对数周期天线		$5\lambda_{2\max}\leqslant 100$
	宽带小型△天线/宽带小型多路全向天线/宽带三线天线/宽带倒 V 形天线/宽带小型对数间隔天线		$2\lambda_{2\max}\leqslant 50$
	宽带小型对数周期天线	任意值	$8\lambda_{2\max}\leqslant 200$
	宽带小型多路全向天线		$5\lambda_{2\max}\leqslant 100$
	宽带小型双偶天线		$5\lambda_{2\max}\leqslant 100$
	宽带小型 A 天线		$2\lambda_{2\max}\leqslant 50$
	宽带三线天线/宽带倒 V 形天线		$2\lambda_{2\max}\leqslant 50$
	宽带小型对数间隔天线		$5\lambda_{2\max}\leqslant 100$

表 4－11　在接收方向上接收天线与屏蔽天线最近端点之间的最短距离

接收天线名称	屏蔽天线名称	λ_1（发射天线波长） λ_2（屏蔽天线波长）	最近端点之间的最短距离/m
窄带单菱形天线	窄带单菱形天线/窄带双菱形天线	任意值	$1.5\lambda_{1max}$
窄带双菱形天线	窄带对数周期偶极天线		λ_{1max}
	窄带分支笼形天线/窄带角笼形天线		$2\lambda_{1max}$
窄带电阻耦合大鱼骨天线/窄带电阻耦合大双鱼骨天线	窄带电阻耦合大鱼骨天线	任意值	$2\lambda_{1max}$
	窄带单菱形天线/窄带双菱形天线		$2\lambda_{1max}$
	窄带分支笼形天线/窄带角笼形天线		λ_{1max}
窄带对数周期偶极天线	窄带宽波段同向水平天线	任意值	$2\lambda_{1max}$
	窄带单菱形天线/窄带双菱形天线/窄带对数周期偶极天线		$2\lambda_{1max}$
	窄带分支笼形天线/窄带角笼形天线		λ_{1max}
窄带分支笼形天线/窄带角笼形天线	窄带宽波段同向水平天线/窄带单菱形天线/窄带双菱形天线	任意值	$1.5\lambda_{2\,max} \leqslant 200$
	窄带对数周期偶极天线		$1.5\lambda_{1max}$
	窄带分支笼形天线/窄带角笼形天线		$0.2\lambda_{1max}$
宽带小双三菱形天线	宽带小双三菱形天线/宽带小鱼骨天线	任意值	λ_{1max}
	宽带小型对数周期天线		λ_{1max}
	宽带小型△天线/宽带小型多路全向天线/宽带三线天线/宽带倒 V 形天线/宽带小型对数间隔天线		$0.2\lambda_{1max}$
	宽带小型对数周期天线	任意值	$1.5\lambda_{1max}$
	宽带小型多路全向天线		λ_{1max}
	宽带小型双偶天线		λ_{1max}
	宽带小型△天线		$0.2\lambda_{1max}$
	宽带三线天线/宽带倒 V 形天线		$0.2\lambda_{1max}$
	宽带小型对数间隔天线		$\lambda_{2\,max} \leqslant 100$

分集接收天线之间的距离应符合如下要求。

在接收方向上两天线之间距离应长于 10 个最佳工作波长，但一般不长于 300 m；在沿接收波前方向，两天线的间距一般为 250～300 m，最好能同时满足接收方向和波前方向的间隔要求。

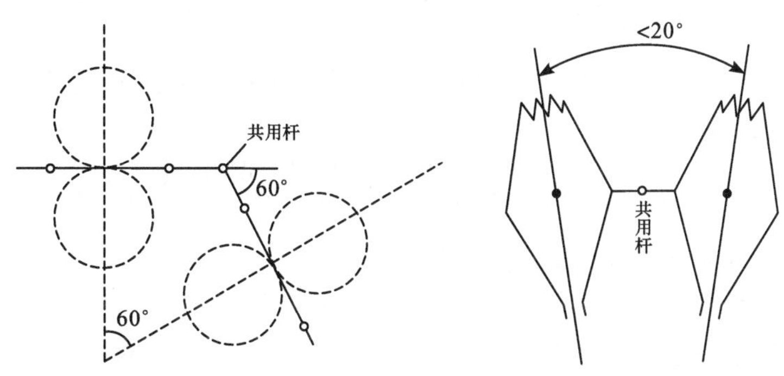

图 4－15　天线共杆架设图　　　　图 4－16　菱形天线共杆架设图

4.5.2.2　天线维护

天线是无线电通信系统中不可少的设备。维护人员必须经常巡视，定期检查，发现问题及时处理，提高收、发信效能。

1. 地面天线的维护

地面天线维护时应注意以下几点。

(1)经常巡视天线系统，及时消除断线、交叉和碰物等现象。

(2)随着季节变化调整天线、馈电线垂度，矫正桅杆倾斜度。要求天线杆顶偏离中心线的距离不大于 15 cm。

(3)每半年检查避雷装置，测试馈电线环阻和绝缘电阻，按技术标准调整各种天线匹配线。

(4)每半年擦拭馈电线隔电子。

(5)每年检查天线、馈电线杆的防腐情况和地锚、杆根牢固程度。

2. 埋地天线的维护

埋地天线维护时应注意以下几点。

(1)经常疏通天线排水沟，打开天线体槽两端槽门，进行通风排潮；检查天线体与馈电线结合处的封口情况。

(2)每季测试馈电线绝缘电阻，要求不小于 10 MΩ。

(3)每半年打开双极、笼形天线等体槽盖排水、排潮，清整沟底，检查天线体和体槽有无损坏，调整天线垂度。

(4)每年测试直埋式天线体与馈电线通断情况。

(5)每年检查开槽天线体与馈电线焊接情况，按要求调整天线体的导线位置。

4.5.2.3　馈电线使用要求

1. 线缆布放要求

(1)线缆布放应整齐、美观，外皮有损伤的线缆禁止使用。

(2)线缆转弯应均匀、圆滑一致，其曲率半径应不小于电缆外径的 15 倍。

(3)布放槽道线缆应顺直，不允许交叉。

(4)布放走道线缆必须绑扎。绑扎后的线缆应紧密靠拢，外观平直整齐。

(5)机柜内的线缆布放完毕后应采用扎线带沿机柜内壁固定。

(6)通信电缆与电力电缆同路由布放时，其间距应大于 300 mm；当间距小于 300 mm 时，应采用屏蔽地沟或者穿钢管暗线敷设方式。

(7)线缆上的标识应正确、清晰、完整,标明线缆的规格和编号、起止点等。

2. 馈电线安装要求

短波通信工程中馈电线可采用射频同轴电缆或架空明线,地下工程应采用直埋射频同轴电缆。

(1)采用射频同轴电缆应满足下列要求。

①特性阻抗:50 Ω。

②驻波比:不大于 1.15。

③电缆的转弯半径要大于电缆直径的 15 倍。

④馈电线加固应均匀稳固,相邻两固定点的距离:馈电线垂直敷设宜为 1.5~2 m,水平敷设宜为 1 m。

⑤馈电线在大于 45°的陡坡上敷设时,应使用规格不小于 7/1.6 的单条镀锌钢绞线与电缆做应力加固。

采用架空明馈电线引接时,收信馈电线宜使用四线式特性阻抗为 208 Ω 的馈电线;发信馈电线宜使用二线式特性阻抗为 600 Ω 的馈电线,当发射机的平均输出功率等于或大于 50 kW时,必须采用四线式特性阻抗 300 Ω 的馈电线。

(2)采用架空明馈电线作为馈电线时,应满足以下要求。

①整条馈电线杆路应尽量取直,必须拐弯时,拐弯杆路内夹角不应小于 120°,杆距应依次变化,不应相等。

②馈电线不容许从其它天线体下穿过,以免影响天线的方向性。

③在同一根馈电线杆上(终端杆除外),馈电线不应多于 4 路。

④挂在同一根杆上的馈电线,其中心轴之间的距离应满足以下要求:发信馈电线间不小于 1.5 m,收信馈电线间不小于 0.8 m。

⑤馈电线相互跨越时其间距应满足以下要求:发信馈电线间不小于 1 m,收信馈电线间不小于 0.4 m。

⑥两条杆路之间的距离应大于杆高,且尽量不要相互平行,若馈电线杆路平行时,相邻馈电线杆(当全线路采用门杆时,以相邻一侧的馈电线杆计算)中心轴线之间的距离不应小于 4 m。

⑦馈电线引入机房或天线引入堡时,其导线最低点距离地面的高度不小于 3 m,如无法满足时,应在引入处安装护栏。

⑧馈电线终端杆至机房墙壁或天线引入堡之间的距离不应小于 8 m。

⑨转角杆和终端杆必须加拉线,直线杆每隔 5~10 档加装人字拉线。

⑩天线杆的拉线应采用绝缘子分成若干段。对于水平极化的天线,与天线杆相连的上段拉线应为 1~1.5 m,与地锚相连的下段拉线不应长于 8 m,其余各段长度应为 4 m 或不长于最短工作波长的 1/4。对于垂直极化天线,其辐射方向前面的天线杆的拉线与天线杆相连一段的长度应为 1 m,与地锚相连一段的长度不应长于 4 m,其余各段的长度为 1 m 左右或不长于最短工作波长的 1/10。

⑪发信的馈电线系统损耗应控制在 1.5 dB 以内,收信的馈电线系统损耗应控制在 6 dB 以内。

4.5.3 台站供电与接地

4.5.3.1 台站供电

1. 供电要求

短波固定通信台站通信电源的设计应符合相关规定。

市电引入方式：大型、中型短波固定通信台站必须采用第一类供电方式；小型短波固定通信台站应采用第二类供电方式。

设备供电频率为(50±1)Hz。电压变动幅度：35 kV 高压供电电压允许偏差不超过额定电压的±5%；10 kV 及以下的高压供电和低压供电电压允许偏差不超过额定电压的±7%。

市电电压变动范围超出额定电压值的±7%时，应采用自动稳压设备进行电压调节，稳压设备的功率容量应满足通信设备的总功率。对于不允许有瞬时中断供电的设备，应配置交流不间断电源系统，其容量应满足正常情况下最大负荷。通信台站宜采用柴油发电机组作为自备交流电源。短波通信台站应选用符合技术要求规定的柴油发电机组。

2. 安全工作规则

在不影响通信或能带通的情况下，不得带电作业。带电作业时，首先检查工具绝缘是否良好，操作者应在绝缘体上，并要有人保护，人体或工具不得同时接触两相。停电检修应设“禁止送电”的标牌，经检查无电后才能检修；检修时，要增设临时保护地线；作业完毕要复查检修情况，清点工具、器材，确实无误后，方可送电。检修变压器要断开高、低压电源，并进行放电处理。调配电解液时，要穿戴防护用具，将硫酸慢慢倒入蒸馏水中，并边倒边搅拌，禁止将水倒入硫酸溶液中。检修高压设备的工具，要定期检查，保持绝缘良好。

市电突然中断时，200 kVA 以上油机在 5 min 内、200 kVA 以下人工启动的柴油机在 3 min内、汽油机在 2 min 内保证正常供电，输出电压变化不超过±5 V，频率变化不超过±1周。

4.5.3.2 台站接地

1. 接地的一般概念

将线路、电气设备或电气装置的某些金属部件经导线和埋在地下的金属体相连接称为接地。用低阻抗导线将组件、设备和系统的构件或元件进行电气上的连接称为电气搭接。搭接也用来保证结构与零位参考面间的电气连续性，使射频电流在结构中均匀的流通，通常也称为“接地”。

(1)按专业要求设计的低阻抗接地和搭接系统的作用。

①保护设备和人员，避免雷电放电造成的危害，并作为大气雷电和瞬态功率噪声的天然排泄途径。

②保护人员免受因机器内部偶然碰地时引起的电击。

③为电源电流和故障电流提供返回途径。

④防止设备上静电荷的积累。

⑤降低或消除机架和机壳上的射频电位。

⑥为射频电流提供均匀和稳定的导体。

⑦稳定电路的对地电位。

⑧引起继电保护设备各动作,排除接地故障。

(2)与接地系统有关的一些技术名词。

①地线:通常指用以连接被接设备到接地棒或其它接地物体的导线,也称接地线。在中长波无线电发射或接收设备中,使天线电流引入大地以形成射频回路的导线也称为地线。

②接地体:通常都是指人工埋入地下的接地网或打入地下的接地棒,因而都是直接与土壤有一定接触面积的金属体。

③接地装置:接地线和接地体的总和称为接地装置。

④自然接地体:兼作接地用的直接与大地接触的各种金属构件,金属井管、金属管道和钢筋混凝土建筑物的基础等,称为自然接地体。

⑤保护接地:为保护人身和设备安全而设的接地称为保护接地。

⑥工作接地:将电路中根据工作条件要求接地的各点接地,称为工作接地。如在电力系统中,运行需要的接地(中性点接地等)称为工作接地。通信和电子系统中各种电路的高频电流接地也称为工作接地。不过在这种情况下应考虑接地系统本身、汇流排材料的选择以及接地所用导线的截面形状是否适用于高频电流通过的特点。

⑦接地汇流排(条):也称总地线排或接地母线。一般用铜板制成,从接地系统引出的铜辫连到这块铜板上,它是接地汇集点,是实现按地分配的主要方法。

⑧接地电阻:接地体或自然接地体的对地电阻和接地电阻的总和称为接地装置的接地电阻。其数值等于接地装置对地电压与通过接地体流入地中电流的比值。

(3)对接地系统通路的要求。

①耐久而连续,即能提供长期保持的低阻抗对地泄流。敷在房间里的接地线应易于检查和维护,并防止受机械和化学损伤。

②设计的载流量能安全地传导任何可能遇到的电流。

③设计的低阻抗,符合将地上应接装备的电位限制为最小的要求。

④能适应接地信号特性。如考虑电子设备接地时,除了安全外,还有一个重要的原则是,通过公共接地将干扰减至最小。因此,所有接地引线应尽可能短而直。高频接地应保证能导出高频电流,且在接地汇流排上不产生显著的电压降。因此,一般都使用单位长度电感较小的铜汇流排或铜条来接地(也可使用镀铜的钢)。在设计接地系统时,应注意保证高频电流能从最短的路径流到地线。特别要注意的是,要使接地汇流排出的大电流不要在低功率各级中产生感应电压,因此汇流排的接地端应该接于功率较大的各级。

2.接地装置

接地系统的关键是埋在地下的接地装置。接地装置的复杂程度主要取决于土壤的性质。在土层厚、土质和导电率良好的土壤中,接地装置可以简便到把一根金属接地棒打入即可;否则,需要埋设一组复杂的接地网。但是实践中还要考虑常年降水量、冰冻深度等气候条件对接地电阻变化的影响。为了保证在全年中接地电阻的变化量不致很大,接地体必须打入冰冻线以下。

(1)发射机房。

发射机房用的接地装置由接地电极、接地导线和接地母线(或称接地汇集线)组成,需要接地的各种设备、外壳、金属护套、结构等用接地线与接地母线相接。

发射机房所用的接地电极,大多以 50～60 mm 直径、1～2 m 长的钢管垂直打入地下构成。作为参考,可以指出这种尺寸的钢管,每根的接地电阻为:潮湿沙土,100 Ω 左右;墟埒土,几十欧姆;黏土,十几欧姆;黑土,10 Ω 以下。需要较低的接地电阻时,可将若干根相隔一定距离的钢管用扁钢连接(焊接)起来构成一组接地电极。

接地母线一般采用 4 mm×(40～60)mm 的扁钢和 0.5 mm×(40～60)mm 的紫铜带,平敷在机房地槽的底部,并尽可能构成环路以保证设备接地安全可靠。接地母线上应有螺栓孔洞,以便各种设备的接地线与之相接。紫铜带母线供高频设备和高频电缆接地使用,扁钢母线供一般电气设备接地使用。

接地导线指接地电极与接地母线相连接的导体。接地导线通常采用 4 mm×40 mm 扁钢,由地下进入机房与接地母线相连接。接地导线与接地母线的连接应采用螺栓压接。

发射机房内各种设备所用接地装置的接地电阻,大型台不宜大于 2 Ω,中型台不宜大于 4 Ω。电力室设在发射机房内时,电力设备可以和发射机等无线电设备合用接地装置。油机发电机和变配电设备另建机房时,其接地装置应单独设置,并按电力系统规定考虑其接地电阻。

机房建筑避雷器、天线窗口避雷器、天线杆塔避雷器和电力设备避雷器应有各自专用的接地装置。各种避雷器用的接地电极应与机房用的接地电极隔开一定距离(最好不小于 20 m)。避雷器接地电极的接地电阻一般取 5～10 Ω。

(2)接收机房。

接地系统由室外的接地电极、接地导体和机房内的接地母线组成,其所用的接地装置与发射机房相同。

大、中型接收台的无线通信设备所用的接地电极并联后的总接地电阻应小于2 Ω,它由三组独立的接地电极组成。在小型接收台中,通信设备的接地系统可用一组接地电极,但应由两条以上接地导线引入机房,以保证接地导体与机房内的接地母线的良好连接。小型台的接地电阻应小于 4 Ω。

无线电台中各种房屋建筑、天线杆塔、天线、馈电线、市电变配电设备等的防雷接地的接地电阻应小于 10 Ω。

3. 接地电阻的测量和接地系统的维护

(1)接地电阻的测量。

在地线设置完成之后和在日常的维护工作中,都需要测量接地电阻是否满足要求。对接地电阻的测量应在接地分配系统与接地装置断开的情况下进行。

比较理想的接地电阻测量方法是交流测量法,图 4－17 和图 4－18 所示的就是交流测量法。在接地电阻的测量方法中常用两电极法和三电极法。用于测量土壤电阻率的仪器都可以进行这两种测量,而三电极法更为准确。

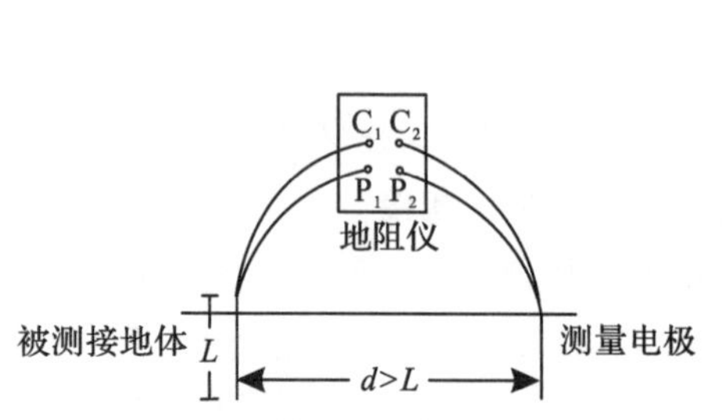

图 4-17 接地电阻测量的两电极法

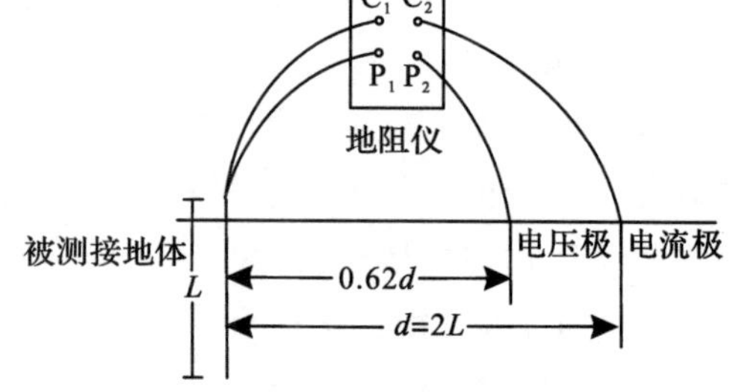

图 4-18 接地电阻测量的三电极法

图 4-17 所示的两电极法中，外侧电极与被测接地体之间的距离(d)应等于或长于接地体的深度(L)。在图 4-18 所示的三电极法中，外侧电极(C_2)与被测接地体之间的距离(d)是接地体深度(L)的 2 倍，内侧电极(P_2)与被测接地体之间的距离为被测接地体与外侧电极距离的 62%。这是通过数学分析证明了的，但土壤的不均匀性可能改变这一点的位置。

(2)接地系统的维护。

接地系统维护不良，常常会使电气和电子系统发生各种与接地有关的故障。为此除了每半年定期检查接地系统部件、紧固连接螺栓外，还要对系统接地点或总地线排的接地电阻、搭接电阻进行测量。

对新设置的地线系统，要求第一年对系统接地点或总地线排的接地电阻每月测量一次，以确定它的季节变化和经过一个完整的四季气候循环的稳定性。

对采用化学措施的接地系统也应在第一年每月测量一次接地电阻，以确定是否需要补充化学原料。第一年后，即可增加测量时间的间隔。

对不同接地类型的接地电阻值大致的要求如下：

①电压 35 kV 或 35 kV 以上的电力装置总接地电阻不应超过 0.5 Ω。

②电压为 1 kV 以下的装置，其接地电阻不应超过 4 Ω。零线重复接地不大于 10 Ω。

③电杆上单独放电器的电阻不应超过 10 Ω。

④收、发信台的接地电阻比较理想的为 2～3 Ω。大型发信机的接地电阻最好小于 1 Ω。

习 题

1. 简述短波收信台的组成及各部分作用。
2. 发信台发射机房的主要配置有哪些？
3. 简述短波发信台的组成及各部分作用。
4. 收信台收信机房的主要配置有哪些？
5. 简述自适应控制器的工作原理。
6. 集中控制器有哪些基本功能？
7. 简述集中控制器的工作原理。
8. 短波天馈系统有哪些具体要求？
9. 短波天线场主要由哪些部分组成？
10. 短波天线场地的选择需要注意哪些因素？

第 5 章　短波通信网

最简单的通信形式是两个用户之间点到点的通信。当用户增多时，为了实现任意两个用户之间的通信，就需要组成通信网。面对多个需要通信的短波用户，网络组织者应廓清以下几个方面的问题。

(1)如何科学设计网络架构，使得短波通信网既符合用户之间的隶属关系，又具有一定的灵活性和可扩展性。

(2)如何使用有限的短波频率资源，使得短波通信网既能满足较多用户的通信需求，又具备一定的抗信道时变和抗第三方干扰能力。

(3)如何组织短波电台设备、频谱资源和支撑系统，为短波通信用户提供话音、数据等多业务服务，并实现与其它网络(如电话网、计算机网等)的互联。

本章将结合实践阐述以上组网问题。

5.1　短波通信网的基本概念

传统的短波通信以等幅报(CW)和话音业务为特征，单网用户规模有限，因而网络的主要组织形式为专向和网路。随着短波业务类型的增多和保障对象及范围的扩展，短波通信网的架构已日渐复杂，呈现出网络化和同业务分离的趋势。

5.1.1　通信网

5.1.1.1　通信网络拓扑

当有多个用户需要相互传递信息时，就需要通信网。最简单的方法就是用户两两连接，如图 5-1(a)所示。为了简单直观地表征通信网的结构，用端点表示用户、线段表示链路，就得到了网络拓扑(network topology)图，如图 5-1(b)所示。端点(圆圈)表示一个用户，其设备实体为用户终端(terminal)。连接两个端点的线段对应于传输链路(link)，包括有线(光缆、同轴电缆、被覆线等)和无线两大类型。需要注意的是，表征传输链路的线段可以带箭头，以表示信息的可能流向。对于网内用户均可以双向通信的情况，一般略去箭头。

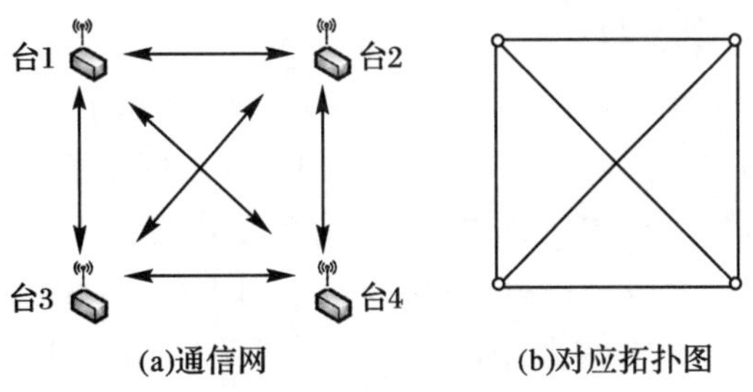

图 5-1　通信网示意图及其对应拓扑图

从拓扑图可以看出网络内关键设备的连接关系和网络组织结构，并可对网络的性能进行具体的分析。常见的网络拓扑主要有网形、星形、总线型和环形等，如图5-2所示。

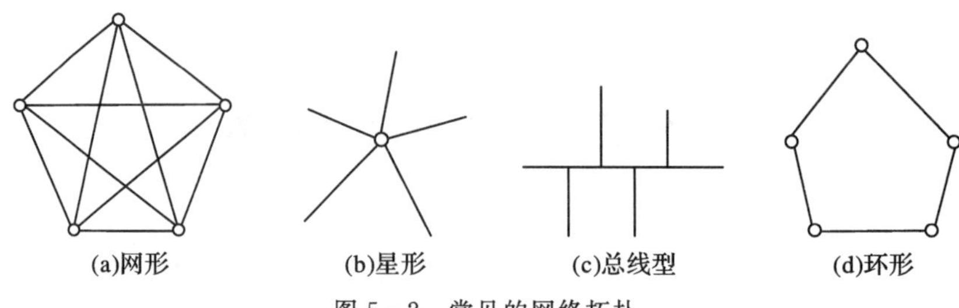

图5-2 常见的网络拓扑

网形拓扑每个节点都与其它所有节点相通。其最大的特点是拥有强大的容错能力，可靠性极高，但与之相对应的建网费用高，需要建立的链路数目多。

星形拓扑结构由一个中央节点和若干从节点组成，中央节点可以与从节点直接通信，而从节点之间的通信必须通过中央节点的转发。星形拓扑结构简单，建网容易，传输速率高，扩展性好，灵活配置，网络易于维护和管理，但是星形网络可靠性依赖于中央节点，中央节点一旦出现故障则全网瘫痪。

总线型拓扑结构是将网络中所有的终端设备都通过一根公共的总线(bus)连接，通信时信息通过总线进行广播方式传输。环形拓扑结构中，所有设备被连接成环，信息是通过该环进行广播式传播的。这两种结构主要用于计算机网络和光纤传送网中。

5.1.1.2 通信网络的组成要素

构成通信网的三个基本要素是终端设备、传输链路和转接交换设备。

(1)终端设备。终端设备对应于通信系统基本模型中的信源和信宿以及一部分变换和反变换装置。在发送端，终端设备将原始信息转化为链路上传输的信号；在接收端，终端设备从链路上接收信号，并将之恢复成能被利用的信息。此外，终端设备还需要具备信令协议信号的产生和识别能力，以便相互联系和应答。例如，电话业务的终端设备就是电话机，传真业务的终端设备就是传真机。

(2)传输链路。传输链路是节点间的传输媒介，也就是信号的传输通路。无线通信方式下，主要对应于通信系统模型中的信道以及调制解调装置。传输链路的损耗、干扰、时延、多径等特性深刻影响着通信系统和通信网的设计。

(3)转接交换设备。转接交换设备是现代通信网的核心，它的基本功能是完成接入交换节点的汇集、转接接续和分配。常见的转接交换设备有交换机、路由器、信道控制器等多种类型。

5.1.1.3 接入网和核心网

在公共电信网络中，习惯上把长途端局以上部分、长途端局与市局或市局之间的部分合称核心网，而把端局和用户之间的部分称为接入网。接入网主要用来完成将用户接入核心网的任务。相对于核心网而言，接入网的环境、业务量密度以及技术手段等均有很大的差别，用户线路在地理上是星罗棋布，建设投资比核心网大得多，在传输内容上是图像等高速数据与语音低速数据并存，在方式上是固定或移动各有需求。此外，接入网的情况相当复杂，已有的体制种类繁多。

这种组网思想可以为短波通信所借鉴。也就是改变传统的按行业、部门隶属关系的“专台专网、自建自管”的短波通信网组织模式，将广域内分散的短波台站用有线IP宽带网络连接起来，构建公共信息传输和交换平台（核心网），引入网络控制中心，对网络资源进行有效的分配、管理和监控，实现全网正常、高效和协调地工作，确保短波机动用户的可靠接入。

如图5-3所示，接入节点是网络覆盖范围内机动电台用户无线接入的入口，分为固定接入节点与机动接入节点两种。固定接入节点由短波固定台站与短波集中收发信遥控系统组成，根据网络规划为服务区域内的机动用户提供接入服务；机动接入节点主要是各种车载大功率电台，配属可快速展开架设的天线系统，作为固定接入节点的补充与备份，以提高网络的机动抗毁能力。机动电台用户既可以自行组网，也可作为用户访问接入节点，从而实现广域、跨网通信。

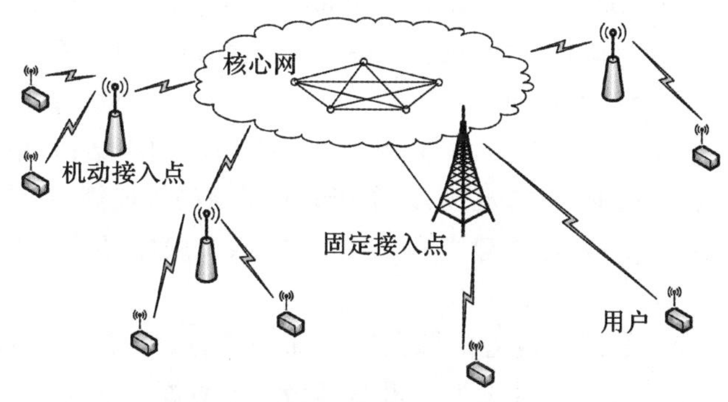

图5-3 短波核心网和接入网示意图

因此，构建短波接入网，可有效解决短波通信网络结构单一、资源利用率低、机动通信能力差、抗毁抗扰能力弱等问题，极大地提升了短波通信网的整体保障能力。

5.1.2 短波通信的基本组网形态

5.1.2.1 点对点通信

电台点对点通信，也叫电台专向通信(point-to-point radio station communications)，指两部电台之间使用相同的联络规定直接建立的通信，简称专向。点对点通信需要占用专门的人力、器材和频率资源，具有便于沟通联络、反应迅速、时效较高的优点，主要用于与通信业务量大、时效要求高的主要通信方向和重要通信对象建立通信联络。点对点通信示意图如图5-4所示。

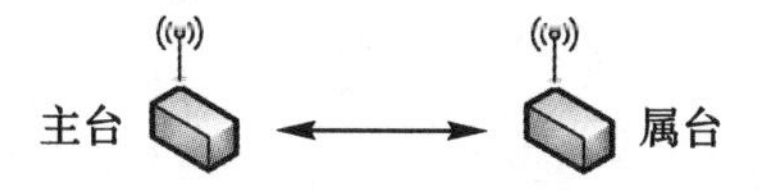

图5-4 点对点通信示意图

点对点通信的两个电台通常要区分为主台与属台，主台通常由上级用户台担任，通信联络过程中，属台应服从主台的指挥。例如，抗洪抢险指挥部对上要与省防汛委员会甚至中央建立点对点通信。此时，抗洪抢险指挥部短波电台为属台；同时，抗洪抢险指挥部对下要使用另外的电台设备与分布在不同地段的重要抢险分队建立点对点通信，此时指挥部短波电台为主台。

点对点通信的级别越高，配属的可用通信资源越多。远距离无线电台点对点通信主要使用大功率短波电台建立。在许多情况下，通信距离远，方向也不同，单一信道在某一通信方向和距离上通信质量可能很好，而在另一方向和距离上则可能不能互通。因此，远距离无线电台通信应以多套设备达成不同信道、在各自不同方向上达成点对点通信。同时，还需要良好的工作频率保障，而且需要较高的发射功率和庞大的天线阵地，相关细节见第3章。普通点对点通信多使用小功率（百瓦以下）电台组织。

重要点对点通信要求一直处于工作状态，需要不间断的通联；普通点对点通信也需要专机专用且严格按约定定时通联。

为了达成点对点通信，主台和属台使用相同的联络规定，所以两者既可以使用普通的定频模式，也可以使用自适应、跳频等模式。从网络拓扑图上看，可表示为一条直线。

5.1.2.2 网络通信

电台网络通信（radio station network communications）是指三部以上无线电台之间使用相同的联络规定建立的通信，也称网路。严格意义上讲，网路可以看作是小型化的单一网络，其概念适用于传统的短波通信网。

有线通信网和大多数无线通信网，一般都采用“中心式”网络结构，用户的接入与复接、通信路由的选择与交换、局间中继与汇接，以及用户和网络的管理等均由“中心式”节点设备来完成。为实现区域覆盖，一般需要建立多个中心节点，节点之间通过中继线路连接，其基本结构如图5-5(a)所示。

这种结构的最大特点是通过建立资源共享的通信平台，可实现大用户量承载，减少线路、设备的建设投入和运行成本。中心节点既是网络运行的核心设备，也是网络安全最脆弱的部分，一旦故障受损就会造成部分用户无法通信。与此相比，短波通信由于具有远程及全域通信覆盖能力，因此建立多用户、多区域组网通信，一般不需要考虑线路费用，通常多采用无中心、用户全连接通信组网方式，如图5-5(b)所示。通信线路或路由的交换控制一般是通过频率（信道）的规划、调度和管控来实现的。每个通信台站既可以作为主站也可作为从站，当部分台站受损时，不会影响网络的正常运行。

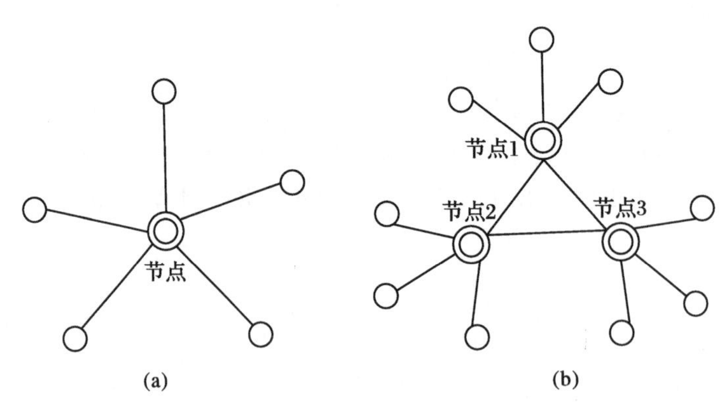

图5-5 网络通信示意图

网路便于建立通播通信，便于各台之间的相互联络和实施转信，与点对点通信相比具有占用人员、器材和频率少的优点。因此，它是被广泛采用的组网模式，通常用于指挥机关与所属单元、用户上下级之间的指挥通信和友邻单元之间的协同通信。但与点对点通信相比，网络通信时效较低，工作方法相对复杂。网络通信通常要设一个主台，主台由上级用户台担任，属台应服从主台指挥。

无线电台网络通信，主要有纵式网、横式网、纵横式网和通播网等几种基本网络结构，任何一个网络都以这几种网络结构为基础构成。

(1)纵式网。纵式网是一个预先排列好的台站集合体，该集合体中的各台站都与一个单独的主台建立链路并进行通信。纵式网如图 5-6 所示。

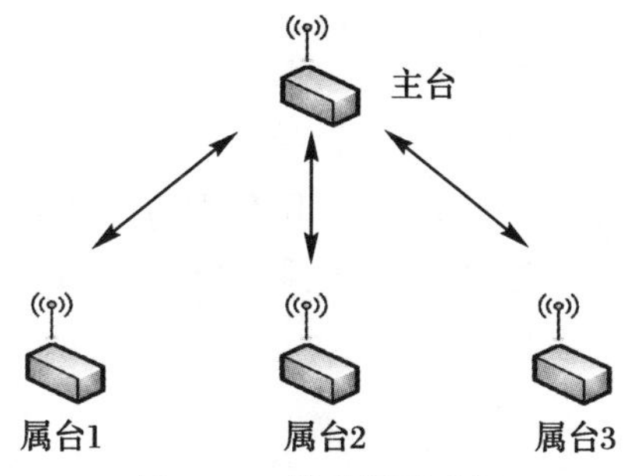

图 5-6　纵式网示意图

纵式网内规定一个主台，只允许主台同属台相互联络，或者只由主台发信，属台收信，各属台之间不能相互联络。这种形式，通常适用于指挥通信和报知通信。大多数情况下，主台有独立的网络控制站功能，主台组织和管理纵式网时，通常对网内成员的情况都相当了解，包括它们的数量、识别标志、容量、需求和所处位置及必要的联通信息。所有网络呼叫一样，主台通过一个单一网络地址呼叫后，迅速与多个预先排列好的台站同时(或近乎同时)建立链路。

(2)横式网。横式网是一个预先排列好的台站集合体，该集合体中的任何台站都可以发起呼叫，建立各台站之间的互通链路并通信。横式网如图 5-1(a)所示。网内各台之间均可相互联络，没有主台、属台之分。这种形式，多用于友邻用户之间的协同通信。上级为了便于了解情况，可设收信机(台)进行旁听(旁抄)。与纵式网不同，横式网的网内每个台站都有网络控制功能，网内不规定某个台站行使网络控制权(即主台)，各台站都是平等的关系。主要用于相互之间无隶属关系的各台站间组织网路通信。

(3)纵横式网。在横式网的基础上，如果规定横式网内某一个台站行使网络控制权，则构成了一个纵横式网，纵横式网主要用于相互之间有隶属关系和协同关系的各台站间组织网络通信，纵横式网如图 5-7 所示。

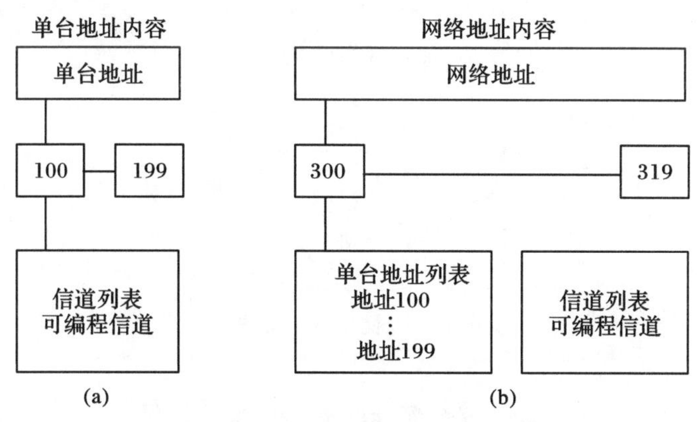

图 5-7　纵横式网示意图

纵横式网的主台同属台、属台同属台之间均可相互联络。无线电台在组织横式网和纵横式网时，通常利用网络地址呼叫实现组网，网络内任一台站都可以通过使用一个单一的网络地址(这一网络地址对所有网络成员都相同)，迅速与多个预先排列好的台站同时(或近乎同时)建立链路，每个台站必须存储与此网络地址相关的响应顺序和定时信息，由发起呼叫台根据需要选择统一的时隙宽度，各成员台在各自的时隙内按顺序应答，避免碰撞，提高建网效率。

(4)通播网。通播网类似于纵式网，与纵式网不同，通播网是一个非预先排列好的台站集合。大多数情况下，通播网依靠全网控制中心台(一般为该作战地域级别最高的电台)的全呼使其它台站能来建立链路并通信，通播网通过使用分配给各站的地址构成全呼地址，与多个未预先安排好的台站迅速有效地同时建立联系，通播网如图 5-8 所示。

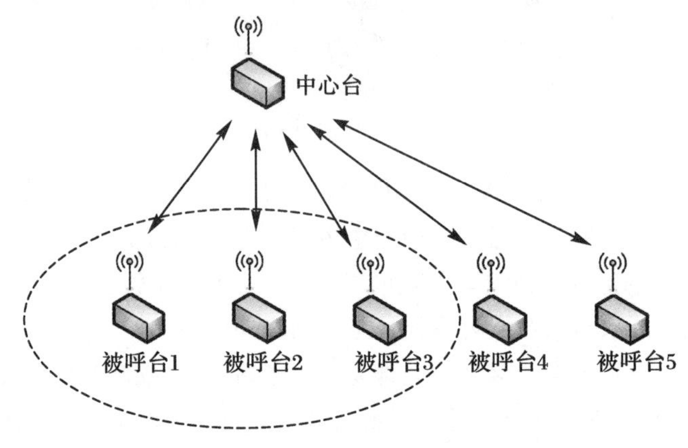

图 5-8　通播网示意图

通播网通过全呼叫实现组网，这种呼叫权限一般授予用户群中级别较高的电台。当需要通播呼叫时，各站应根据通播网呼叫协议进行单信道和多信道的呼叫、轮询和互通操作。

与纵式网不同，通播网不能预置时隙，不需要收听台给予响应，不管是附加有网络地址的台站还是没有附加网络地址的台站，在某一信道收到这种呼叫时都能停止扫描并迅速与主台建立链路。

(5)网中网。当按照隶属关系和协同关系将多个子网相互连接构成一个更大的网络时，就组成了无线电台通信的网中网形式，网中网如图 5-9 所示。

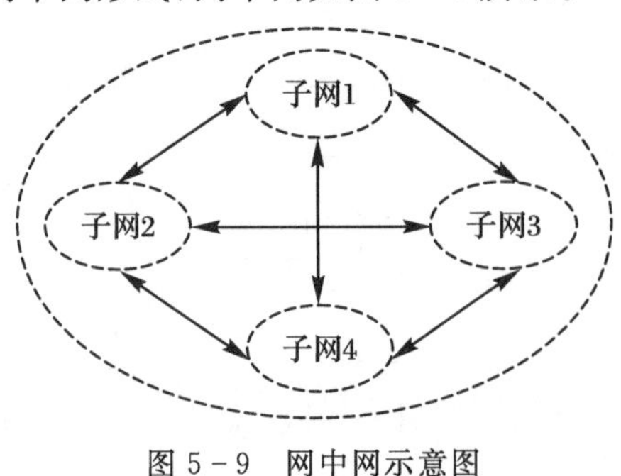

图 5-9　网中网示意图

5.2　短波自适应通信网

短波自适应组网主要体现在通过电台自适应编程，能与多个台站通过链路质量分析，在最佳信道上迅速自动建立链路并进行通信。根据需要，可以组织各种短波自适应专向和横式、纵式、纵横式网路，实现单呼、网呼、全呼等多种通联方式。

5.2.1　短波自适应通信网组网方式

短波自适应通信技术是建立短波自适应通信网的基础。和单台自适应通信类似，短波自适应组网也需要链路质量分析、自动扫描接收、自动链路建立和信道自动切换功能等技术，并以不同的自身地址区分网络成员，在建立通信链路和链路质量进行探测时都以自己的身份（自身地址）区别于其它站。

自适应组网的要求包括：电台要有地址编程（自身地址和网络地址）能力；电台组网必须有信道（频率、工作种类）支持；要有统一协议，即自适应探测或呼叫格式一致，是被呼台才有应答（其它未呼台处于静默扫描状态），建立通信链路。除此之外，自适应电台还必须具备自动信道扫描功能、自动快速天线调谐功能等。

这里主要介绍和组网有关的两个重要内容：地址编程和信道组，两者基本决定了自适应网的网络架构。

5.2.1.1　地址编程

自适应电台的一个基本特征是具有寻（地）址功能。各单台的地址（即自身地址）及地址下的信道号，是人为分配给各单台的，为了让各单台“记住”自己的地址（本址）、其它目标台的地址（它址）、网络地址以及各自地址下的信道，就必须事先将这些内容存入各个单台里，从而能够完成寻址功能。就像打电话一样，事先要把电话号码存储起来。所谓自适应编程即电台进行相应的地址编程，分为单台地址编程和网络地址编程。

（1）单台地址编程。单台地址编程是指各单台把它所需要通信联络的全部目标台的地址（分配给各目标台的自身地址）及各地址下相应的信道号，在各单台里进行编程（即登记）的过程。

单台地址编程的目的，是为了给各单台呼叫目标台提供地址和信道，以便随时根据需要利用相应地址下的信道号呼叫某目标台；接收时则处于扫描状态，扫描信道为自身地址下的信道集合。

单台地址内容：地址与信道号的关系如图 5－10(a)所示。

在图 5－10(a)中，可设置 100 个单台地址（100～199）。以 3 个台组网为例，台 1 地址设为 100，台 2 地址设为 101，台 3 地址设为 102；若 3 个台的可用信道均为(2、3、5、11、12)号信道，则在编程时，台 1 需要设本址 100，输入该地址下对应信道为(2、3、5、11、12)；设它址 101，输入该地址下对应信道为(2、3、5、11、12)；设它址 102，输入该地址下对应信道为(2、3、5、11、12)，台 2 和台 3 设置类似。

（2）网络地址编程。网络地址编程是在单台地址编程的基础上进行的，其地址与信道号的关系如图 5－10(b)所示。单部电台可以加入多个自适应网，设定网络地址后，每个网络地址下需要编入所包含的单台地址和网络信道号。每个单台在网络地址编程录入各个单台地址时，因其决定应答顺序，尤其要注意按照一定数字顺序依次编入，不能有变化，即遵循“顺序一致”原则。否则，有可能造成组网失败。结合上一段的例子，若 100、101、102 组成一个网，网络地址为 300，则台 1 网络地址编程应依次输入：网络地址 300，1 号台地址 100，2 号台地址

101,3 号台地址 102;台 2 网络地址编程应依次输入:网络地址 300,1 号台地址 100,2 号台地址 101,3 号台地址 102;台 3 网络地址编程应依次输入:网络地址 300,1 号台地址 100,2 号台地址 101,3 号台地址 102。

如果台 1 同时加入了 300 和 301 两个网络,则其 300 网络地址编程时,不仅需要输入 300 网络下的所有信道列表,而且需要输入 301 网络下的所有信道列表。只有这样,台 1 才能对两个网络的信道同时进行扫描和呼叫应答。

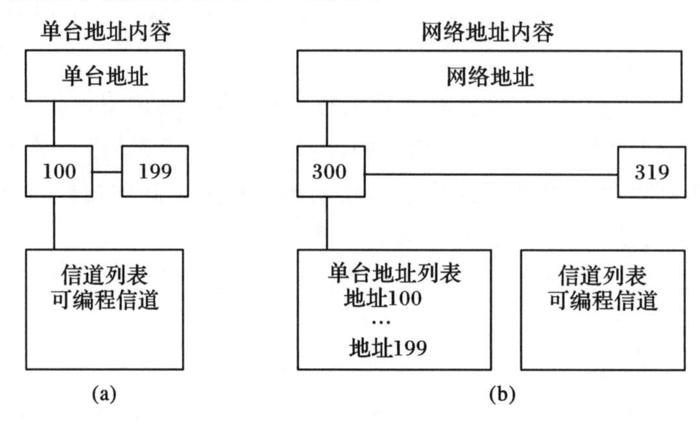

图 5-10　地址与信道号的关系

5.2.1.2　信道组

自适应编程中使用的信道号必须是在电台的信道编程中已被编程的(见 5.2.2.2 小节),即已被编入电台的信道分组(例如电台可以存储 0～9 组信道分组)。

以图 5-10 为例,假设电台最多可编入 100 个单台地址(包括一个自身地址),单台地址范围为 100～199,即一个通信系统最多可容纳 100 个拥有不重复地址的电台。每个单台地址中最多可编入 100 个信道(假如信道号为 00～99 范围取值)。

以图 5-10 为例,一个电台最多可编入 20 个网络中,网络信道最多为 100 个信道。

以图 5-10 为例,每个网络地址中最多可编入 30 个单台地址(100～199 中的 30 个),注意一定要按照相同数字顺序依次编入,因其决定应答顺序。即一个网最多可由 30 个电台组成;信道号可以是 00～99 号中任意一个。

5.2.2　短波自适应通信网组网运用

5.2.2.1　组网过程

首先,明确用户群电台数量,根据所需组网情况确定专向通信台数和组网通信台数,确定各电台的自身地址号和组网的网络地址号;其次,根据频率管理系统所提供的可用频率点制定工作信道的数量和数值;最后,下发参数配置表,各台对自己的电台进行编程,为实时通信做好准备。

这里以 X 江防汛抢险短波网为例。X 江防汛委员会(简称防委),下属两个防汛指挥部(简称指挥部)和一个机动应急大队(简称大队),各防汛指挥部下属有三个防汛抢险分队(简称分队),每个单位有一台自适应电台。要求:

①防委与各指挥部、大队、分队建立专向通信；

②指挥部与指挥部、指挥部与大队之间建立专向通信；

③防委与各指挥部、大队组成网络；

④各指挥部与下属分队组成网络，并能专向通信。

首先确定单台地址和网络地址。根据上述条件可知，防委共有 10 台自适应电台，分别确定单台地址号：防委 100；1 号指挥部 110，2 号指挥部 120，大队 130；1～3 分队属 1 号指挥部，地址号为 110～113；4～6分队属 2 号指挥部，地址号为 120～123。

组成的网络有：

①防委、指挥部、大队组成一个网，如 300 网，成员 4 个(100、110、120、130)；

②1 号指挥部与下属分队组成一个网，如 301 网，成员 4 个(110、111、112、113)；

③2 号指挥部与下属分队组成一个网，如 302 网，成员 4 个(120、121、122、123)。

从中可以看出，1 号指挥部(110)、2 号指挥部(120)均是两个网络的成员，也就是说当某成员呼 300 网时，1 号指挥部(110)要应答；当呼 301 网时，1 号指挥部(110)也要回答(2 号指挥部类似)。

然后按照根据需要分配信道、组织网络，这里给出了 3 种方案。

1. 横式网组织

信道组 1：1、2、3、4、5、6、7、8、9、10。

信道组 2：11、12、13、14、15、16、17、18、19、20。

信道组 3：21、22、23、24、25、26、27、28、29、30。

信道组 4：31、32、33、34、35、36、37、38、39、40。

信道组 5：41、42、43、44、45、46、47、48、49、50。

信道组 6：51、52、53、54、55、56、57、58、59、60。

300 网：网络成员 100、110、120、130，使用信道组：1、4。

301 网：网络成员 110、111、112、113，使用信道组：2、5。

302 网：网络成员 120、121、122、123，使用信道组：3、6。

以 300 网为例，由于使用了相同的信道组 1 或 4，任一成员可以呼叫网内它台或所用台，从而形成了横式网。对于 120 台(2 号指挥部)而言，其不仅是 300 网的成员，也是 302 网的成员。在进行 300 网络地址编程时，不仅要输入信道组 1 或 4，还要输入信道组 3 或 6。在进行 302 网络地址编程时，不仅要输入信道组 3 或 6，还要输入信道组 1 或 4。只有这样，120 台才可能收到来自两个网络的呼叫。

2. 纵式网组织

纵式网组织可采用如下的信道分配方案。

100：信道 1～40。

110：信道 11～20，41～52。

120：信道 21～30，53～64。

130：信道 31～40。

111：信道 41～44。

112:信道 45～48。

113:信道 49～52。

121:信道 53～56。

122:信道 57～60。

123:信道 61～64。

以 300 网为例,网络成员 100、110、120、130;100 台编入 1～40 号信道,可以对下属成员 110、120、130 发起呼叫;属台 120 只能在 21～30 号信道上发起呼叫,110、120 台无法接收。所以,属台之间无法通联。当然,120 台可以作为 302 网的主台,在 53～64 号信道上发起呼叫,4～6 号分队将应答。所以,这形成了双层纵式网。

3. 专向和网路分时组织

如果要组织专向,则需要为每部电台分配不同的信道。由于专向采用收发异频工作方式,所以可以有如下的分配方案:

100:信道 1～10。

110:信道 11～20。

120:信道 21～30。

130:信道 31～40。

111:信道 41～44。

112:信道 45～48。

113:信道 49～52。

121:信道 53～56。

122:信道 57～60。

123:信道 61～64。

需要说明的是,在专向工作时,信道是固定不变的。例如,100 台(防委)和 110 台(1 号指挥部)建立专向,100 台发信道 1,收信道 11;信道 2～10、12～20 只是备份信道。当通联质量过差时,双发按照某种约定手动(而不是自动)换频。

若系统分时工作,则可以使用下面的信道分配组成网路。此时电台在特定时刻工作专向或者网路状态。

300:网络下有 100、110、120、130;信道 65～67。

301:网络下有 110、111、112、113;信道 68～70。

302:网络下有 120、121、122、123;信道 71～73。

最后,将上述网络地址、各单台成员地址及信道号制成参数配置表,并下发到各单位。各台按照参数配置表对自己的电台进行信道、单台地址和网络地址编程,为实时通信做好准备。

5.2.2.2 参数配置表

参数配置表是组织实施无线电台通信的基本文件,其组成样式与内容设置跟电台通信组织方式、方法,电台程式以及通信任务性质等因素有关。表 5-1 给出了一份典型的自适应电台参数配置表。

表 5-1　自适应电台参数配置示例

序号	参数名称	示例
1	网路地址	315
2	单台地址	123
3	呼号	849
4	日频	8620 kHz
5	夜频	4603 kHz
6	信道	1(信道号)4057(主台)3894(属台)CW(工作种类)

参数配置表的内容，主要包括呼号、单台地址、网路地址、通信频率、信道等内容。

(1)地址。地址是自适应电台进行自动呼叫或扫描时使用的数字呼号，相当于普通电台人工呼叫(回答)时使用的呼号。因此，自适应电台通信中的单台地址、网路地址也叫作“自动呼号”。一般网络地址下有多个单台地址，则说明该网中有多个用户。

单台地址又分为自身地址和它台地址。自身地址是本台的地址(自己的号码)；它台地址是对方台(同网内的其它电台或同一参数配置表中的其它电台)的地址。若 1 号电台的自身地址为 123，则它台地址为 124、125、126。

网路地址是电台在自适应状态下网路自动沟通联络时使用的“名字”，是网路沟通联络时自动识别网路或网内电台的号码。使用自适应电台进行网路工作时，入网的电台都要使用共同的网路地址，并将自己的单台地址按统一排列的顺序编入网路地址中。

(2)呼号。呼号是通信对象之间相互联络时使用的称呼。自适应电台组网中，单台地址和网路地址为自动呼号。话呼代号是为无线电工作规定的呼号，在工作调幅话、单边带话、调频话等时使用，可为数字组合，也可以是地理名称。

(3)工作频率和信道。通信频率也叫工作频率，是无线电台收、发信机的工作点。小功率电台组成的网专一般采用同频制(单频制)，指收、发信机使用同一个频率点工作，一般与单呼号结合使用。为了提高电台通信抗干扰和防泄密的能力，中功率以上电台或能够使用异频工作的电台均要使用异频制，收、发信机各使用一个频率点工作，一般与双呼号结合使用。

信道是信号传输的通道，是具有频率存储及编程功能的电台工作时收、发信频率和工作种类等参数的存储点。信道编程时，将通信频率、工作种类、工作方式、功率等级等参数编入相关信道中，如表 5-1 中 1 号信道就规定了发频(主台)4057 kHz，收频(属台)3894 kHz，工作方式为 CW(莫尔斯报)。工作时只需操作信道号，便可改变通信频率、工作种类和工作方式等参数。

信道组为满足沟通联络需要和方便工作将多个相关信道编入一个组中，供联络和工作时使用。如信道组 1 编入 6 个信道，分别为 6、8、10、11、12、13 号信道。

为了同非自适应电台通联，配置表中还可规定了自适应电台在人工定频状态工作时使用的基本频率。当电台遭遇干扰或因其它原因不能正常工作而需要改频时，可按照规则启用备用频率。备用频率一般都编有序号，便于使用和保密。

按照电波传播特性和电离层变化的规律，短波电台通信时均设有日、夜不同的工作频率。一般情况下，白天宜用较高的频率，夜间宜用较低的频率，配置表中一般明确了换频的时间。

5.3 短波跳频通信网

5.3.1 短波跳频通信网组网方式

5.3.1.1 单个网络组织

在跳频通信网中，通信双方按相同规律（跳频图案）快速改变通信频率。跳频图案与跳频信道参数和电台的时钟相关。跳频信道参数包括跳频频率表、跳频密钥等内容。

跳频电台工作时，跳频的载波频率点的集合，称为跳频频率表。显然，只有使用同一张频率表的跳频电台才有可能实现跳频通信。频率表规定了同步、迟入网等跳频过程所使用的频率范围。电台应可以存储、使用多张频率表。频率表之间可以完全不同，也可以有部分相同。受电台技术限制，一张频率表内的最高和最低频点间隔只有几百千赫兹，且所有频点只能从特定的子频段中选取。

跳频密钥直接参与跳频序列的生成，与跳频序列的抗破译性能密切相关。密钥由专用注入设备注入，不同的密钥和跳频序列一起形成了不同的跳频图案。电台可以存储、使用多组不同的密钥，通过密钥号来进行选择和使用，密钥本身不能被显示或者读出。注意，跳频密钥和跳频序列两者配合工作，但本质不同。跳频序列是特定的伪随机序列，如m序列、Gold序列等，其产生算法预先装在跳频通信装备中，其使用、管理具有严格的保密要求。

TOD是跳频电台内部以跳为单位的一个跳频状态计数器，决定了跳频的起点，也就是通信双方同时从跳频密钥的某一位起跳，从而保持一致。跳频电台工作前，需要确认双方设备的TOD设置，即年、月、日、时、分、秒一致（通常允许有几分钟的误差）。作为入口参数之一，TOD参与同步频率、迟入网频率的运算，跳频同步后，所有电台的TOD参数是相同的。

多部跳频电台设置相同的频率表号、密钥号、TOD和跳频速率（电台通常有几种跳频速率可供选择），便组成一个跳频网。为了建立通联，像自适应组网一样，每部电台还需要设置网络地址、单台地址（本址和所有通联对象的它台地址，习惯上称为台号）。一般把这样的跳频网称为1个子网。

同一子网内电台可直接进行选呼，即网内某成员台对另一电台进行呼叫，只需直接选中其被呼台号并发起呼叫即可。网内某成员台使用网络地址可以对子网内所有台发起全网呼叫。

5.3.1.2 多个网络组织时的同步

当用户数较多时，实际中可能需要组织多个跳频网。例如表5-2所示，跳频网有0号、1号、2号网三张，分别对应电台显示的21、22、23三个网号。每个网中有15个用户，台号1～15号，分别对应电台显示的01～15台号。不同网中的电台可使用相同的台号。

表 5-2　多个跳频序列

序号	网号	台号
0 号网	21	01、02、03、04、05、06、07、08、09、10、11、12、13、14、15
1 号网	22	01、02、03、04、05、06、07、08、09、10、11、12、13、14、15
2 号网	23	01、02、03、04、05、06、07、08、09、10、11、12、13、14、15

在单一网络内，如 0 号网内，15 部跳频电台必须设置相同的频率表号、密钥号和 TOD。

为了区分不同的网络，可以为各网选择不同跳频频点，这意味着几张网的跳频频率集是完全不重叠的。如 0 号网使用$\{f_1,f_2,f_3,f_4,f_5\}$，1 号网使用$\{f_6,f_7,f_8,f_9,f_{10}\}$，2 号网使用$\{f_{11},f_{12},f_{13},f_{14},f_{15}\}$。由于短波可用信道的稀缺性和易受干扰性，这样的方法往往是最后的无奈之举。同时，TOD 参数对所有用户而言是相同的，要么在误差范围内输入有效，要么在误差范围外无效。

因此，比较常用的方法是选用不同的密钥(跳频序列)号。多个子网使用相同的频率表号，但采用了不同的密钥，因而跳变顺序不同，若生成的跳频图案具有良好正交性(时域上不重叠，同一时刻各网的工作频点不同)，多个跳频网络可以在同一频带内共存。如果多个网所用的跳频图案在时域上不重叠(形成正交)，则组成的网络称为正交跳频网。如果多个网所用的跳频图案在时域上发生重叠，则称为非正交跳频网。

(1)同步组网方法。表 5-3 给出了一种正交跳频网的组网方法。5 张网络(1 号网到 5 号网)都使用同一张频率表$\{f_1,f_2,f_3,f_4,f_5\}$，但每个网的跳频序列(密钥)不同，因而频率跳变顺序不同。当 1 号网跳变到 f_1 时，2 号网跳变在 f_2；而当 1 号网跳变到 f_2 时，2 号网跳变在 f_3，两者不会发生频率碰撞。仔细观察发现，跳频序列 1 实际上是跳频序列 2 延迟一个节拍得到。因此，为了避免发生频率碰撞，各网必须在统一的时钟下实施跳频，且网间和网内严格同步。

表 5-3　正交跳频序列

1 号网	跳频序列 1	f_1	f_2	f_3	f_4	f_5
2 号网	跳频序列 2	f_2	f_3	f_4	f_5	f_1
3 号网	跳频序列 3	f_3	f_4	f_5	f_1	f_2
4 号网	跳频序列 4	f_4	f_5	f_1	f_2	f_3
5 号网	跳频序列 5	f_5	f_1	f_2	f_3	f_4

网内同步的含义：网内任意两个用户的跳频序列相同，跳变频率表相同，跳变的起止时刻(也称相位)相同。若 1 号网的用户当前时刻本应跳到 f_4 上，但却跳到了 f_5 上，就会干扰 5 号网。网间同步的含义是：任意两网保持相同的跳频节拍和跳频图案对应关系，不会出现滞后或者超前。因此，从严格意义上讲，正交跳频网是同步正交跳频网，一般简称为同步网。

同步组网的频率利用率高。各网都使用同一张频率表(但频率顺序不同)。理论上讲，有多少个跳频频率就可组成多少个正交跳频通信网，不存在网间干扰。任一时刻，网间不会发生频率重叠，因而不会发生网与网之间的干扰。

但是，同步组网建网速度比较慢，建网时需要所有的子网(上例中的 1 号网至 5 号网)内的电台都响应同步信号，才能将各电台的跳频图案完全同步起来。同时，同步组网必须使用统一的密钥，一旦泄密，整个群网的跳频图案都会被暴露无遗，且只要有一个网不同步就会带来全网失步而瘫痪，因而组网安全性能差。鉴于此，跳频电台很少采用同步组网方法。

(2)异步组网方法。非正交跳频网的跳频图案可能会发生重叠，即网与网之间在某一时刻跳频频率可能会发生碰撞(重合)，因而可能会产生网间干扰。不过，这种网间干扰通过精心选择跳频图案和采用异步组网方式，是完全可以减小到最低限度的。因此，非正交跳频网常采用异步组网方式。异步非正交跳频网一般简称为异步网。

异步组网时，系统中没有统一的时钟，由于各用户互不同步，当然这就会产生网间的频率碰撞，形成自干扰。通过精心选择跳频图案和采用异步方式组网，可以减少网间频率重叠的概率。如表 5-4 所示，不管时间如何延迟，任意两个用户只能有一个频率点发生碰撞，产生相互干扰。

表 5-4　正交跳频序列 1

1 号网	序列 1	f_1	f_3	f_2	f_5
2 号网	序列 2	f_2	f_4	f_3	f_1
3 号网	序列 3	f_3	f_5	f_4	f_2
4 号网	序列 4	f_4	f_1	f_5	f_3
5 号网	序列 5	f_5	f_2	f_1	f_4

由于异步组网不需要全网的定时同步，同步实现较简单、方便，用户入网方便，组网速度快。同时，异步组网时每个网的密钥相互独立，因而抗干扰能力强、保密性能好。

也应看到，由于异步组网时各跳频网之间没有统一的时间标准，如果多网采用同一频率表，频率序列虽不同，但也有可能发生频率碰撞。显然，这种频率碰撞的机会是随着网络数量的增加而增多的。因此，异步组网工作时，为了实现多网之间互不干扰，频率表的选择以及频率序列(即密钥)的选择就成了异步组网的关键。

为了解决互相碰撞引起的通信质量下降，常见的组网方法如下。

①各网选择不同的频率表，使之互不重叠。

②不同的网络采用不同的跳速或不同的频段。

③若网络和电台的数量不多，则可考虑采用同一频率集组网，通过设置不同的密钥号或不同的时钟进行组网。

5.3.2　短波跳频通信网组网运用

在跳频进行之前，首先应该对跳频电台的密钥号、频率表号、呼叫地址、跳频速率、网号和台号等跳频参数进行编程，可编程多组不同的跳频参数。其中，密钥号、频率表号、呼叫地址、跳频速率四个参数的集合称为信道参数，不同的信道参数以信道号加以区别。使用同一信道参数号的电台的集合，称为一个群网，信道参数号即为群网号。在同一群网内，相同网号电台的集合称为子网，不同网号的电台属于不同的子网，同一群网内可设置多个子网。每个子网又可设置多个单台，以台号加以区别。

5.3.2.1　组网实例

目前跳频通信电台在组网时，一般采用树形结构。以最多 360 部电台组成的网络为例，其组网关系示意情况如表 5-5 所示。360 部电台可组成 8 个群网，每个群网内容纳 3 个子网，每个子网容纳 15 个单台。编程中的网号和台号决定了本电台的自身网号和台号。

电台在相同群网中工作时，同一子网内电台可直接进行选呼；不同子网时，一个子网内的任一单台可对另一子网内所有电台进行网呼连通。不同群网内的电台，如果设置的信道参数不同，不能进行呼叫。

表 5-5　组网关系

群网类别	信道参数号	子网类别	网号	台号
群网 1	1	子网 0	0	01～15
		子网 1	1	01～15
		子网 2	2	01～15
群网 2	2	子网 0	0	01～15
		子网 1	1	01～15
		子网 2	2	01～15
⋮	⋮	⋮	⋮	⋮
群网 8	8	子网 0	0	01～15
		子网 1	1	01～15
		子网 2	2	01～15

5.3.2.2　网络状态及转移关系

(1)跳频通信的八种工作状态。跳频通信的八种状态如表 5-6 所示，可以通过面板操作完成相互之间的转换，图 5-11 为一种转换方法的实例。

表 5-6　跳频通信的工作状态

序号	工作状态	说明
1	扫描状态	电台在跳频工作时的初始状态，搜索监听同步信道，等待接收它台对本网的网呼或对本台的选呼
2	呼叫设置状态	设置与呼叫有关的信息(呼叫地址与跳速)的状态
3	发送呼叫状态	向被叫电台发送呼叫信息的状态
4	定呼状态	在保持跳频同步的同时，进行定频通信的状态
5	请求迟入网状态	向网内用户发送迟入网请求的状态
6	收到迟入网状态	收到网外用户迟入网请求时的状态
7	发送迟入网引导状态	向网外用户发送迟入网引导信息时的状态
8	跳频通信状态	已建立跳频同步的电台间进行跳频通信的状态

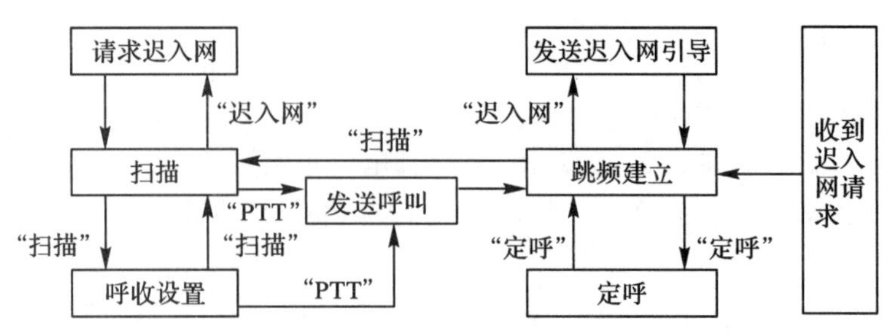

图 5-11　跳频通信的状态转移实例图

(2)呼叫。短波跳频电台通过呼对方台号(选呼),可实现子网内单台间的跳频互通。在进行选呼时,凡是与本电台具有相同跳频频率表、密钥号、网号、台号的电台都会响应选呼信号。因此,在同一网内15个不同的单台中,允许不同的电台具有相同的台号。

通过呼本网号(本网呼),可实现与本网内所有台的跳频互通;通过呼对方网号(网呼),可达成子网间的跳频互通。网呼是指选择与本电台具有相同跳频频率表、密钥号、网号的电台进行的呼叫。跳频电台在进行网呼时,凡是与本电台具有相同跳频频率表、密钥号、网号的电台,即同一子网的电台都会响应网呼信号。如子网1内的1号台要网呼该子网内所有单台,可以在呼叫设置状态下直接选其网号1,按"PTT"键进行网呼。同一群网内所有电台,可以通过选择不同的网号进行网呼。

选呼是指网内某成员台对另一电台进行的呼叫。选呼要求信道参数和网号相同,因此只能在同一子网内进行。处在同一子网内的电台选呼另一个电台,只需直接选中其被呼台号并发起呼叫即可。一个电台不能同时选呼两个不同台号的电台。

静跳定呼,也叫定频呼叫,此时电台的跳频控制器继续保持跳变,但信道机的中心频率不变,工作在定频(通常为跳频的中心频率)通信状态,从而与定频电台进行通信。跳频电台使用"定呼"键转入定频信道与定频台进行通信,通信完毕后,再次按压"定呼"键返回原跳频网。

(3)迟入网。迟入网是指当网内其它单台都已经处于跳频建立状态,而有一部或多部网内电台由于某种原因未能入网,需要采取一定措施进入跳频通信网工作的一种入网方式。

迟入网有两种入网方式,即主动申请迟入网和被动牵引迟入网。迟入网按其工作方式分为同一子网内的迟入网和不同子网间的迟入网。

主动申请迟入网是指未进入跳频通信网内工作的电台主动发出入网申请,再由网内用户发送迟入网引导信号的入网方式,这是用得较多的迟入网方式。主动申请迟入网按其工作过程可分四个阶段:发送迟入网申请信息阶段、收到迟入网申请信息阶段、发送迟入网引导信息阶段、迟入网建立状态阶段。经以上四个阶段后,未进入网内工作的电台可以被引导进入跳频通信网,与网内电台通信。

被动牵引迟入网,是指网内电台在组网后通过点名方式发现有未入网电台,通过迟入网功能引导其入网的迟入网方式。其工作过程:未入网电台处于跳频扫描状态,网内电台在跳频建立状态下直接发送迟入网引导信号,未入网电台被牵引进入跳频通信网。

5.3.3.3　参数配置表

跳频组网所用的参数配置表除了包含5.2.2.2小节中内容外,还有跳频参数等内容。

跳频参数是电台实现跳频通信功能时所需要配置的相关参数。跳频参数主要包括日期、时间、网号、台号、跳频信道参数号、频率表号、人工设置频率、密钥、跳速等内容。识别参数配置表时，可以将跳频参数的各项内容全部列入文件中，也可以单独列表，用一至两位数码作为一组跳频参数的代号，在参数配置表中只填跳频参数的代号。

下面以国外某型跳频电台的跳频参数为例进行叙述。其跳频参数如表 5-7 所示。

表 5-7　跳频参数表

序号	参数名称	显示	配置范围	缺省值
1	日期	D年 月 日	≤501231	当前
2	时间	T时 分 秒	0000～235959	当前
3	本网号	nEt * *	0～2	0
4	本台号	NO. * *	01～15	01
5	跳频信道参数号	CH * *	0～10	10
6	频率表号	A tbL * *	0～11	11
7	人工设置频率	F * * * * * * *	1.6～30 MHz	5555
8	密钥	YAO *	0～9	0
9	初始化	init * *	00/11	00

日期是电台内部设置的工作日期，与自适应工作状态下的日期为同一内容。

时间是电台内部设置的参考时钟，与自适应工作状态下的时间为同一内容。进行跳频通信时，电台之间建立跳频同步，必须使电台之间的日期和时间误差在 3 min 以内。否则，不能建立同步。

本网号用于设置本台所处的跳频子网。利用该网号可以对本台所属的跳频子网发起网呼，建立异步跳频通信网。

本台号用于设置本台在子网中的单台顺序号。本网其它电台利用该台号可以对本台发起跳频选呼，建立跳频通信。

跳频信道参数号是电台跳频通信所使用的信道参数代号，用于设置本台所处的跳频群网。

频率表号是电台跳频通信所使用的频率表代号，用于设置电台跳频工作所使用的载波频率点集合。

人工设置频率用于人工输入电台跳频的中心频率。

密钥用于设置电台的跳频密钥。

初始化用于设置电台的跳频参数是否初始化。

制定参数配置表时，根据电台跳频参数的具体含义，选择其中的部分参数来编拟跳频参数编程表。跳频台号单独列入自动呼号栏或者地址栏中，其余参数列入专门的跳频参数编程表中，如表 5-8 所示。

表 5-8　参数配置表中的跳频参数编程表

序号	信道参数号	频率表号	人工设置频率/kHz	密钥	跳速	网号	日期、时间
1	1				5	0	当前北京时间或设定统一日期、时间
2	2				5		
3	3				10		
4	10	10			5		
5	10	10			10		
6	10	11	日 8208　夜 4535	1	5		
7	10	11	日 9235　夜 3680	1	10		
8	10	11	日 10658　夜 5021	2	5		

5.4　短波自组织网络

从专向和网路组织可以看出，传统短波通信网的网络管理能力较弱，无法适应用户规模快速变化的场景。例如采用横式网时，每个电台需要存储全部的它台参数配置表以便在需要时建链，这不仅会带来操作负担和转换时延，也超出了普通电台的存储能力。为了获得短波组网的灵活性和顽存性，需要把组网的目光从物理层的自适应和跳频设计转向更高的协议层次，由此自组织的网络架构应运而生。

5.4.1　短波自组织网络

5.4.1.1　自组织网络

自组织网络(Ad Hoc networks)是由多个节点按需组成的自治网络。网络中所有节点地位平等，单个节点可以直接同在其传输范围内的其它节点通信，也可以经由其它节点逐跳转发同传输范围外的节点通信。若网络中的节点可以自由移动和随意组织，称为移动自组织网络(Mobile Ad Hoc Network，MANET)。尽管确实存在节点随机部署完毕后就不再移动的场景(如某些传感网应用)，通常默认自组织网就是 MANET。显然，自组织网的网络拓扑会快速变化且无法预知。

与蜂窝网等这样需要基站和核心网等基础设施支撑的网络相比，自组织网被称为无基础设施的网络。组网的唯一约束条件是所有节点之间都可以直接或经过转接而沟通联络，即网中不存在孤立节点，也不存在一部分节点不能和另一部分节点联通的分离状态。节点之间直接联通称作单跳，经过转接的联通称作多跳，直接联通的两个节点称作邻(居)节点。

由于所有节点设备完全一样且随机分散部署，任何普通节点都有能力充任控制中心，并可根据情况变化而自动更换，自组织网络中不存在目标突出、易于暴露、易受攻击的中心，从而可防止一旦中心被破坏而引起全网瘫痪的危险。同时，网络的建立和调整是各个节点遵循一定的协议配合完成的，即使网络发生动态变化或某些节点严重受损时，仍可迅速地调整其拓扑结构以维持必要的通信能力。因此，自组织网具有较强的抗毁性和顽存性，在军事和民用通信中得到了广泛的应用。需要指出的是，控制功能的分散，并不意味指挥的分散。在分布式控制的自组织网中，指挥员可在任何一个普通节点入网，对全网进行指挥或逐级下达指令。

常见的拓扑结构有随机拓扑结构和分群结构两类。

在随机拓扑结构中，所有节点都在预定的通信区域内随机分布，并可动态变化，如图 5－12所示。网络的拓扑结构是根据众多节点的分布态势而自适应形成的，所有节点在网络运行过程中都发挥相同的作用，地位也完全平等，所以也称为平面结构。

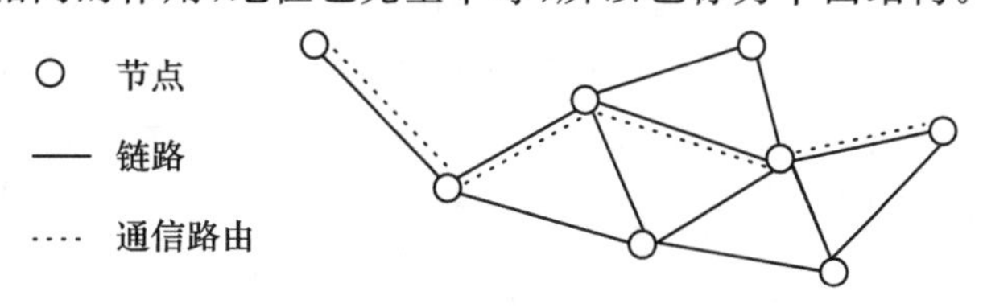

图 5－12　随机拓扑结构

随机拓扑结构的特点是结构简单，但控制信息开销大导致信道利用率较低，只适用于中小规模的网络。

分群结构网中的节点有三种：群首、信关和普通节点，如图 5－13 所示。任一节点都可以充当这三种节点，而且可以在动态组网过程中变更自己的身份。网络内的节点划分成若干个子群（也称为簇，Cluster），子群中的某个节点（按某种规则选取，如可以按设备 ID 大小或按照指挥等级）为群首（也称为簇首，Cluster Header）。子群内是单跳网，多个子群互相链接以覆盖整个通信地区。信关的作用是为相邻子群的群首之间提供链路。信关从普通节点中指派。当相邻子群相互交叠，指定其中一个公共节点作为信关，从而把两个子群链接在一起。

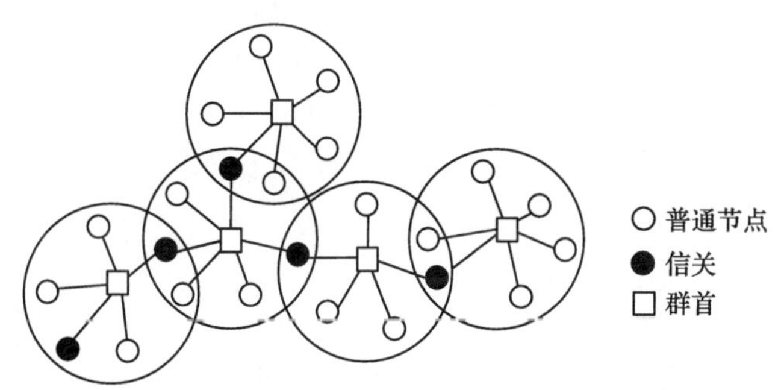

图 5－13　分群拓扑结构

群首可以是上一级网络中的群成员，组成了上一级的网络。如此类推，可以形成多级的网络结构。因此，群内部节点之间通信和随机拓扑结构相同，不同群之间节点通信需要群首和信关节点进行转发，即使两节点在通信范围之内。分群结构适用于覆盖面积较大且节点数目较多的场合。

5.4.1.2　短波自组织网络

短波自组织网络是由多个短波分组无线电台组成的自治网络，其发展得益于分组无线电技术的成熟。传统电台以模拟体制为主，数据传输和处理能力很弱；分组无线电基于数字体制，具备较为完整的通信协议栈，因而能够实现复杂的网络接入、业务交换和路由选择功能。这样，通过加注不同的协议，短波电台既可以组成类似“基站-手机”的集中式网络，也可构建自组织网络。

在短波组网中引入自组织网络有以下显著优势。

(1)相对于传统的短波通信网而言，短波自组织网络可以在任何时刻、任何地方构建，而不需要依赖现有的网络硬件基础设施的支持，形成一个自组织通信网络，因此具有很强的独立性，使得它非常适合于灾难救助等没有网络基础设施或基础设施已被摧毁的场合。

(2)传统的短波通信距离特别是运动中的通信距离受电波传播特性的制约，距离有限。虽然可以采用(遥控)中继转信方式扩大通信范围，但支撑的业务、覆盖范围和容量有限。采用短波多跳通信方式，不仅扩大了通信范围，与传统网络相比，还将大大降低网络节点的发射功率，同时也可以减小功耗、电磁干扰以及成本。

(3)网络中的节点都兼有路由和主机功能，节点之间地位平等，节点可以随时加入和退出网络；即使网络中的某个或某些节点发生故障时，其余的节点仍然能够正常工作，使得短波自组织网络具有很强的鲁棒性和抗毁性。

鉴于以上优势，电台自组织网络的概念得到业界的广泛重视。实际上，自组织网络的思想可追溯到分组无线网络(Packet Radio Network，PRNET)。受 ALOHA 网络和早期固定分组交换网络开发成功的鼓舞，DARPA 在 1973 年开始研制 PRNET。PRNET 采用分布式体系结构，综合了 ALOHA/CSMA 信道访问协议和主动多跳路由算法，采用多跳存储转发技术克服了电台覆盖范围小的问题，能够在广阔地理区域内有效进行多用户通信。PRNET 的成功证明了自组织网络的可行性。随后，DARPA 于 1983 年开发了抗毁无线网络(Survivable Radio Network，SURAN)，采用动态分群的分层网络拓扑来支持网络扩展性。战术互联网(Tactical Internet，TI)是迄今为止所实现的规模最大的移动无线多跳分组无线网。由于采用了类似商用 Internet 的协议，TI 不能很好地处理拓扑变化问题，无线数据传输速率较低。自组织网络技术不仅具有很强的军事应用背景，在商业上也有广泛的应用，例如 802.22 无线局域网、蓝牙等，相应的技术规范标准主要由 IETF 的 MANET 工作组来制定。

5.4.2 短波自组织网组网运用

短波自组织网络的组网涉及很多关键细节问题，如信道接入、路由协议、服务质量保证、网络安全等，而且这些问题之间还具有耦合关系。

5.4.2.1 媒介接入控制

媒介接入控制(Media Access Control，MAC)协议决定网络中的节点什么时候可以发送自己的信息分组，即如何共享有限的无线信道(媒介)资源。传统的短波网接入以用户主导的呼叫形式为主。在自组织网络中，媒介接入是业务流驱动的。设计合理的媒介接入控制协议，以获得较高的信道利用率和较低的时延，并尽可能保证各终端的公平接入，是短波自组织网络组网的基础。短波自组织网络由于网络节点多、通信设备种类多、异质性强、覆盖范围大，因此其媒介接入控制协议除了具有一般自组织网络接入协议的功能外，还要具有快速的接入能力、接入的稳定性和良好的扩展性，以保证组网迅速、可靠、高效。常用的协议包括竞争协议、分配协议和混合协议三类，以竞争协议为主。

竞争协议使用直接竞争来决定信道访问权，并且通过随机重传来解决碰撞问题，典型的例子是载波侦听多址访问/冲突避免(CSMA/CA)协议。在CSMA/CA机制下，有数据发送需求的电台首先检测信道是否繁忙(载波侦听)，如果信道在一定时间间隔(例如50 μs)内为空闲状态，那么电台将开始传送数据；否则将继续检测信道并开始退避计数，并在计数清零时开始传送数据，从而有效减少了同它台碰撞发生的概率(冲突避免)。但是，短波电台通常是半双工工作模式，即无法同时收发数据，这就出现了隐藏终端和暴露终端问题。

隐藏终端是由于节点之间无法互相监听对方，一方监听到的信道空闲并不是真的空闲，同时传输引发冲突。如图5-14所示，虚线代表电台1的发送范围，实线代表电台2的发送范围，两部电台都准备和电台3通信。电台1与电台2发送范围无法互相覆盖，即无法通过物理载波监听的方法，探测对方是否有发送数据，误以为信道空闲而同时发送，造成媒介接入冲突。

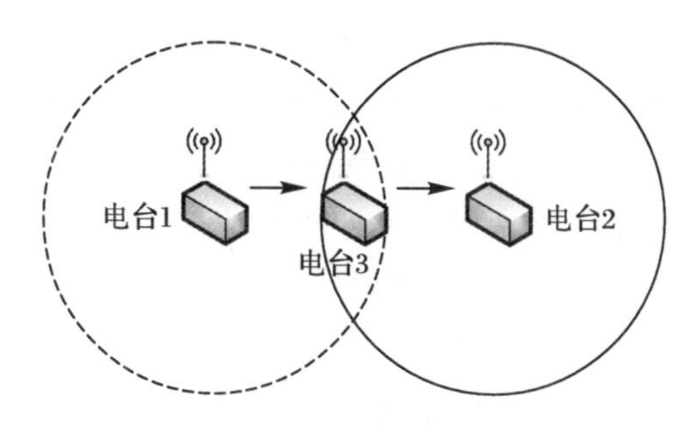

图5-14　隐藏终端问题

隐藏终端问题可以分为隐发送终端和隐接收终端两种情形。在单信道条件下，隐发送终端可以通过在发送数据报文前的控制报文握手来解决，如RTS/CTS机制。RTS(Request to Send，请求发送)/CTS(Clear to Send，清除发送)机制是对CSMA的一种改进，其基本思想是在数据传输之前，先通过RTS/CTS握手的方式与接收方达成对数据传输的认可，同时又可以通知发送方和接收方的邻居节点即将开始的传输。邻居节点在收到RTS/CTS后，在以后的一段时间内抑制自己的传输，从而避免了对即将进行的数据传输造成碰撞。

暴露终端问题源于监听到的信道忙不是真的忙，使得本来可以传输的机会没有传输，导致信道的浪费。如图5-15所示，虚线代表电台1的发送范围，实线代表电台2的发送范围。图中电台4处于电台1的覆盖范围内，而不在电台2的覆盖范围内。电台3处于电台2的覆盖范围，而不在电台1的覆盖范围内。换言之，电台4只能接收到电台1的数据，电台3也只能接收到电台2的数据。当电台1与电台2同时发送时，各自的接收方电台4或者电台3处均不会发生冲突，故可以同时传输。但由于CSMA/CA的工作机制，造成电台1与电台2无法同时传输。

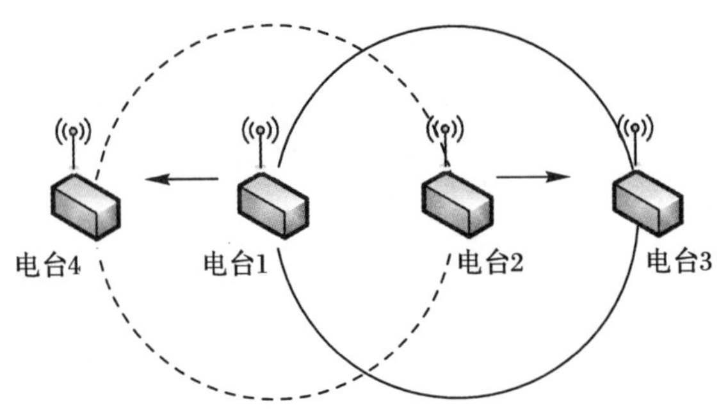

图 5-15　暴露终端问题

暴露终端问题包括暴露发送终端和暴露接收终端两种情形。在单信道条件下，暴露接收终端问题是无法解决的，因为所有发送给暴露接收终端的报文都会产生冲突；暴露发送终端问题也无法解决，因为暴露发送终端无法与目的节点成功握手。

“隐藏终端”和“暴露终端”的存在，会造成短波自组织网络时隙资源的无序争用和浪费，增加数据碰撞的概率，严重影响网络的吞吐量、容量和数据传输时延。所以，总体来说，竞争协议在轻传输载荷条件下运行良好，但随着传输载荷的增大，碰撞次数增多，性能下降。

分配类媒介接入控制协议使用同步通信模式，每部电台在其特定的时隙(一个或多个)内访问信道。时隙可以静态分配，也可以动态分配。显然，分配协议不会发生碰撞，吞吐量较大，不会出现饥饿节点问题(个别节点在竞争协议下可能一直无法接入信道)，但也存在同步建立和分配成本较高的问题。混合协议是多种协议的组合。例如，若分配协议中有多个时隙待分配，则通过 CSMA/CA 竞争获得时隙。

5.4.2.2　路由协议

由于单部电台通信距离的限制，自组织网络中的数据传输一般要经过多个节点的中继转发才能到达目的节点，因此如何迅速准确地选择到达目的节点的路由(即中继转发路径)就成了自组织网络一个重要和核心的问题，它既是信息传输的策略问题，也涉及网络的管理问题。路由协议主要解决源节点到目的节点的传输路径选择问题，也是一个复杂的问题。这是因为，在自组织网络中，由于节点移动、链路状态和耗能等因素的影响，整个网络的拓扑结构在不断地变化着，路由协议必须能够适应这种动态变化的场景。

选择路由的方法称为路由算法。路由类型有很多种，自组织网通常采用分布式路由和分层路由，下面就这两种方法及有关的准则做简要的介绍。

分布式路由算法是由网中节点各自进行计算的一种路由算法，即网中每一个节点都按照规则各自做出判决：由它发出的或由它转接的业务信息，要到达目的节点，应通过哪一个邻节点进行转发。接着它就把此信息发往这个邻节点，并由该邻节点用同样方法进行处理。如此转接下去，直到该信息到达目的节点。为此，每一个节点都要把它通向网中所有节点的路由信息(如距离、延时和需要经过的邻节点等)制成路由表，作为路由选择的依据。这种路由表随自组织分组在各个节点之间不断地相互交换，每个节点都可由此而获悉网中所有节点的路由信息。

分层路由算法通常与分群结构的网络相适应。当网络规模较大且节点数目多时，若采用分布式路由算法，则每个节点为计算路由和修正路由所需的开销和计算量都很大，因而会使路由算法适应不了网络结构的变化速度或降低网络的通过率，这时以采用分层路由为宜。

分层路由由两部分组成,即群内路由和群间路由。因为子群是单跳网,故在子群内部任何节点之间通信不存在路由选择问题(知道子群中有哪些节点即可)。至于群间路由,可采用不同的方法进行处理,一种是由群首为其所属节点计算路由,并通过骨干网把该信息引导到目的子群的目的节点;另一种是各个群首只负责群间路由信息的传输和交换,并将获得的路由信息向其群内所属节点进行广播,然后由各个节点各自计算它通往其它子网中任一节点的路由(不需经过群首)。分层路由中的群首能起到路由控制器的作用,有利于简化群间路由的信息探测,因而能加快路由计算。

路由算法遵循的准则很多,主要有路径长度、延时等。

最短路由准则是把传输跳数最少作为路由选择的标准。为此,各个节点都把它通往其它节点所经的跳数制成路由表,称之为层表。层表根据跳数分层,比如节点 j 距节点 i 为一跳,则节点 j 在节点 i 的第一层,节点 k 距节点 i 为二跳,则节点 k 在节点 i 的第二层,依此类推。根据层表,节点 i 很容易找到它通向任一目的节点的最短路径及第一个转发节点。当同时出现多条相同的最短路径时,若上次传输所用的最短路径仍在其中,则保持原来的路由不变,否则就选用第一转发节点编号最小的路径为新路由。

最小延时路由准则是以传输延时最小为标准来确定它向目的节点发送或转发其分组的路由。各个节点都要建立自己的路由表,并周期地进行修正,向其它节点广播。此路由表包含两项基本内容:本节点到达任一目的节点的延时估值和最小延时准则下通向任一目的节点的下一个转发节点。

最小延时路由和最短路径路由虽然在形式上有相似之处,但实质上有差异,最短路径路由并不等于最小延时路由。因为延时不仅与跳数有关,而且与网络的业务负荷和业务量在节点与链路上的分布有关(比如在不同时间内,在不同转发节点中排队等待转发的分组数不同,会使不同节点在不同时间的转发延时也不同)。两者相比,支持最短路由准则的算法比较简单,而支持最小延时准则的路由算法符合网络的实际状态。

一种基础性的简单的路由准则是泛洪(flooding)。每个节点在收到一个业务分组时,只要这个分组不是发给它自己的,而且它未曾转发过,它就立即向相邻节点进行转发。显然,这种路由准则不需要探测路由信息,不管网络处于什么状态,都可使分组像洪水泛滥一样迅速地传遍网中的所有节点,其中也包括需要接收该分组的目的节点。支持泛洪准则的路由算法虽然最简单,但它却有致命的缺点,即无效转发过多,很容易使网络发生阻塞。但该准则有它的应用场合,例如,在网络结构发生快速变化使路由算法无法适应时,或在网络结构遭受严重破坏使路由信息发生混乱时,或当指挥员要把紧急指令发送至某一个节点而该节点去向不明时,都可把泛洪路由准则作为一种应急手段或者辅助手段使用。

为了改善泛洪路由的性能,人们曾对它做过一些改进,如提出了搜索-维持的泛洪路由准则等。当网络结构极度混乱时,为了优先传输某个特定节点的重要信息,即可以采用搜索-维持的泛洪路由准则。此时,发送节点以泛洪方式广播一种较短而优先等级较高的探询信息,以寻找通往目的节点的路由。一旦找到了一条可通路由,就一直连续占用,直到该路由中断或质量下降到不能再用,再重新广播这种探询信息,以寻找通往该目的节点的新路由。

在节点间歇性运动和由于干扰而使链路时好时坏的情况下,各个节点是否有足够的时间来积累路由信息和进行路由计算是难以确定的。采用最短路径路由(或最小延时路由)和泛洪路由相结合的办法，更具有适应能力。其做法是：当网络结构处于相对稳定期间时，使用最短路径路由算法(或最小延时路由算法)；而当网络结构出现短暂的剧烈变化时，就转用搜索-维持方式的泛洪路由。当然，后者通常只能保证重要(优先级高)的信息进行传输，这在战争环境中是非常有用的。

5.4.2.3 服务质量保证

短波自组织网络是一个业务承载网，多媒体业务对网络的带宽、时延、时延抖动等都提出了很高的要求，这就需要网络必须为这些业务的传输提供一定的服务质量(Quality of Service, QoS)保证。另一方面，短波自组织网络继承了短波通信信道资源少、干扰来源多的特点，这为QoS保障提出严峻的挑战。

QoS是网络提供给用户的服务的性能等级，由一组可测量的、预先说明的服务要求(例如最小带宽、最大时延、最大时延抖动、最大分组丢失率等)来表述，可理解为网络向用户提供的业务传输期间的服务保证。

本质上，QoS问题源于用于具体业务(流)的网络资源受限问题。因此，按照具体业务的QoS要求，在从源节点到目的节点的传输路径上所有中间节点预留资源是基本的做法。资源预留机制大致包括硬状态和软状态两种。在硬状态资源预留机制中，沿着从源节点到目的节点的传输路径上的所有中间节点做出资源预留并长期有效。如果网络动态性导致传输路径中断，那么必须由预留释放机制直接释放所预留的资源。硬状态资源预留机制不仅产生了额外的控制开销，而且如果存在之前属于已不可达会晤的传输路径上的节点，那么有可能不能彻底释放所预留的资源。软状态资源预留机制能够解决这个问题，所作的预留只在短时间内有效。如果在预留定时结束之前接收到对应流的分组，则利用所收分组更新预留。

显然，资源预留的前提是路由选择。首先路由协议必须找出一条有足够资源满足应用要求的路径，然后资源建立协议才能够沿着这条路径开始逐跳地进行协商和资源预留建立。因此，很多QoS设计都涉及协议栈中的多个层次，需要跨层优化来实现。

5.4.2.4 网络体系结构

这里以抢险救灾指挥通信保障为例，说明基于弱自组织分群算法的短波自组织网络的架构设计。

抢险救灾指挥是具有一定等级层次的，抢险队伍在进入现场前的指挥结构是现成的，不需要临时组建。同时，短波电台绝大部分配属于各指挥部、各级分队指挥员，以分层分布的方式指挥着整个抢险队伍。这意味着当各部电台间的关系已经由它们用户的关系确定，即整个网络的控制结构已经形成，这时是不需要自组织的。

分层分布架构适合指挥等级式的特点，图5-16中给出了一个简单的短波应急指挥网架构，该网络由省级抢险救灾委员会、救灾指挥部和救灾分队三级单位组成。每一级中的电台之间的通信比较频繁，而且相距较近，使用地波传播方式，并由于地域分布和任务关系形成很多个群。每个群里有一个群首，负责群和群之间的通信。群首之间通信由于相隔较远可以使用天波传播方式。某一个群的电台也可以和另一个群的电台通信，不过要经过群首传递。群与群使用不同频率，这样可以防止互相干扰。不同等级间的通信和控制是由等级关系所决定的，是非自组织的。等级内部的分组是自组织的。

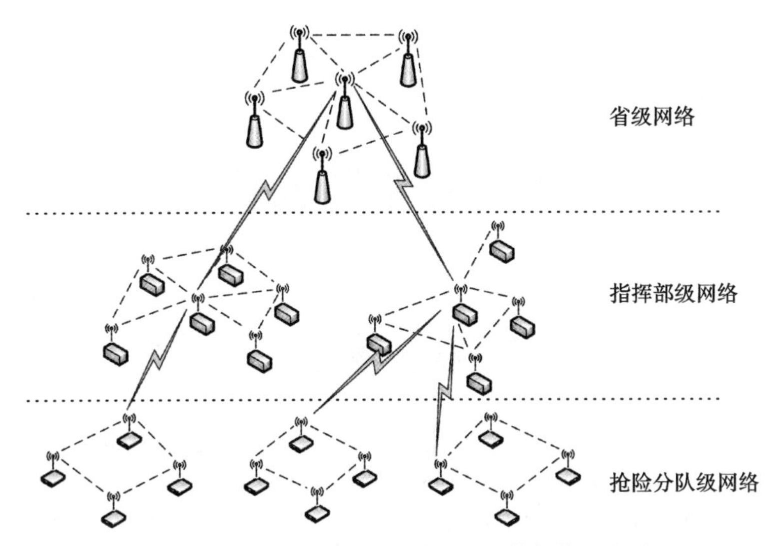

图 5-16　分层分布式短波自组织网络架构示意图

入网前对各节点及全网进行系统预置。通过系统预置，整个网络内所有节点开机前的身份都被定好，节点根据系统预先指定的身份进行初始化。例如，将一个抢险救灾委员会设为组首(或是群首)，其下属的指挥部设为该组(群)的成员，那么终端一开机(入网参数被设置)就可以马上入网，无需再等终端自行分组(群)，从而加快组网的速度。如果组首被毁坏的话自动转入自组织分群方式进行自动移动组网。

考虑到预设组首的用户必然是抢险队伍中级别较高的指挥人员，弱自组织分群算法中规定，凡是系统预设的群首，在任何时候，其身份是不变的。在开机后，它们将按照预先设定的工作模式以较短的时间间隔定期广播自己收集的拓扑信息自组织包(Self-Organizing Packet, SOP)，以方便其成员迅速收到并加入网络。而只有在系统预置为普通成员的节点无法与预设的本组内的任何群首取得联系(即其邻节点中无预设群首)时，才启动自组织分群算法进行分群。通过自组织产生的组首一旦发现自己的邻节点中出现预设群首时，将自动放弃群首的身份成为普通成员加入新出现的预设群首所在的群(自组织群首开机前身份为成员，其用户级别低于预设群首)。而当两个自组织群首相遇时，网络地址较大的节点自动放弃群首的身份。采用了上述改进的自组织分群算法后，在划分好的网络结构中可能出现预设群首互为邻节点的情况，即预设群首与自组织群首并存的网络结构。

习　题

1. 短波通信的基本组网形态有哪些？

2. 简述短波自适应编程组网的基本过程。

3. 短波跳频通信组网的基本方式有哪些？

4. 短波跳频参数一般包括哪些内容，基本含义是什么？

5. 自组网的基本含义是什么？短波通信自组网有哪些优势？

6. 结合课本实例，请独立完成一个不少于 3 个用户短波自适应组网编程规划，并写出详细的实现过程。

第 6 章　短波通信网运用

6.1　短波通信组网运用基本方法

短波通信存在信道质量差、传输带宽受限等明显不足，但也具有组网迅速灵活、抗摧毁能力强，可远距离提供话音、数据、传真和静态图像等业务的优势。根据担负的通信任务和实际需要，可按传统的点对点通信（专向通信）和网络通信（网路通信）方式进行组网运用（见第 5 章）；也可以利用转信、遥控等方式实现网系互联互通和功能扩展。短波通信多业务综合运用、分组无线网和短波战术互联网是无线电台通信组织运用的新形式，掌握其运用方法，是顺利完成通信任务的基础。

6.1.1　短波通信网组网方式

由于技术水平的限制，短波电台长期作为成对设备使用。进入 20 世纪 90 年代后，随着第三代自动链路建立（3G－ALE）技术、数据通信、抗干扰通信以及互联网通信技术的成熟应用，短波通信组网技术得到了长足发展，组网运用已经成为短波通信发展的必然趋势。

6.1.1.1　短波通信网络特点

传统短波通信一般采用点对点或一点对多点的通信方式，由于短波信道不稳定且存在通信“静区”，通信效果往往难以保证，采用组网方式可以提高短波通信网络性能。短波组网是克服短波信道衰落、提高抗干扰能力的有效手段。但不能简单地将其它网络的网络结构及技术直接用于短波通信，必须考虑短波通信网络的特性。与其它网络相比，短波通信网络具有以下特点。

（1）信道质量差。电离层变化、多径、干扰、传播损耗、噪声、衰落、频偏等多种因素都会引起短波信道变化，不利于信号传输；同时，短波频段拥挤、互扰严重，信道质量差。这些因素都导致短波通信网的路由建立和链路容量存在不稳定性。

（2）传输带宽有限。目前短波频段总带宽不到 30 MHz，与有线网络相比，短波通信网络的带宽较窄，可利用资源有限。此外，考虑到通信中存在信道竞争、碰撞等情况，实际可用带宽更为紧缺。

（3）网络广域性。由于电离层反射可以进行多次，因而短波天波传播距离很远，可达几百至上万千米，且不受地面障碍物阻挡。短波通信网络覆盖范围广，具有广域特点。广域性进一步约束了网络对有限传输带宽的空间再用。

（4）网络拓扑动态变化。在短波通信网络中，由于可移动站点的移动甚至丢失可造成网络拓扑的动态变化，再加上短波信道的因素，其通信链路随时可能发生变化，对应的网络拓扑也随之变化。

6.1.1.2 短波通信组网方式

随着通信技术的不断革新，为满足不同业务需求，短波通信网络的组网方式也在不断发展和融合，主要包括以下四种组网方式。

(1)固定频率通信网 。只在固定频率上进行组网通信的简单通信网，参考第 5 章内容。固定频率通信网通过事先约定、长期预报最佳或可用频率的方法建立，基本上是传统意义上单一中心节点的广播型通信网。受时变信道影响，该通信网通信稳定性差，也没有良好的抗干扰能力，使用范围正在逐渐缩小。

(2)频率自适应通信网。该通信网系统自行适应通信条件的变化和抵御人为干扰，在预先设置频点中，进行链路质量分析，探测和选择可用频率，从而建立起短波通信。频率自适应通信网具有成熟的通信链路、组网和系统设备，先后经历了短波频率管理、2G - ALE 和 3G - ALE 三个发展阶段。与 2G - ALE 相比，3G - ALE 采用 OSI 七层结构模型，可支持 Internet协议及应用。频率自适应通信可以提高短波通信质量，受到人们的广泛喜爱，世界各国都有应用。

(3)短波跳频通信网。该通信网采用跳频技术，使通信信号的频率在一定带宽内快速随机跳变，只要对方不清楚载频跳变的规律，就很难截获我方的通信内容，确保了通信的秘密性和抗干扰性。跳频通信是扩频通信的一种，跳频频率驻留时间短，可以改善多径效应和严重衰落对通信质量的影响。根据同步方式可以分为同步通信网和异步通信网，根据跳频图案又可分为正交和非正交两种。短波跳频通信网在海湾战争中的优异表现引起了各国的高度重视，已经在当前军事通信中占有很重要的位置。

(4)短波 IP 通信网。短波 IP 通信网络是在 IP 协议框架下，建立多种通信手段互联互通的综合网络，在实现信息共享的同时有效提升网络的覆盖范围及抗毁能力。由于短波通信自身特点，不能将有线网或其它频段的无线网的网络结构及技术简单照搬到短波 IP 通信网络，需要构建界限分明的短波 IP 路由器以及与 IP 协议的接口。实现短波信道的 IP 业务数据传输，对未来军事通信具有重要意义。近年来，外军短波通信主要朝着网络一体化的方向发展，通过构建短波 IP 通信网实现与 Internet 及卫星网络的互联互通，组成信道多元、业务综合的联合高频广域网。北约在 21 世纪初开始对短波 IP 通信网进行了大量研究，并在多次军演中设置“联合高频广域网”场景。目前，应用于短波 IP 通信网络的很多技术尚不成熟，需要在发展中不断探索。

6.1.2 短波通信网转信

无线电台转信是通信双方通过其它电台收转信息而达成通信的方法。主要在气候和地形对通信影响较大、通信距离过远、遭受强干扰等原因造成联络困难的情况下采用。无线电台转信，按转信的实施方法可分为专台(站)转信和相互转信；按技术实现方法可分为自动转信和人工转信；随着技术的发展进步，融合各种手段的综合多手段转信平台也已经实现。

专台转信是通信双方通过专设转信台收转信息，分为机动转信台转信和固定转信台转信。

相互转信即使用现有网路(专向)的电台兼负转信任务，分为同网转信和异网(专向)转信。同网转信由网内各台之间达成，异网(专向)转信一般通过各网(专向)主台达成。

6.1.2.1　无线电台自动转信

自动转信就是为不能实现直接通信的通信双方提供转信通路。自动转信运用的时机和场合：操作人员少或人员不易滞留的地方；受山(林)阻挡，通信困难时；适用于通信距离较远时的通信保障。

6.1.2.2　无线电台人工转信

使用多波段电台、协同通信电台、网关电台或转接控制器等设备可以实现异频电台、异频网络之间的转信。

(1)多波段电台实现转信。多波段电台可以在中长波、短波、超短波等不同波段工作，通过不同时段分别与需转信电台联络，从而实现异频电台之间的转信。多波段电台转信示意图如图 6-1 所示。

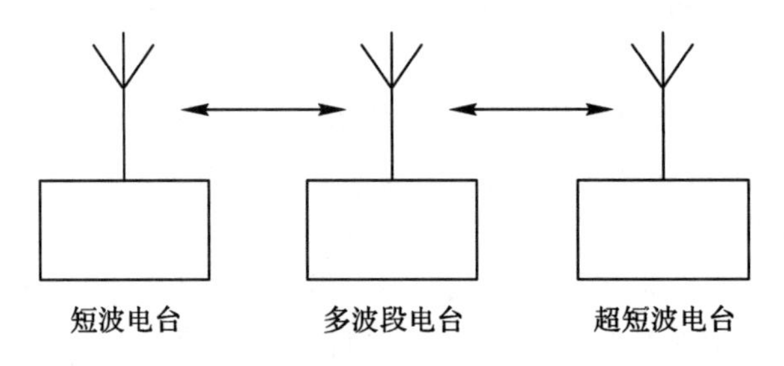

图 6-1　多波段电台转信示意图

(2)异频异网转信。通过参数设置，多波段电台能加入多个不同频段的短波电台和超短波电台通信网，完成异频网络之间的通信。异频网络之间的转信示意图如图 6-2 所示。

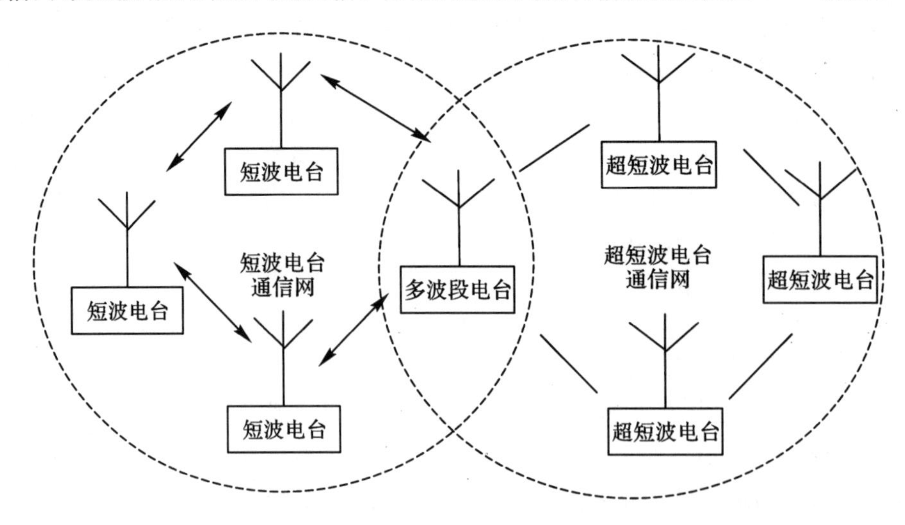

图 6-2　异频网络之间转信

(3)转接控制器实现转信。无线电台转接控制器设有短波电台和超短波电台音频接口，将短波电台和超短波电台与转接控制器连接，可以方便实现异频网络之间的话音通信。转接控制器转信示意图如图 6-3 所示。

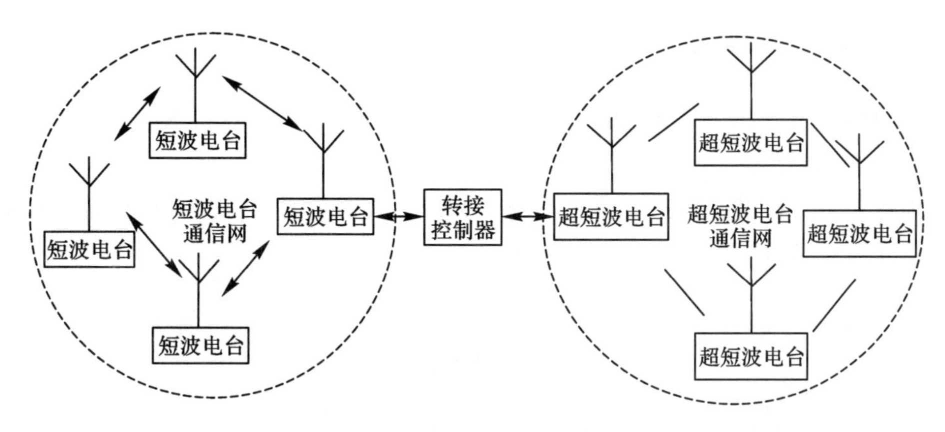

图 6-3　转接控制器转信

6.1.2.3　综合转信

在不改变现有装备的情况下，有学者设计了具有多种通信设备间相互转信功能的综合转信平台，该平台的功能原理框图如图 6-4 所示。综合转信平台采用模块化设计方案，以多信道无线智能控制模块为核心，内置多信道收发信模块、主处理机控制模块和几种自适应通信协议多接口交换接口电路、电源保护模块等，有效地将超短波、短波、移动电话、有线电话、卫星电话、北斗定位仪及计算机数据传输系统进行简便灵活的多模式互联、转接和控制。

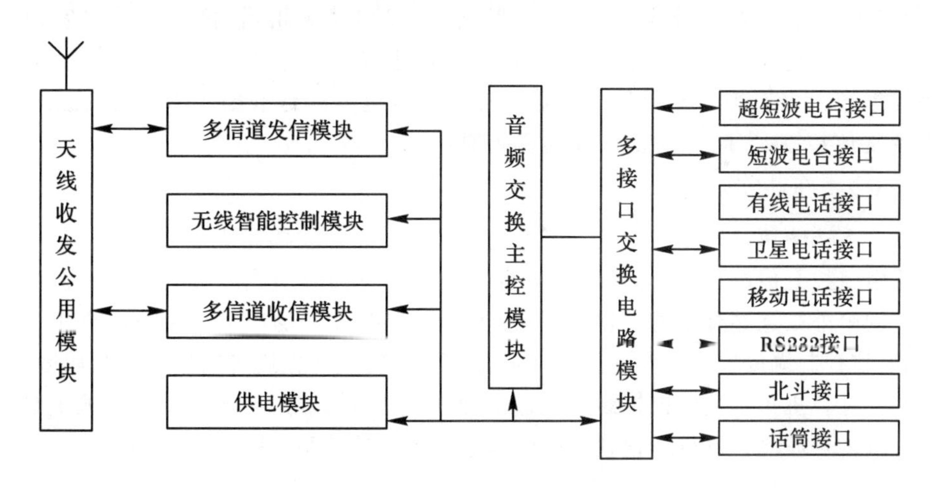

图 6-4　综合转信功能原理框图

综合转信平台的基本功能如下。

(1)超短波电台转信功能：超短波电台(车载台/手持台/基地超短波电台等)之间相互转信。

(2)短波与超短波电台转信功能：短波(单边带电台)与超短波电台之间相互转信。

(3)有/无线转接功能：短波或超短波电台与有线公网电话拨号之间的互联。

(4)超短波电台与移动电话或卫星电话转接功能：超短波或短波电台与移动蜂窝网终端之间互联。

(5)超短波电台与卫星移动终端(如海事卫星、天通一号卫星电话)互联功能。

6.1.3 短波通信网遥控

利用短波遥控设备可实现短波电台之间和短波通信网的远程遥控通信。

6.1.3.1 遥控方式

短波遥控是指利用遥控设备,通过有线或无线方式对短波发信机实施的远距离发信控制。短波遥控示意图如图 6-5 所示。

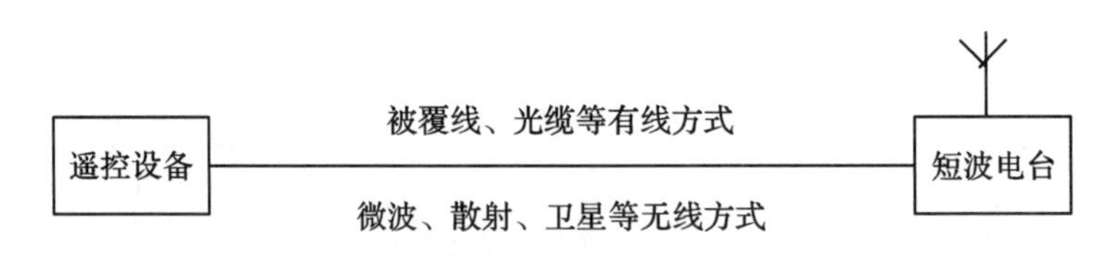

图 6-5 短波遥控示意图

短波远端遥控主要是为了满足短波电台应用中人机交互部分与电台及天线部分分离使用的需求,解决主控室与电台台站不在同一地点、天线架设地点与主控室距离超过天线馈线规定的最大长度和紧急状态下保证主控室或指挥人员安全等现实问题,一般短波远程遥控系统可以通过 IP 网络/光纤线路将短波电台操控部分与短波电台进行远程连接。短波远端遥控用于对电台远程实现开机、关机、更换信道、更改频率、显示信道的频率数值、显示和更改工作模式、显示电台电压、驻波比、发射功率指示、接收信号强度指示等电台的各种工作状态信息,同时可实现选择呼叫、自适应、自主选频、自动控制等功能。短波远程遥控系统大多兼容外扩数传设备远端连接短波电台进行数据传输;支持远程开关机、远程设备复位控制、定时自动复位和远程视频监控。

6.1.3.2 遥控实例

某型自主选频短波远端遥控设备可通过 IP 网络/光纤连接完成短波远程遥控功能。该系统主要由遥控受控端、控制端和短波电台操控软件三部分组成。短波电台主机及天线架设到空旷的野外或远端合适的工作地点,短波远端遥控设备受控端与短波电台主机有线相连,远端遥控控制端放置在工作地点两端通过 IP 网络/光纤连接传输短波电台收发数据,短波电台操控计算机与远端遥控控制端通过 IP 网络连接,操作人员通过操作短波电台操控计算机对远端的短波电台进行远程各项操作。其基本连接关系如图 6-6 所示。

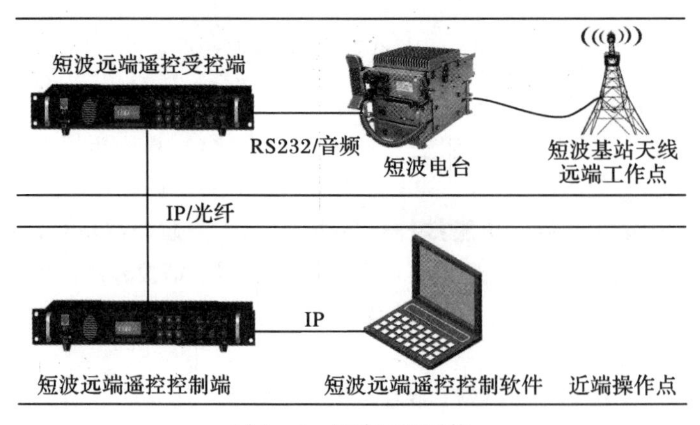

图 6-6 短波远程遥控

6.2　短波通信业务综合实现

随着短波数据通信、抗干扰通信技术以及互联网技术的发展成熟，有/无线融合组网已经成为信息通信业务实现的主要手段，短波通信与其它网系互联互通可实现话音、短信、电子邮件、文件传输等多种业务，应用于政府、军事、外交、航海等领域。

6.2.1　短波通信网与其它通信网互联互通

随着信息通信保障对通信及时性、可靠性以及对多业务需求的不断提高，多种通信手段综合组网、综合运用已成为现代通信保障的基本思想。近年来，在高新技术的支持下，短波通信网与其它通信网系的互联互通设备得到迅速发展，出现了短波通信网与超短波通信网、移动通信网以及有线通信网综合组网等多种方式，使短波通信的组网更灵活，业务实现更容易。这不仅使多种通信手段的优势得到更好的发挥，而且满足了各网系用户互相联系、互通信息的需求，对通信保障发挥着重要作用。

6.2.1.1　短波通信网与超短波通信网的互联互通

超短波通信网（超短波频段 30～300 MHz）通信比较稳定，用户设备轻便，便于在运动中通信，特别适合指挥与调度通信。但它存在通信距离近，受地形影响大的弱点。将短波通信网与超短波通信网综合组网，实现两网用户的互联互通，对于远距离通信保障和协同通信作用突出。通常连接的方法有两种：一种是短波电台用于延伸超短波通信网的通信距离，如图 6-7(a)所示。该方法可以用于保障超短波用户的超远距离通信。其通信过程是：手持机发

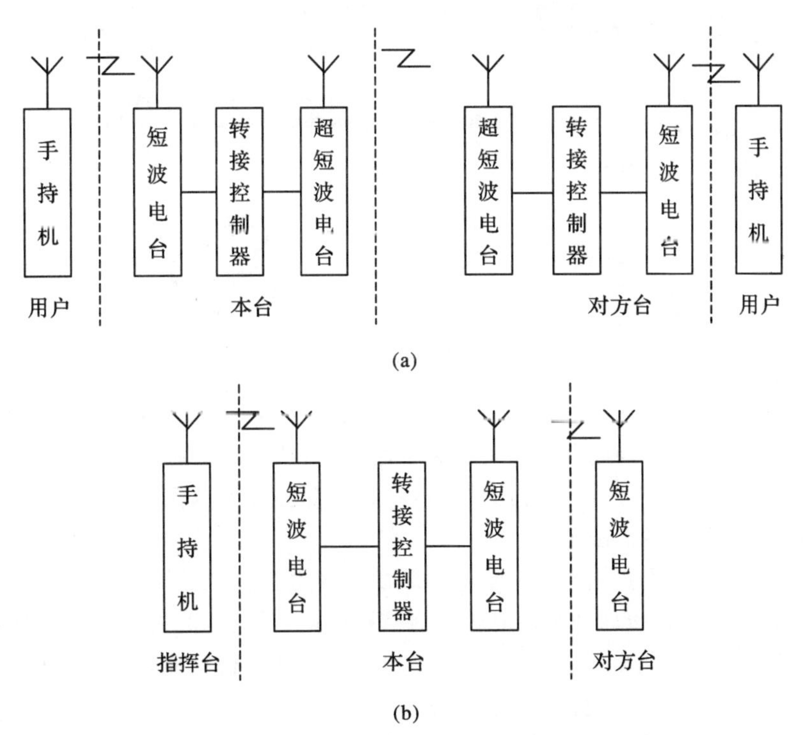

图 6-7　短波通信网与超短波通信网的互联互通运用

射的信号被超短波电台接收并解调后，由转接控制器送至本地短波电台后，由短波电台通过短波信道进行传输，经远程台接收后，将解调后的信号送至转接控制器，由转接控制器送至超短波电台，最后再由超短波电台经超短波信道传送到远程手持机用户。另一种方法是超短波电台用户通过转接控制器与短波电台连接，实现两网用户的互通，如图 6－7(b)所示。

其通信过程是：手持机发射的信号被超短波电台接收并解调后，由转接控制器送至本地短波电台后，通过短波信道进行传输，实现指挥员与短波电台用户的通信。

短波通信网与超短波通信网互连互通运用的时机通常有以下几种：一是当长途有线线路损坏或建立比较缓慢时，可建立此网，达成远程通信；二是当情况紧急，需要实施越级联络或越级上报时，利用该方式可减少信息传递时间；三是当通信距离过远，无法与友邻单位实现协同时，可通过超短波电台延伸通信距离，使其达成通信联络。

6.2.1.2　短波通信网与公用电话网互连互通

短波通信网与公用电话网组网，实现两网用户的互联互通，可以保障运动状态下短波电台与电话网固定用户之间的通信。其具体运用方法是，短波电台通过转接控制设备，接入交换机的用户接口，实现与公用电话网电话用户的互联互通，如图 6－8 所示。其通信过程是，公共电话网内的信息通过车载台的有线口送至转接控制器，经该转接器转接后，送至短波电台的音频口，由电台调制之后，进行短波发送，远程的短波电台接收并将信息解调后，送至电台话筒。

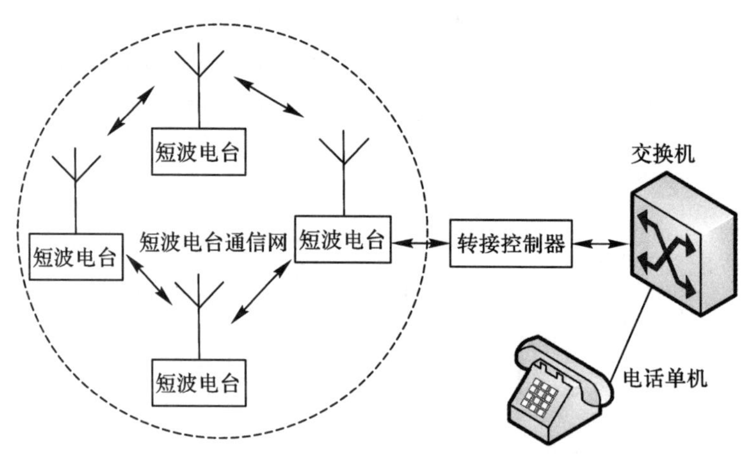

图 6－8　短波通信网与公用电话网互联

短波通信网与电话网互联互通运用时机通常有以下几种：一是有线联络中断或应急通信保障过程来不及架设有线电路或受地形影响难以架设时；二是通信距离远，无法架设有线或有线电路遭到损坏时；三是应急通信保障过程，因时间紧、保障现场情况复杂，无法架设有线时；四是需应急、备用通信链路时。

两网互联互通运用时应注意以下问题：一是由于该功能在远距离上只能提供一个信道，因此，要严格控制用户权限，以保证关键时刻的通信顺畅；二是电台值机员要严密监视设备的工作状态，以随时满足重要用户的通信要求；三是由于该短波电台只能提供单工信道，用户通话时应等对方说完后再讲话，以免丢失话音信息。

另外，通过转接控制器不但可以使得短波通信网与公用电话网相连，也可以转接控制器与超短波通信网相连，其连接方式如图 6－9 所示。

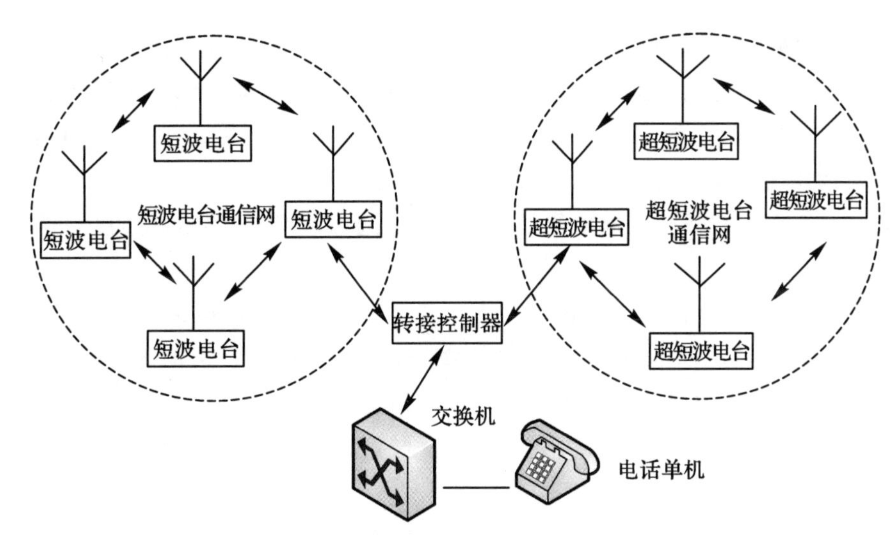

图 6-9　短波通信网与公用电话网及超短波通信网互联

6.2.1.3　与移动通信网互联互通

通过短波转接控制器可使无线短波通信网中的无线用户与集群移动用户进行通信，无线电台车通信网与移动通信网互联互通示意图如图 6-10 所示。

移动通信网用户呼叫短波通信网用户时，首先建立移动通信网用户与短波双工电台的无线通信，再经转接控制器设置，将接收到的信号经车上短波电台接入短波信道，实现短波通信网中用户与移动通信网用户的互通。

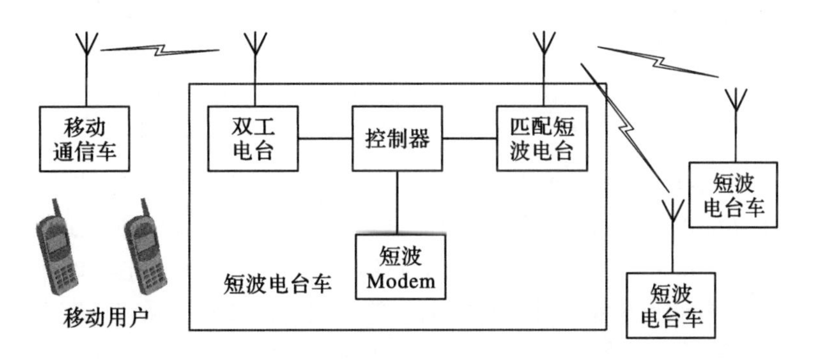

图 6-10　短波通信网与移动通信网互通示意图

6.2.1.4　短波/超短波通信网络与卫星通信网互联

实现短波通信网、超短波通信网和卫星通信网“三网合一”的关键技术之一是三网之间需要一个专用的有线/无线适配器来完成语音信号的转接和延长，既要能接入卫星的双音多频信号，又要能直接自动触发短波电台的 PTT 信号。超短波网络和卫星通信网络都使用拨号方式进行通信，而建立连接后的语音信号也都为双音多频信号，使得这两种网络的互联在二次拨号的情况下成为可能。超短波和短波网络都属于需要触发 PTT 才能通信的网络，这说明在同一个电平可以同时触发两种电台的 PTT 的前提下，这两种电台也可以实现互联互通。利用有/无线转接控制器根据不同设备的语音电平(超短波电台和卫星的语音电平)以及 PTT 电平(短波电台和超短波电台的 PTT 电平),做相应的接口电路用以接收和发送双方的 PTT 信号及语音信号,启动语音通路并顺利通话,做到不同的无线通信网之间的自动互联互通。其工作原理如图6－11所示,图中系统内通信车是实现三网合一的关键,配备适配器,适配器的作用与有线网络中的路由器类似,都是在不同的网络之间通过寻址识别来建立通信路径,所不同的是适配器连接的是不同的无线通信网络,而路由器连接的是有线通信网络。

当系统内某超短波电台用户欲联系系统外某卫星电话用户或电话用户时,首先通过无线拨号拨通通信车上的超短波电台,听到二次拨号音后继续拨打所需的卫星电话,接通后即可。适配器通过有线方式识别本端超短波电台的语音信号来返回二次拨号音,并自动将语音信号转到本地的卫星电话上,因此用户二次拨号时已经是由本端卫星电话向对端卫星电话的直接拨号。

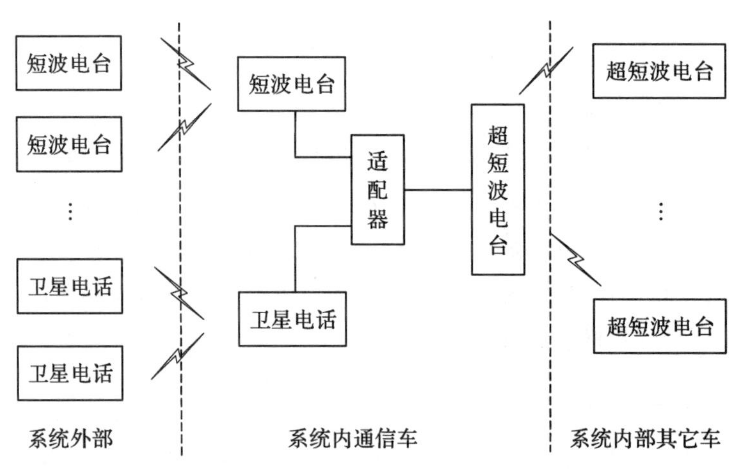

图 6－11　短波/超短波通信网络与卫星通信网互联原理图

同样,当系统内的超短波电台用户欲联系系统外某短波电台用户时,首先通过无线拨号拨通通信车上的超短波电台,接通后即可向对端短波电台直接喊话。在此过程中,适配器通过有线方式来识别本端超短波电台的语音信号并自动触发本地短波电台的 PTT,用户的直接喊话已经是由本端短波电台向对端短波电台的直接短波通信。反之,当有外部信息需要与本系统通信时,其下行通信的通信路由与上行通信原理相同,不同的是主叫与被叫的关系。

6.2.1.5　短波通信网与 Internet 互联

短波接入 Internet 的结构如图 6－12 所示。首先,将 TCP 作为传输层的协议,其上的应用层与各 TCP/IP 终端保持一致。当在短波子网内部进行数据传输时,可以直接采用 AME 这一短波子网的网络层协议,而不须经过 TCP 和 IP,以减小其报头开销。其次,由于短波子网须通过以太网接入 Internet,因此,该协议包含了 IEEE 802 协议与子网的互联。HFDLP 和数据 Modem 的主要任务是保证数据传输的可靠性,ALE 和 ALE Modem 则保障建立无线链路。

<table>
<tr><td rowspan="3">传输层</td><td colspan="3">应用层</td></tr>
<tr><td colspan="3">TCP</td></tr>
<tr><td colspan="3">IP</td></tr>
<tr><td>网络层</td><td colspan="2">AME</td><td></td></tr>
<tr><td>数据链路层</td><td>HFDLP</td><td>ALE</td><td>IEEE 802.2</td></tr>
<tr><td>物理层</td><td>数据
Modem</td><td>ALE
Modem</td><td>IEEE 802.3
(CSMA/CD)</td></tr>
</table>

图 6－12　短波接入 Internet 协议结构

在短波通信系统中，采用一种可变长度数据包，提高传输的有效性。在报文传送过程中，采用“选择重发 SW－ARQ”模式来同时发送多个数据包，减少协议的空闲时间。在传输层中，采用 IP 报文代理协议，克服误码率高、时延大等缺点。短波网络与 Internet 网络互联的协议模型如图 6－13 所示。

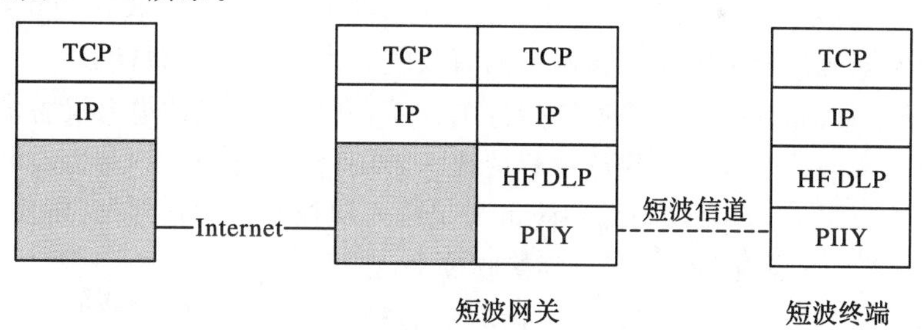

图 6－13　短波网络与 Internet 互联协议模型

(1)可变长数据帧封装格式。可变长数据包的封装格式如图 6－14 所示。报头包括 2 个字节的数据包序号和 2 个字节的当前数据包长度。报尾包括 32 b 的 CRC 校验。数据包长度项指定当前数据包的长度，而在定长 LLC 层数据包中并不包含此项。

数据包序号(2 字节)	数据包长度(2 字节)	上层数据包	32 b CRC

图 6－14　可变长数据帧封装格式

(2)选择重发 SW－ARQ 方式。选择重发 SW－ARQ 的数据包包含多个 LLC 数据包，可以封装成一个上层报文。发送报文的过程：先按 LLC 报文格式将一帧上层数据包封装成多个 LLC 数据包，在发送时采用多个 LLC 数据包一起发送，接收端在收到全部报文后，若接收报文中包含出错，则将出错 LLC 报文的序号返回发送端，发送端重发出错的 LLC 报文及出错数据包，直至所有数据包都正确接收为止。

(3)传输层协议选择。为了提高协议的有效吞吐率，在传输层采用改进的 HF－TCP 协议。在接入系统中，HF－TCP 协议主要用于短波网关中。HF－TCP 协议主要采用分割连接协议，在短波网关处增加一个报文代理模块，将固定主机与短波终端之间的连接分割成两个独立的连接，即固定主机与短波网关之间的有线 TCP 连接、短波网关与短波终端之间的无线 TCP 连接。具体而言，即在 TCP 协议上增加选择性 ACK(Acknowledge)和采用适合于短波信道的链路层重传协议，从而提高系统性能。在短波网关处，采用两个分离 TCP 连接传递指针指向同一个缓存的方法，可以避免对同一份报文的复制，以减小短波网关缓存区的占用。这种分割的主要优点在于，将 TCP 发送端与无线信道传输差错相互隔离，而短波网关可以针对短波信道差错采取重传技术,从而提高系统的传输率。

在分割连接协议中,TCP 发送端可能在接收端收到数据包前就收到该数据包的确认信号。每个数据包都必须在短波网关处进行两次 TCP 协议处理,同时短波网关必须记忆双向 TCP 连接的状态。因此,这种报文代理协议对短波网关的运算能力要求较高。

6.2.2 短波通信综合业务网络实现

6.2.1.1 短波通信业务综合实现关键技术

从各国短波通信组网实践可知,采用各种短波通信组网技术,进行有/无线综合组网,可以较好地解决短波通信业务综合实现等问题。在这当中,如何综合利用短波通信组网技术是关键。

(1)短波快速建链技术。传统的短波二代、三代自适应通信方式主要用于电台之间点对点的预设频率选择,由于采用了异步扫描和呼叫方式,扫描呼叫时间长(一般 8 个频率情况下,呼叫时间典型值为 200 s 左右),在遇到信道较差的情况下,甚至长达 500 s 而新一代短波快速建链技术则充分利用短波综合网络的短波基站内的设备资源优势,一方面可采用建立在自动信标扫描机制基础上的快速同步探测技术,利用短波基站电台设备的并行发送和并行接收的方式实现快速选频和建链过程的统一,可将短波电台用户与短波基站之间的建链时间控制在 60 s 之内,满足实时选频建链与快速入网控制的用户预期,解决建链慢、入网难的问题;另一方面可采用广域空间分集接收技术,亦可满足要求。

(2)综合业务适配技术。短波综合组网通信的实质是通过短波网络与有线网络的有机融合,实现固定网络业务向短波用户的延伸。由于各种业务所需信道带宽、信道质量和协议标准的不同,需要研制短波网络与有线网络各种类型业务之间的适配与转换设备。该技术可将短波用户在网络上适配为有线侧用户,并对话音、短信、电子邮件、文件传输等多种业务进行信令流与媒体流的适配处理工作,简化了设备种类,还可为后续网络发展和业务扩展预留资源。

(3)多维组网控制技术。短波综合组网通信的最大优势是可以综合运用上述单一技术,从空域、时域和频域等不同维度,采用不同策略,实现短波通信网络的智能组网控制,能够较好解决长期困扰短波通信的上述问题。通过空域、时域相结合解决当前时段用户对基站的可通频率窗口的自动探测与评估。通过各基站对短波用户的可通频段内发送救助信息,协助短波用户自动选择高质量的救助信息、自动获得组网通信频率。通过智能选频机制,发挥综合组网的网络优势,采用长期预报、实时探测、频谱监测和经验频率积累等多种方式综合进行频率优选,网络采用短波频率优选专家系统通过对上述因素的综合分析和计算,智能优选出恰当的通信频率供各短波基站和短波用户使用。在网络运行过程中,各短波基站和短波用户可自动感知本地噪声与恶意干扰,并将短波用户、短波基站的通信情况集中到网络管理中心,供专家系统重新更新网络参数,有效对抗干扰。

6.2.1.2 短波通信业务综合实现

短波通信业务综合实现是利用多项组网技术,在短波固定台站和既设光缆网络的基础上,形成相互连接的短波接入节点,以有/无线手段互联,为短波机动用户提供无线接人和信息广播服务短波通信业务综合保障平台。其可通过与公用电话网、移动通信网、公用信息通信网(IP 网)等网络的有机融合，为短波用户提供保密话音、文本短信、电子邮件、寻呼和窄带 IP 连接等综合业务服务。

1. 基本体系结构

短波通信业务综合实现依托光纤网、公用信息通信网(IP 网)和公用电话网等基础设施，以短波固定或者机动台站为接入节点，综合接入有线和其它通信网，形成机动用户和固定台站有机融合的短波无线接入网络，为各级各类机动用户提供无线接入、信息传输和交换服务，实现数据电报的高效、无差错传递以及可靠的保密话通信。短波业务综合实现主要由公用信息通信网、网络管理系统、接入节点和机动用户组成，其作用在于对网内各要素进行统一协调管理并提供信息传输通道，为机动用户提供随遇接入服务。其基本原理结构如图 6－15所示。其中公用信息通信网是通过 2M 专线接续到短波台站，构成基础传输网络，用于传输业务和管理信息。网络管理系统位于网管中心，主要实现网络管理、频率管理、安全管理和密码管理等。

接入节点主要为网内各机动用户提供接入服务，可分为固定接入节点和机动接入节点两种。固定接入节点为保障区域内的机动用户提供接入服务，机动接入节点可作为固定接入节点的补充与备份，以提高网络机动抗毁能力。机动用户是短波业务综合通信保障对象，包括功率大小不同的短波用户。

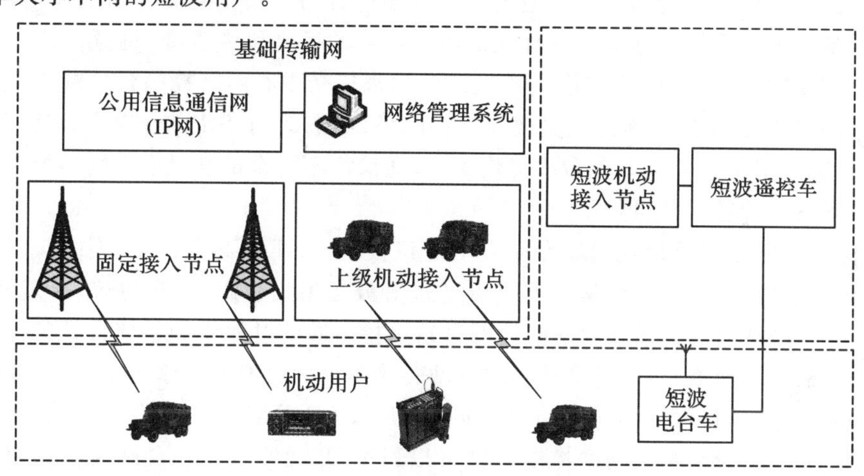

图 6－15　短波业务综合原理框图

2. 主要功能

短波综合业务网具有用户接入、数据通信、信息服务、管理控制和安全保密等多种功能。

(1)用户接入。短波业务综合可提供多址接入、单址接入、主动接入和被动接入等用户接入功能。其中，多址接入是短波机动电台用户向多个节点发出建链呼叫，电台用户选择信息质量最好的节点建链接入；单址接入是电台用户向单个节点发起呼叫，接入网络；主动接入是电台用户在需要时主动接入网络，申请转信、查询信息；被动接入是电台用户在接收到网络的广播呼叫后，接入到网络，提取报文信息。

(2)数据通信。网内各节点间、节点各单元间通过网络实现数字化联接，为数据信息处理提供有力的支持。

(3)信息服务。短波业务综合可提供指挥气象、水文、地理信息、授时、频率分发、取信通知和改频通知等各种信息服务。

(4)管理控制。短波业务综合可提供网络监控管理、报文管理、频率管理和值勤管理等功能。

6.2.3 短波通信网典型系统

为了彻底解决传统短波通信问题,20 世纪 90 年代末,随着短波数据通信、抗干扰通信技术以及互联网技术的发展成熟,短波通信组网技术重新被各国重视并应用于政府、军事、外交、航海等领域。

6.2.3.1 美国空军短波全球通信系统

美国空军短波全球通信系统(High Frequency Global Communications System, HFGCS)是高度自动化的短波通信系统,主要的使命是为作战飞机飞行中的指挥控制、国家指挥机构紧急作战命令发布、全球人道主义以及北约军事行动等提供短波通信手段。它采用有线地面支撑网络将全球 15 个短波台站连接起来,形成一个 IP 网络,使用经济方便的通信系统,系统能够支持地对空语音、数据通信。HFGCS 采用4 kW大功率地面短波台站,每个台站语音通信覆盖范围约为 3200 km,数据通信覆盖范围约为 4000 km。整个系统覆盖了欧洲、亚洲、北美洲、南美洲、澳大利亚、大西洋、印度洋和太平洋大部分国家和地区。HFGCS 现阶段采用中心控制方式运作,15 个地面短波台站中有两个属于互相备份的中心网络控制台站,分别部署在美国本土的安德鲁斯(Andrews)空军基地和格兰特福克斯(GrandForks)空军基地。采用中心控制工作模式,其它短波台站都接受中心网络控制台站的集中控制,部署在中心网络控制台站的地面网关实现与其它网络(如电话网、SIPRNET、NIPRNET)的互联互通。未来,HFGCS 会采取分布式工作模式,通信将不再全部通过中心网络控制台站。

HFGCS 的主要技术特点如下。

(1)应用 IP 路由以及最佳短波台站自动定位技术。HFGCS 采用 IP 网络技术,将全球所有短波台站连接起来,短波台站之间可以通过短波信道质量跟踪 IP 协议,实现短波信道信息的交互比较,从而实现最佳频率和地面台站选择。通信过程中到最佳台站的路由、台站间切换、语音的自动探测、与有线电话间的自动转接等全部由地面支撑网络自动完成。

(2)短波台站控制信令和通信数据 IP 承载。HFGCS 采用中心控制方式运作,控制中心位于美军本土空军基地,中心网络控制台站可以通过 IP 网络对其它台站实施远程控制,按照需要进行动态配置以及调度,将不同短波台站的收信台、发信台组合起来,形成最佳组合。通信中的音频信息和短波台站控制数据采用 AoIP(音频 IP 承载)传输。AoIP 技术是通过 RTP 协议传输音频以及控制数据的技术标准。短波台站收发信台远程调度具体采用分离式控制技术,中心网络控制台站通过 IP 网络,控制数据传输采用串口控制 IP 承载技术(SCoIP),对其它短波台站进行远程控制。

(3)使用短波无线 IP 协议。HFGCS 是一个全 IP 化的网络,除了地面支撑网采用 IP 网络技术、短波台站间连接采用 IP 技术,在空中接口也采用了 IP 技术(IP over HF),实现空中移动平台的地址动态分配和移动 IP 路由管理。HFGCS 的每个地面台站划分为若干个地空短波 IP 子网,短波台站和机载短波电台设备成为具有独立 IP 地址及路由功能的短波 IP 网络节点,地空通信中使用适合短波信道的 IP 网络层协议、MAC 层协议和链路层协议。IP over HF 具体协议为 STANAG 5066,STANAG 5066 运行在短波调制解调器中,主要实现短波信道 IP 协议优化以及标准 IP 协议到短波 IP 协议的转换、适配。

(4)短波端到端保密互通技术。HFGCS采用美军保密通信互通协议(Secure Communication Interoperability Protocol,SCIP)实现地面固定电话终端和飞机机载短波电台之间端到端的保密话音通信。保密通信互通协议是工作在应用层的端到端保密互通标准,通信前,不同种类的设备会首先进行密钥、加密算法等保密参数协商。具体来说,SCIP密钥协商采用非对称加密技术,话音加密算法为若干流密码和分组密码算法组成的集合,工作时通过协商选取一种话音加密算法进行工作,话音编码统一采用窄带MELP算法(600 b/s、1200 b/s、2400 b/s),这些技术结合起来为不同种类网络设备端到端保密通信提供了基础支撑。

6.2.3.2 澳大利亚长鱼系统

LONGFISH系统即长鱼系统,是澳大利亚为实施现代化短波通信系统计划而研制的短波实验网络平台。

LONGFISH网络的设计思路与移动通信网络GSM类似,网络由在澳大利亚本土上的四个基站和多个分布在岛屿、舰艇等处的移动台构成,其网络拓扑结构是以基站为中心的多星状拓扑,如图6-16所示。LONGFISH网络示意图中B是基站,M是移动站。移动台与基站之间通过短波连接,基站之间则用光缆或卫星等宽带链路相连,通过自动网络管理系统将管理信息分发给所有基站。每个基站使用不同频率集,为预先分组的移动短波接入服务。系统支持TCP/IP协议,可提供短波信道的电子邮件、FTP并支持终端遥控、静态图像等功能。

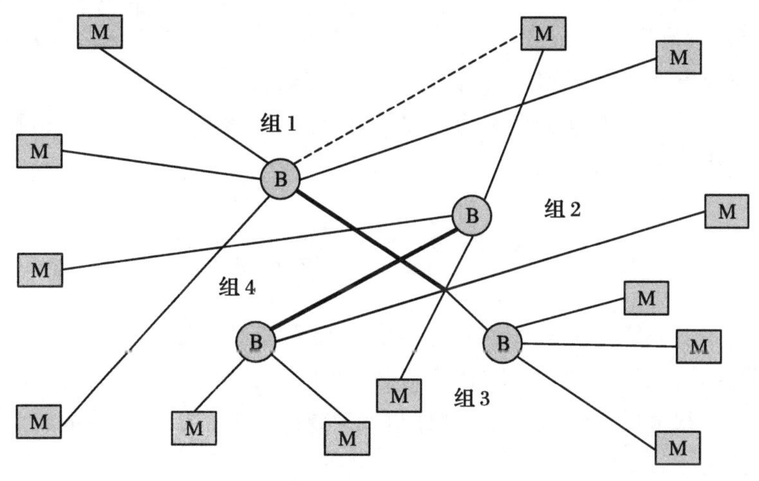

M—移动站; B—基站。

图6-16 LONGFISH网络示意图

LONGFISH采用多种关键技术以适应短波信道的时变性,并且保证在不同用户数及业务需求下,网络具有较好的性能。节点选择算法根据网内负载实现链路的自动分配,频率选择算法为基站和移动台之间选择最优的传输频率,链路释放算法保证高优先级业务的链路占用需求,带宽释放算法缓存特定数据分组确保高优先级业务的时效性。

6.2.3.3 美国海军的HF-ITF和HFSS

20世纪80年代初,美国海军研究实验室为了满足海军作战通信需求,提出,HF-ITF网络和HF舰/岸通信网络(HFSS),其目的是为海军提供50～1000 km的超视距通信手段。其中,HF-ITF为海军特遣部队内部军舰、飞机和潜艇间提供话音和数据服务,主要采用地波传播模式；HFSS 则用于舰-岸之间的远程通信，主要考虑天波传播模式。而北美改进型 HF 数字网络(IHFDN)则集成 HF－ITF 和 HFSS 网络，使用天波和地波构建大范围的短波通信系统，HF－ITF 网络的拓扑结构采用分层自组织形式。图 6－17 给出了 HFSS 网络结构示意图。

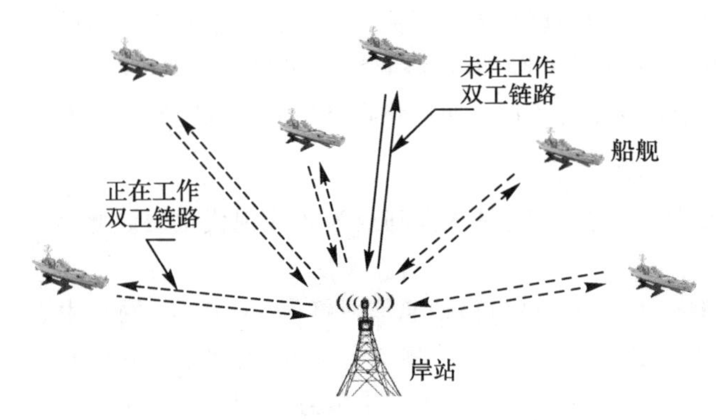

图 6－17　HFSS 无线网络结构示意图

6.2.3.4　民航高频数据链系统

民航高频数据链系统是国际民航组织主要应用的数据通信链之一。HFDL 系统与 TDMA 通信系统相同，都是利用各个地方的地面基站进行时间校准，地面基站对空中发来的数据进行分组归类，飞机通过基站分组工作选择台站、接入时间以及本机发送时段。该系统处理民航通信数据非常高效。HFDL 系统的呼叫率与通信质量具有一定的保障性。但由于 HFDL 系统的对话业务还未能完全适应频繁更换频率、频繁接入基站等通信特点，因此在突发业务上很难提供技术支持。

6.3　短波应急通信组网运用

短波通信由于其不需要建立中继站即可实现远距离通信，运行成本低；通信设备简单，体积小，容易隐蔽，可以根据使用要求固定设置，进行定点固定通信；电路调度容易，临时组网方便、迅速，具有很大的使用灵活性；对自然灾害或战争的抗毁能力强等特点，使其成为应急通信指挥的必备手段。

6.3.1　短波应急通信应用策略

6.3.1.1　应用的基本要求

应急通信是为应对自然或人为突发性紧急情况，综合利用各种通信资源，为保障紧急救援和必要通信而提供的一种暂时的、快速响应的特殊通信机制。应急通信对短波通信运用提出了特殊的要求。

(1)行动快速，实施方案必须灵活可变。突发事件，多数事件发生的时间、地点难以预料，发展趋势、后果难以预测，事态蔓延迅速，情况变化急剧；对救灾行动的时效性、紧迫性要求很高，组织指挥要求及时果断、快速高效。在通信组织上，指挥员必须提早对各类突发事件进行预测，统筹预想情况，全面拟制各类行动预案，不断修订完善并具体细化。充分利用军地既设通信资源，灵活运用应急通信手段，按照“先各级指挥所通信后所属部(分)队通信、先应急通信后综合保障、先无线通信后有线通信”的方法步骤，并根据任务实时调整，为处置突发事件指挥提供高效顺畅的短波通信保障。

(2)环境复杂，通信手段必须稳定可靠。突发事件空间呈现大纵深、高立体、非线性、多维化的趋势，要求通信保障必须全域覆盖，构建综合通信系统；突发事件指挥活动的内容和重心在不断变化，要求通信保障必须随时应变，实施动态有效保障；突发事件任务具有突发性质，要求通信保障必须增强时效，信息传输迅速，稳定可靠。这就要求在短波通信手段运用上，必须根据行动环境、行动类型，拓展思维，创新方法，优选精用，才能建立灵活、高效的短波通信保障体系，形成更强的通信保障能力。短波通信组织必须着眼全局、统筹安排，既要突出主要方向的通信保障，又要兼顾全局；既要突出抢救人民生命财产、维护秩序等主要行动的通信保障，又要兼顾灾后重建等行动的通信保障；要兼顾军、警、民之间的通信保障，确保各种救灾力量密切配合、行动一致。

(3)任务多样，军地通信手段必须综合运用。突发事件任务内容广泛、涉及领域众多。通常情况下，既涉及地方政府，又涉及陆军、海军、空军以及武警、公安、民兵预备役人员，部队与地方共同参与行动，必须针对不同性质的不同任务，统一指挥协调各种力量，确保有机融合，形成整体合力。在短波通信组织上，必须建立军地通信协调机制，构建军地联通的指挥通信网络体系，综合运用部队短波通信装备与地方通信设施，建立以指挥所为中心的纵横贯通、多路迂回、军地通用的通信网络，确保对部队以及各种地方组织的行动指挥以及各种力量之间的协同，确保通信联络迅速、准确和不间断。在通信组织上必须由按级组网向越级组网转变，简化纵向层次，建立扁平的通信保障模式，减少网络层次和数量，集中使用通信力量和资源，统一组织实施通信保障。

6.3.1.2 短波应急通信应用的基本原则

1. 多手段通信综合运用

综合运用各类短波应急电台和短波收音机等手段，快速建立通信联络；短波应急电台对准频率后即可通信，通信链路建立快，能够在现场进行短距离通信以及与后方的固定应急指挥平台进行广域通信。根据应急通信的用途，短波应急电台分为便携式、机动式和固定式。便携式电台可用于保障现场单兵的通信；机动式电台可用于进行移动应急通信指挥，并作为现场与后方的通信枢纽；固定式电台可用于保障后方与现场的通信。也可利用短波应急电台组建短波应急通信网，保障现场区域及其与后方的通信。应急处置部门可利用短波收音机对现场公众进行信息发布，包括预警信息、事件进展通报、自救指导、安抚信息等。

2. 组织形式灵活运用

短波无线电台组网迅速、灵活，可提供话音、数据、传真和静态图像等传输业务。根据信息化条件下作战担负的任务和实际需要，可按传统方式进行组织运用；根据需要和可能，也可以实现转信、遥控等运用方式。如果条件允许，也可组织短波综合业务网。

(1)重点指挥方向构建专向通信。专向通信，是指两个通信对象之间使用相同的联络规定进行的无线电台通信。专向通信具有便于沟通联络、反应迅速、时效较高的特点，通常用于对通信量大、时效要求高的主要作战方向和单独执行特殊任务的分队建立通信联络。譬如，可在后方指挥所和前线抢险救灾分队之间建立专向指挥通信。对于临时调整的分队，也可使用小功率电台与其组织专向通信。

(2)灾害覆盖地域构建网路通信。网路通信比较灵活，便于通播、转信和各台之间的相互联络。譬如，可以在地震灾害地域构建短波网路通信，覆盖灾害地域，用于各种救灾力量的协同通信。

(3)结合电台特点灵活使用各种方法。在天候和地形对通信影响较大、通信距离过远、部队机动频繁、遭受敌方强干扰及核爆炸等原因造成联络困难的情况下，结合电台技术特点，根据需要，还可采取转信、遥控等方式进行及时有效通信。

6.3.1.3 短波电台应急通信组织方法

从应急通信保障的需求出发，应综合运用多种电台装备，分区域构建层级化的通信网络，可以考虑构建无线电台广域中继电台网、区域接入电台网和现场自组织电台网三层网络架构，充分利用短波业务综合、战术互联网等最新无线电台装备，在灾难发生时迅速打通纵向应急指挥通信链路和横向支援协同通信链路，为生命延续争取宝贵时间。

(1)应急现场指挥所与后方指挥所间组织广域中继电台网。

在应急处置过程中，为了全面掌握应急处置进展情况，及时调度外部各种力量和资源应对突发事件，现场通信网络需要与后方应急指挥平台和相关组织及人员进行有效联接，保持前后方通信和指挥畅通，避免出现信息孤岛。

通过有、无线通信手段广域联接，组成地面分组交换、电台用户多址接入，以综合业务为主的数字化通信网络，形成短波通信的公共网络平台，解决短波通信网络结构单一、资源利用率低、机动通信能力差、协调组织难、抗毁抗扰能力弱等问题，极大提升短波通信网的整体保障能力。应急通信广域中继网的基本组织结构如图 6－18 所示。在遇重大自然灾害后，既设通信设施遭到破坏，这种情况下，应按照事先预案，运用短波业务综合快速与后方指挥所联络，或通过接入模式从接入节点接入网络与后方指挥所联络，有效满足上级有关部门和指挥机构了解现场态势并进行及时决策指挥的通信需求。

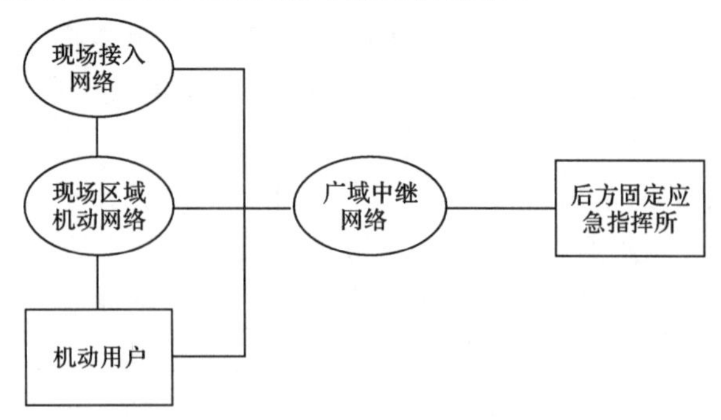

图 6－18 应急通信广域中继网基本组织结构

(2)各应急现场指挥所间组织区域接入电台网。

2008 年汶川地震，四川重灾区达 10 余万平方千米，受灾人口分布在 174 个乡镇、1480 多个村庄。在进村入户搜救阶段，部队高度分散，用频环境复杂，组织通信非常困难。由于指挥员位置的变化性和不确定性，在救灾行动初期，“找人难”，特别是高级指挥员直接找一线指挥员难的问题尤为重要。因此，应急现场需要快速恢复和构建应急通信与指挥网络环境，实现现场大范围区域内(半径大于 10 km)对多个接入网络的汇聚与互联，接入现场机动应急指挥所，并通过广域中继网络接入后方固定应急指挥所。

灾区可以无线电应急通信车为依托构建机动应急指挥所，救援保障分队内部可采用自组织网络技术，利用车载网关设备、有/无线转接控制器、异频转接控制器与背负式电台组建多个超短波电台子网，各救援保障分队之间通过车载网关设备构建超短波电台骨干网，主要用于增强现场多个工作区域、多个机动应急指挥平台之间的信息共享与互联能力，其基本组织结构如图 6－19 所示。

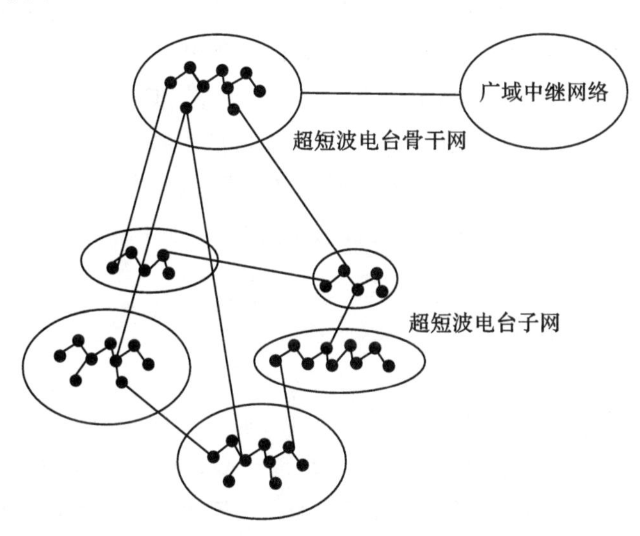

图 6－19　区域中继组网基本组织结构

(3)应急现场救援分队内组织自组织电台网。

灾区最基本的工作单元是分布在现场不同部位的救援分队，他们所处的环境通常复杂多变，各分队之间需要实时便捷的通信联络共享信息和协同救援，同时还需要与现场机动指挥所建立实时的通信连接，这时可通过超短波电台组织通信，在小于 10 km 时，不需要现场中继网络即可实现通信，其基本组织方法如图6－20所示。为更好的实现通信保障，超短波电台组网应由传统的“树状、按级、分散”保障模式向“栅格、区域、整体”保障模式发展。因此在组织末端通信时应将超短波电台网广泛应用于各级指挥机构和救援保障分队内部，同时可根据救援实际需要建无线分组网或点对点的数据通信链路，这样既能满足指挥、协调的组网需求，也能够适应传统的组网方式和满足实时性传输的要求。

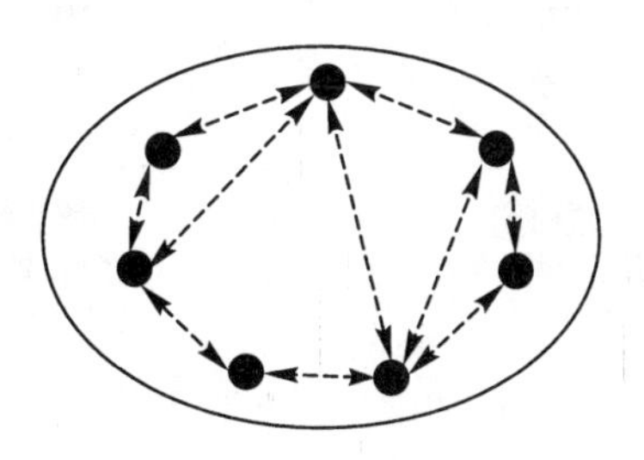

图 6－20　区域中继组网

6.3.1.4 应用避免出现的误区

(1)注重场合,不可舍本逐末。由于短波通信可用频段窄,通信容量和传输速率小,仅支持语音和低速数据业务,因此短波通信主要用于话音应急指挥,传输大容量数据效率差。在实际应用时应注重场合,不可舍本逐末,利用短波电台传输视频等高速数据。

(2)合理使用,不可求全责备。短波利用天波传输时因电离层有时会出现不稳定状态,使反射路径发生变化,引起接收端接收信号强度的波动甚至造成瞬时中断。另外,短波通信由于路径衰耗、时间延迟、多径效应等因素,同样会造成信号的衰落和畸变,影响通信效果,因此在应急通信指挥中要多手段综合运用,科学合理使用短波电台通信,不可求全责备,以为短波通信可以解决所有通信问题,影响抢险救灾任务指挥联络。

短波通信的显著特点使得短波通信成为应急通信指挥的必备手段。应急通信要求通信指挥必须具有灵活可变的方案,通信手段必须稳定可靠;因此应急通信指挥中短波通信的应用,应该多手段通信综合运用,灵活短波电台的应用形式,避免应用误区,才能使短波通信在应急通信指挥中发挥出重要作用。

6.3.2 短波应急通信网组网

6.3.2.1 短波应急通信网体系结构

短波应急通信网案例由总指挥中心、移动指挥中心、应急指挥车和救援车构成,其基本体系结构如图 6-21 所示。网络中固定台之间通信距离可达2500 km,固定台与车载台之间通信距离可达 2000 km,车载台之间的通信距离最远可达 1500 km。网络中固定台可与任一电台联络,车载台就近与移动指挥中心联络,紧急情况可直接与总指挥中心联络。网络可根据实际需要提供语音、数据、电话通信、GPS(北斗)定位业务,也可通过异频转接器,实现超短波对讲机的远距离通信。

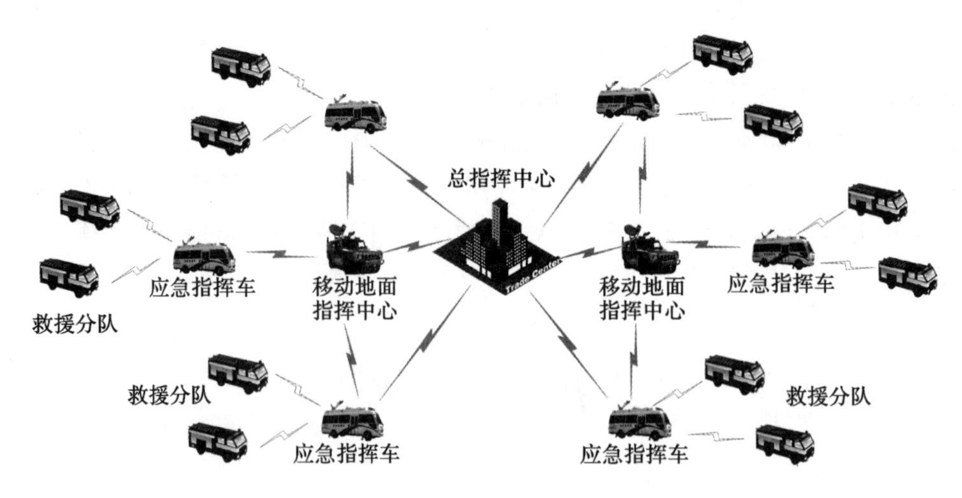

图 6-21 短波应急通信网体系结构

1. **总指挥中心固定站**

总指挥中心固定站担负短波应急通信网的指挥任务,其组织拓扑结构如图 6-22 所示。总指挥中心主要配备柯顿 125 W 电台固定台一套，含：

(1)短波电台一套；

(2)异频转接器，用于短波、超短波的转接；

(3)调制解调器，用于短波、超短波的转接；

(4)电话转接器，用于短波与公网电话的转接；

(5)对讲机 2 部。

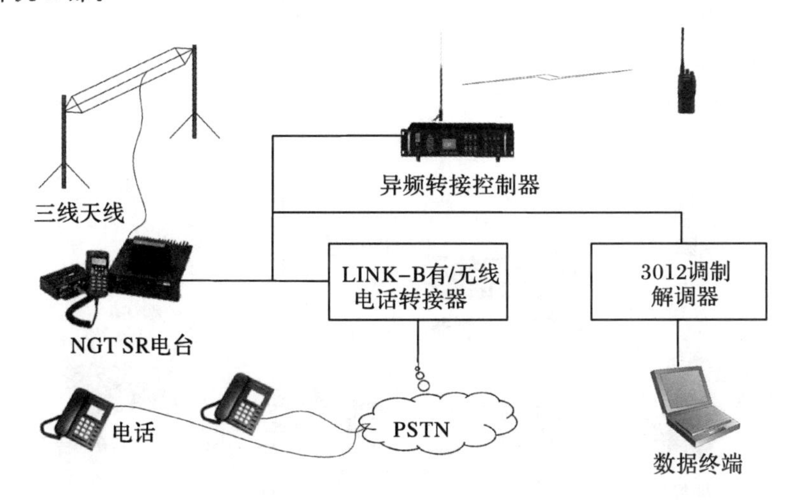

图 6－22　总指挥中心固定站组织拓扑结构

2. 移动地面指挥中心（卫星车）

移动地面指挥中心(卫星车)担负区域应急通信指挥任务，其组织拓扑结构如图6－23所示。移动地面指挥中心(卫星车)配备柯顿 125 W 电台一套，含：

(1)短波电台一套，包含车载天线、基站移动天线，可保证卫星车在固定和移动情况下都能与指挥中心保持良好通信；

(2)异频转接器，用于短波、超短波的转接；

(3)调制解调器，用于短波、超短波的转接；

(4)对讲机 2 部。

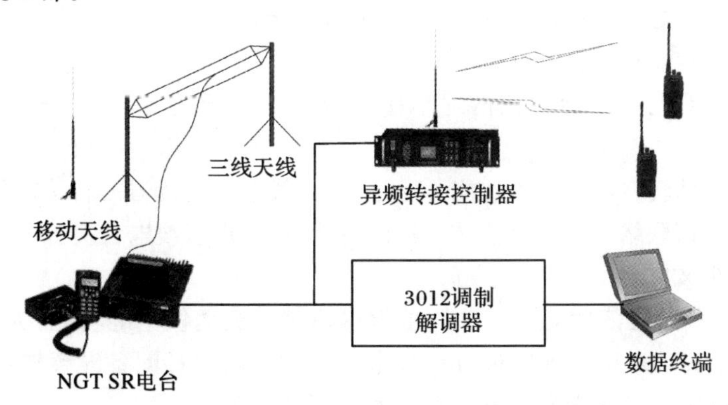

图 6－23　移动地面指挥中心拓扑结构

3. 应急通信指挥车

应急通信指挥车担负保障现场应急通信指挥任务，其组织拓扑结构如图 6-24 所示。应急通信指挥车，共 6 辆，每辆应急通信指挥车按以下配量：

(1)短波电台一套；

(2)异频转接器，用于短波、超短波的转接；

(3)调制解调器，用于短波、超短波的转接；

(4)2110 背负式电台两部；

(5)对讲机 2 部。

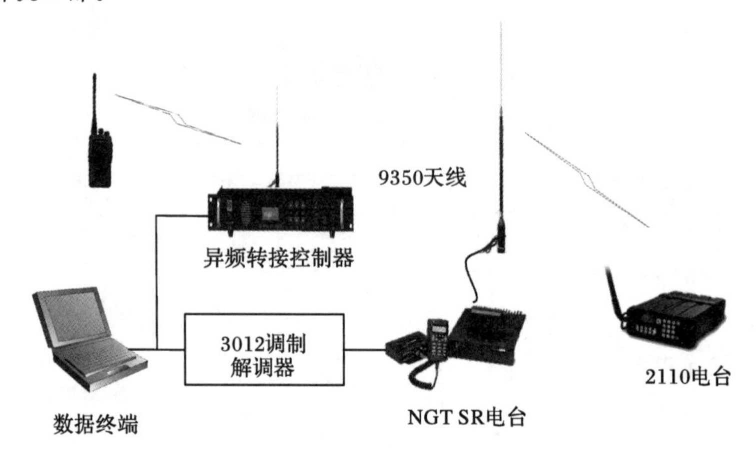

图 6-24 应急通信指挥车通信网拓扑结构

4. 方舱车队（救援车）

方舱车队(救援车)担负现场救援任务，共 100 辆，每辆车配备对讲机 1 部。

6.3.2.2 短波应急通信网功能

(1)电台语音通信功能。

总指挥中心短波电台可与网络中任一短波电台保持良好通信联络，通信距离与站(台)选配天线相关，其中：

固定台之间通信距离约为 0～2500 km 或以上；

固定台与移动台之间通信约为 0～2000 km 或以上；

移动台之间通信距离约为 0～1500 km；

单兵背负式电台与固定台之间的通信距离根据选用天线的不同，通信距离最远可达 1000 km。

(2)有/无线电话转接功能。该功能可通过有/无线电话转接器的转接功能，实现电台与公网电话之间的通信联络。经过电话转接器的转接，可实现短波电台拨打公网电话，也可实现公网电话呼叫短波电台。

(3)异频转接器的通信功能。该功能可为本地对讲机提供中继功能，为短波与超短波提供转信功能，可实现对讲机呼叫远方短波电台。如果两端都配备异频转接器，利用短波的远距离通信功能，可实现两个超短波电台的远距离通信。

(4)数据传输功能。总指挥中心、移动地面指挥中心、应急指挥车之间可实现无线数据传输功能。

(5)短波电台功能。短波电台具有组网、选呼、消噪、车载动中通信等功能,可实现选呼等功能和短波车载台与短波基站台的无“静区”通信。

6.3.2.3　主要设备及性能

1. NGT SR 125 W 电台

NGT SR 125 W 为澳大利亚柯顿有限公司制造的 NGT 系列短波电台。该电台由电台主机、调制解调器、电源和送收话器组成,如图 6-25 所示。该电台是性能优越的野外短波通信装备。NGT 系列电台主机小巧,便于携带,设置简单,容易使用,可以方便地组建短波通信网并高效管理。该电台话音清晰,支持数据传输、传真、电子邮件、电话转接、GPS 跟踪,可以固定或移动通信。该电台具有用户操作友好的手持机、高级的主叫性能、轻松交谈等特点。系统具有可选的CODAN自动链路管理(CALM)能力以及可选的 GPS、传真、数据、电子邮件的发送等。

图 6-25　NGT SR 125 W 电台

柯顿 NGT SR 主要性能特点如下。

(1)优化声音——Easitalk:带数字消噪功能,克服了噪音干扰,使通话话音非常清晰;内置消噪器,采用先进的单端 DSP 声频信号技术处理接收到的语音信号,以使干扰最小化及有效滤除背景噪声,提高话音信号等级,话音清晰干净,保真度极高;无须对方电台配合,只用本机一个键控制。

(2)高级智能化电台、先进的人机界面,便携式手持台,操作简单,内置地址本;体积小,重量轻,安装方便;可手机编程,也可计算机编程。

(3)GPS(可选):GPS 卫星接收机能够连到电台上,以完成下列功能:以经纬度显示当前的位置;发送位置信息给另外一个台站;请求另外一个台站的位置信息。

(4)紧急选呼:具有独特的紧急情况呼叫装置,求救信号能自动地发送到选定的站址。

(5)多信道:具有 400 个信道。

(6)呼叫装置:能够进行选择性呼叫(selcall)和电话呼叫(phonecall),以及寻呼;所有的呼叫都有时间标志,以便精确地识别。

(7)选择性呼叫:具有选择性呼叫、电话呼叫、信息呼叫、状态呼叫、信道测试呼叫、紧急呼叫等呼叫方式,方便组网;同时给用户带来巨大的灵活性,操作者可呼叫单个电台并且只有此电台响应。

(8)拨打市话:电台能够发起电话呼叫,这需要通过安装具有电话转接器的基站。

(9)优化频率:CALM 自适应功能(可选):CALM 通过发现最好的可用频道使系统性能最佳化。CALM 数据库,从本质上克服了 ALE 自适应选频系统的局限性;自动记录通信对象和时间,优化 LQA 频率数据库;保证通信双方始终工作在最佳频率;每分钟扫描 8

个信道，建立链路速度快，不再为周期性 ALE 探测耗费有效通信时间；兼容现用的 FED-STD-1045 ALE 自适应选频系统。

(10)优化操作：NGT 电台配加 CALM 系统后，彻底简化了操作。键入对方台号，按发送键可完成呼叫；电台内置地址簿可登记和调用 100 个对方站址。

(11)传真、数据、电子邮件和互联网：传真与其它数据的发送可以通过链接“9001HF 传真与数据调制解调器”；完全的数据发送可以通过“9002HF 数据调制解调器”；要使用电子邮件和互联网，用户必须接入到合适的互联网/电子邮件服务器。

(12)信息呼叫：能发送或接收多达 90 个字符的文本信息。

(13)智能化监控：当电台处于静噪状态时，各信道都能被监控到。任何被扫描到的信道，呼叫都可以收到。

(14)远程诊断：电台的装置能通过另外的远端站进行测试，如信号强度、电池电压和功率等参数。射频设备能够自动地发射其性能参数，以使技术人员决定维修和技术支持是否需要。

(15)信息存储：所有的呼叫都具有时间标志，以便精确地识别每个到达的呼叫，自由调谐接收。

(16)优化网络特性：提供最大的组网灵活性。NGT 电台可以同时参加多达 10 个通信网，信道在各个网络中是共用的；为不同网络冠用各自的网名和本站站址；能够组建多级树状大型通信网络；支持选呼、拨号等多种呼叫方式。

2. 2110 背负式电台

柯顿 2110 型背负式电台极其轻便，是专门为在运动中及恶劣的通信环境中工作而设计的，如图 6-26 所示。2110 型背负式电台具有低消耗功能，电台能长时间工作等优点。该电台人机界面友好，具有全自动的天线调谐器，其自我检测功能确保了用户可以简单操作及维护。2110 可以和柯顿 NGT 系列电台以及其它商用、军用的电台兼容。2110 还拥有先进的自适应功能(CALM)、语音加密功能、GPS 定位功能以及优异的轻松谈(数字消噪)功能。

图 6-26　柯顿 2110 背负式电台

其性能特点如下。

(1) 先进的呼叫及协作功能。2110 可兼容柯顿 NGT 电台的语音呼叫、选择呼叫、GPS 系统呼叫、状态呼叫、远程诊断呼叫及信息呼叫等多项呼叫功能。紧急报警呼叫更是可以在发射紧急呼叫时将 GPS 位置信息发射出去。

(2)智能的自动链路管理系统(CALM)。柯顿的 CALM 包含了 FED-STD-1045 自适应功能技术，在 24 小时 LQA 基础上，可以智能提供优选信道，缩短链路建链时间。除此之外，选配件 MIL-STD-188-141B 自适应功能技术，还可以提供 600 个信道及 20 个工作网络，与军标电台兼容。

(3) 精巧快速的内置天线调谐器，开机 50 ms 即搜索到已存储的 100 多个调谐频率，天线调谐时间少于 2.5 s。

(4)可长时间工作。2110 是目前为止耗电量较低的便携电台。120 mA 的待机电流，可使标配电池的便携电台工作几天。这就意味着用户短期使用时不再需要备用电池，以减轻用户出行重量。

(5)语音加密功能。为了其它安全方面的考虑，2110 对传送信息及位置信息也是加密的，可确保语音信息传输安全。

(6)抗震、抗毁性能符合 MIL－STD－810F 标准，可以在恶劣的环境中工作。

3. 异频转接器

RHU300 异频转接器主要完成短波/超短波电台异频转接功能，其完成转接的基本原理如图 6－27 所示。其主要特点是体积小，重量轻，可手动或自动完成短波与超短波的异频转接，实现短波通信终端与超短波手持机的远距离通信。

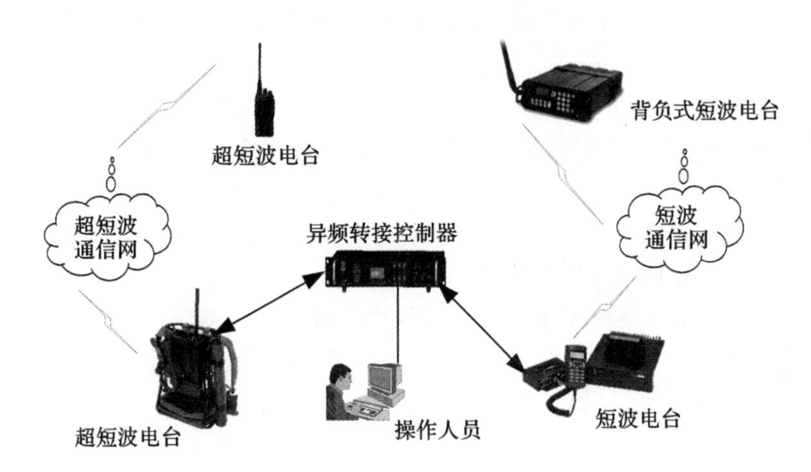

图 6－27　短波/超短波电台异频转接

4. 其它设备

其它设备主要包括 LINK－B 有/无线电话自动转接器，主要完成短波电台与公用电话网用户的通信；3012 调制解调器，主要完成短波信号的调制与解调；GP338 对讲机，主要完成救援分队内部的通信保障；三线式宽带基站天线和鞭天线及其附属设备，保障通信畅通和通信性能的发挥。

6.3.3　短波应急通信网应用实例

甘肃成县抢险救灾短波通信组网运用。

1. 灾情背景

20××年 8 月 12 日凌晨，甘肃成县发生强降雨，引发洪涝灾害，当地交通、电力、通信中断，群众被困、民房倒塌、农田被淹，人民群众生命财产遭受巨大损失，灾情现场如图 6－28 所示。某抢险救急分队奉上级命令，抽组应急通信保障力量赶赴成县黄渚镇，执行抢险救灾通信保障任务。

(a) (b)

图 6-28 甘肃成县灾情现场

2. 救援过程

经过 14 个多小时的长途跋涉，该分队于 14 时 30 分到达麻沿河地域与兄弟救援队会合，在第一时间使用无线电台建立专向通信向上级领导汇报了情况。

8 月 14 日，在道路简单抢通之后，该部后续人员迅速进入黄渚镇灾区，由于有线通信完全瘫痪，该部迅速建立短波通信网路通信，展开各方救援力量的通信联络。

8 月 15 日，后续通信救援力量到达现场逐步建立多手段通信网络。

3. 组织方法

原则："无线抢通、有线抢修"。

①提前做好预案；②合理编组人员和装备器材；③提前确立通信组织方式。

4. 经验总结

通信组织方式"以电台和卫星通信为主要手段、以便携式装备为主实施保障"的指导思想，要求救援队带足备用电池，尽可能多带小型发电机。

"打破常规，综合运用多种方法手段保障"，手持对讲机时刻保持前后联络，短波电台车保持全时值守状态。

习 题

1. 短波电台转信的基本方式有哪些？
2. 短波通信与其它网系都通过哪些方式进行互联互通？
3. 短波应急通信的基本要求有哪些？
4. 短波应急通信的基本组织方法有哪些？
5. 短波典型通信系统有哪些？
6. 短波在应急通信中应注意哪些问题？
7. 短波通信网络的主要特点有哪些？
8. 短波通信组网方式主要有哪些？

第7章　短波通信新技术

当前，短波通信正朝着平台软件化、用频智能化、业务宽带化的方向发展，这里对相关新技术做简要介绍。

7.1　软件无线电技术

从20世纪70年代开始，现代微电子技术、控制技术、软件技术及通信技术的发展，推动了无线电台从模拟到数字的快速跃迁，造成无线电通信市场上的通信标准层出不穷，使得本已拥挤不堪的无线频谱面临着新的挑战。于是欧洲各国陆军中主要负责军用通信的有关专家，开始着手研究如何处理不断涌现的通信标准问题以及如何解决密集的频谱拥挤问题。随后，美国国防部高级研究计划局(DARPA)、陆军和空军共同合作，提出开发软件无线电计划，当时他们的目标是想要解决跨越多种通信频段(HF、VHF、UHF和SHF)、多种信道调制(AM和FM话音、数据传输多样性以及跳频和直接序列扩展频谱等几种保密模式)和多种数据格式的"互操作性"(Interoperability)问题。正是在这一背景下，提出了软件无线电技术。

从美国DARPA、陆军和空军提出的软件无线电这项技术的含义来看，是想方设法解决陆、海、空三军无线电台的"互操作性"，即满足他们相互之间协同的战术通信。因此，软件无线电应该是有多频段的、多模式的无线电台，它能仿真大部分种类不同的电台工作，即具有多种通信标准能力，这无疑给解决大量出现的通信标准问题和无线电频谱拥挤问题带来了极大的方便。但软件无线电技术的出现不应仅局限于解决此类问题，它应该充分利用现代微电子技术、软件技术以及数字通信技术满足用户"无缝"(Seamless)接入到拥挤的商业频谱中，即多媒体、多模式的个人通信系统中，这才是软件无线电的最终目标。

7.1.1　无线电架构的演变过程

在20世纪70到80年代期间，无线电台经历了模拟无线电台到数字无线电台的变迁，逐步从传统的模拟无线电台过渡到数字无线电台。数字无线电台从功能、整机结构、操作等方面，比相应的模拟无线电台有了很大的进步，但是数字无线电台从本质上没有改进模拟无线电台的工作方式，这主要表现在以下几点。

(1)硬性的有线连接。无论是模拟无线电台还是数字无线电台，其工作方式包括信源编码、调制解调、射频处理等功能的实现，均是依靠硬件模块来完成的。这些完成不同功能的硬件模块依靠硬性的有线连接来组成一个完成特定功能的电台，并且各个模块之间的接口没有相应的国际标准。

(2)简单的控制方式。无论是模拟无线电台还是数字无线电台，都能完成一些简单的控制，但控制方式基本上是依靠改变电路的某一参数来获得的，控制机理与方式简单。

(3)单一或相近通信标准。无论是模拟无线电台还是数字无线电台,仅能实现固定而简单的业务模式,执行单一或相近的通信标准,这是由其硬件所决定的。

从以上可以看出,这种数字无线电台的系统扩展性差,缺乏自身的柔性,一组工作频段、工作模式的改变,就需对其重新设计。从系统工程的角度上讲,它在系统、技术经济性的合理程度上都表现比较差,结构不具备“开放性”,阻碍了它的进一步发展。

软件无线电的提出为这一问题的解决提供了一条思路。一方面,软件无线电的组成一开始就应该由国际公众论坛(Public Forum)或国际标准化组织(ISO)提出统一的设计原型,并在不断听取商业和军用市场意见的基础上,逐步完善,使其具有高度的“开放性”。另一方面,随着无线电系统的复杂性日益增加,软件无线电组成的设计原型,应该方便系统的开发和设计,方便新功能的增加,否则,就难以达到发展的目的。

7.1.2 软件无线电概念的提出及特点

1992年5月的全美电信系统年会上,MITRE公司的资深科学家Joseph Mitola在同IEEE的一位会员的技术谈话中,首次给出了软件无线电的定义。他认为:软件无线电的组成架构的重心是将宽带模-数(A/D)和数-模(D/A)转换器尽可能地靠近天线,将尽可能多的电台功能以软件的形式定义(即用软件来实现)。

传统的短波通信为克服通信容量有限、传输稳定性差和抗干扰性能差的缺点,采用了自适应技术、宽带抗干扰等新技术。由于受传统短波通信体制和器件的限制,这些新技术的性能和技术指标难以提高。将软件无线电技术的思想运用在短波频段上,形成短波软件无线电(HF - SR),一方面由于短波通信的工作频段较低,容易利用现有器件实现射频(RF)数字化,为验证软件无线电思想和功能提供了一个良好的实验平台;另一方面又打破了传统短波通信设备过分依赖硬件实现各种功能的旧体制,研制出了一种多功能、多模式、可编程的短波电台,这种电台是可用软件控制和再定义的电台。选用不同软件模块就可以实现不同的功能,它为短波通信发展注入了新的活力。

这样,无线电通信新系统、新产品的开发将逐步转到软件上来,而无线电通信产业的产值将越来越多地体现在软件上。这是继模拟到数字、固定到移动之后,无线电通信领域的第三次革命,并在20世纪初形成和计算机及程控交换相当的巨大产业。

总的来说,软件无线电的优势主要表现在以下几个方面。

(1)系统结构通用,功能实现灵活。不同的通信系统可由相对一致的硬件利用不同的软件来实现,系统功能的改进和升级也很方便。

(2)提供不同系统互操作的可能性。只要在硬件平台上加载相应的软件并配备相应的射频部分,就能够很自然地实现互通。

(3)复用的优势。系统结构的一致性使得设计的模块化思想能很好的实现,而且这些模块具有很大的通用性,能在不同的系统和系统升级时很容易复用。技术更新时,只需更换个别的模块即可,大大降低系统研制的成本。

(4)在软件无线电中,软件的生存期决定了通信系统的生存期。一般地,软件开发的周期相对于硬件要短,开发费用要低。这样就能更快的跟踪市场变换,满足新的使用要求,降低更新换代的成本。

(5)由于系统的主要功能都由软件来完成,可方便地采用新的数字信号处理手段提高抗干扰性能，其它诸如系统频带监控、可编程信号波形、在线改变信号调制方式等功能的实现也成为可能。

7.1.3 软件无线电结构

利用软件无线电技术来改变传统的短波通信系统的结构，形成新型的基于软件无线电的数字化短波系统，是现代短波通信的一个新趋势。目前的短波通信设备多采用硬件来实现调制以及频率变换等功能，由于受到器件的限制使得性能和技术指标难以提高。对于短波通信而言，由于系统的工作频率较低，降低了对 A/D 电路的性能要求，可以利用现有的器件实现 RF 射频信号的数字化，这是其实现软件无线电的一大优势。软件无线电技术不仅为新一代短波通信设备提供了最佳的解决方案，并且为短波通信体制的突破发展提供了有利的研究基础。

利用软件无线电的思想，采用高速 A/D 和 D/A 以及高速 DSP，可以实现具有开放结构的短波软件无线电，如图 7－1 所示。这个系统的实现可以解决目前短波通信装备型号复杂，功能单一，可靠性、稳定性、电磁兼容性差等问题。这个系统是由实时信道处理、环境分析管理以及软件开发工具三个处理模块组成的。其中，实时信道处理主要实现各种业务的综合、信源编码/解码、数据链路控制（流量、差错控制等）、基带自适应调制解调、SSB 调制解调的数字实现、上/下变频以及适用的电子对抗技术（如分集、跳频）等；环境分析管理针对短波通信的特点，分析时间、空间、频率选择性衰落等特性，实现信道评估、最佳工作频率选择以及通信链路的建立等，并进行相应的控制以获得最佳通信状态；软件开发工具可以分析和定义更先进的通信技术，并可修改各工作模块以实现业务和性能的升级。

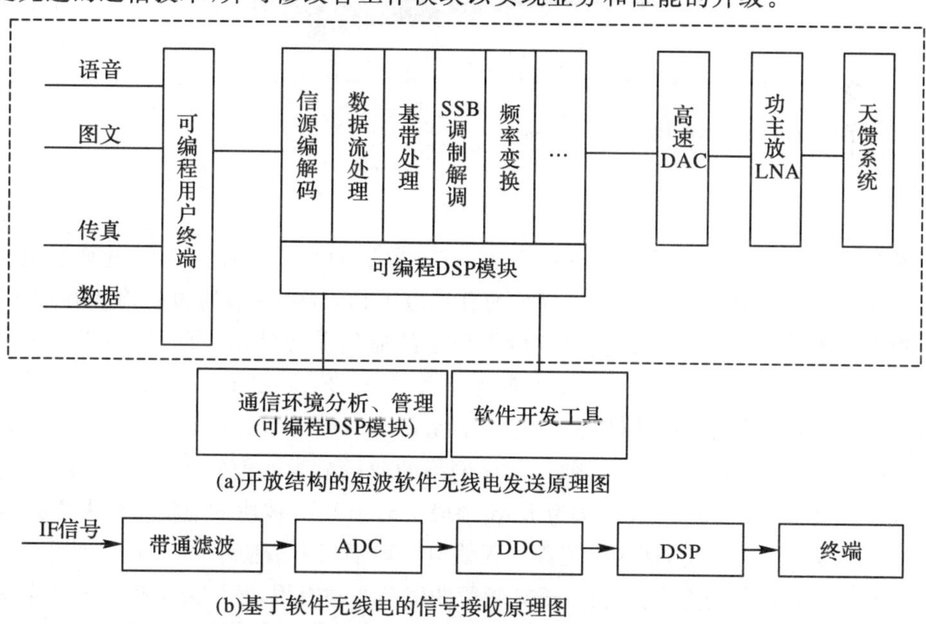

(a)开放结构的短波软件无线电发送原理图

(b)基于软件无线电的信号接收原理图

DDC—数字下变频器；DSP—数字信号处理；ADC—模/数转换器；DAC—数/模转换器

图 7－1 具有开放结构的短波软件无线电

7.1.4 软件无线电在军用多功能多模式短波电台中的应用

短波通信随着信息网络的进步不断发展壮大，但短波网络的发展却始终离不开对互操性及标准化的要求。为了更好地促进短波的互联互通，短波台站可以进行有线互连。这样的连接使得为机动用户提供接入服务的网络化组织运用模式受到了广泛重视。

与上一代短波通信相比，新一代短波通信在通信同步、频谱协调、快速数据传输、物理层中的调制解调四个方面取得了长足的进步。同时，新一代短波通信也呈现出短波自适应通信技术、高速调制解调技术、短波网络技术和短波软件无线电等方面不断发展的趋势。

一些具有代表性的新型软件无线电短波电台的推出，例如德国 R&S 公司的 M3SR(见图 7-2)以及美军 Harris 公司的 RF-7800H(见图 7-3)等，不仅仅超越了以往传统短波通信设备一度依靠硬件实现功能的旧体制束缚，更是逐步实现了多功能、多模式及可编程功能，并且成为了短波电台发展的新方向。通过导入动态波形，使得通过软件无线电技术得以实现不同军种或者不同装备参数的电台之间的互操作。

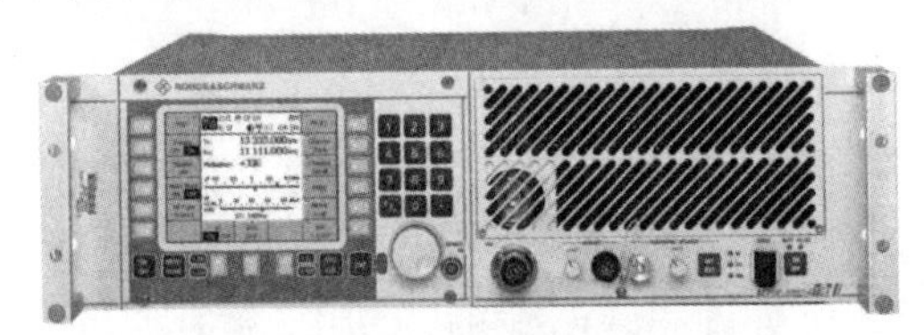

图 7-2　德国 R&S 公司的 M3SR 系列软件无线电短波电台

图 7-3　美国 Harris 公司的 RF-7800H 软件无线电短波电台

7.1.5　软件无线电新发展——认知无线电技术

7.1.5.1　背景

频谱是无线电通信能够使用的唯一资源，这种资源的统筹是通过无线电管理机构来确定的。目前采用的是基于静态(固定)频带的分配原则和方案，一般通过政府授权使用，即有专门的频谱管理机构分配特定的授权频段供特定的通信业务使用。此外，还有一些非授权频段，如在 20 世纪 80 年代后期美国联邦通信委员会(Federal Communications Commission, FCC)对使用无线电的计算机通信开放了无需申请就可以使用的 ISM(Industrial Scientific and Medical)2.4 GHz 频段，使得无线网络的使用成为通信领域的一个热点。中国也先后开放了 2.4 GHz 和 5.8 GHz 作为 ISM 频段。对于 ISM 波段的通信系统来说，只要功率谱及带外辐射满足要求即可，使用者无需向无线电管理部门申请使用许可证，从而提高了微波波段无线扩频技术的商业价值。但是，ISM 频段的资源非常有限，2.4 GHz 频段的带宽只有 80 MHz，而多数无线局域网产品都在这上面工作，且只能采用扩频调制方式。

由于授权频段的独享性和非授权频段的饱和，频谱资源的紧张已经成为制约无线通信业务发展的瓶颈。另外，在军事通信领域，频谱资源稀缺也在呼唤着新的管理机制和新技术的到来，而且有人断言未来战争的获胜者必将是最善于控制、驾驭和运用电磁频谱的一方。因此频谱的重用技术已经成为现代无线通信的研究内容之一，并有两个基本的研究方向。

一个方向是降低信号的功率谱密度来进行频谱的复用。其典型应用是近年来非常热门的超宽带(Ultra Wideband, UWB)技术。UWB技术采用频谱重叠的方式占用一段极宽的带宽,并严格限制其信号的发射功率,以尽可能少地给现存系统带来有害干扰。UWB信号可以与现有窄带信号共存和兼容,但是对信号功率谱密度的限制使得UWB系统的通信范围受到了很大限制(在10 m左右量级)。

另一个方向是采用灵活的频谱管理技术。虽然从前面的讨论中我们知道,频谱资源匮乏,但是很多学者通过监测分析当前无线频谱的使用状况发现,虽然大部分频谱已经被分配给不同的用户,但是在相同时间、相同地点频谱的使用却非常有限,常常是大部分频点未被使用,而某些热点频率处于超负荷运行。FCC充分注意到了这一点,于2002年11月发表了由频谱政策任务组撰写的一份报告。该报告指出,当前分配的绝大多数频谱的利用率是很低的,为15%~85%。2005年美国对芝加哥地区长期频谱占用情况进行了测量和分析,结果表明在3 GHz以下平均利用率仅为5.2%。因此FCC认为当前存在的最主要问题并不是没有频谱可用,而是现有的频谱分配方式导致资源没有被充分利用。只有彻底改变当前固定频谱分配政策,部分甚至全部采用动态频谱分配政策,使多种技术可以实现“频谱共享”,才能彻底改变频谱缺乏的问题。

这种电磁频谱利用不足可以用频谱空洞来描述。所谓频谱空洞,是指分配给授权用户的一个频段,但是在特定的时间和特定的地理位置条件下,这个频段未被授权用户使用。得到频谱使用授权的合法用户也称为主用户或既有用户,未得到授权的用户称为次用户或认知用户。

如果在主用户不使用的情况下,次用户可以接入频谱空洞,则可以提高频谱的利用效率。认知无线电就是利用频谱空洞提高频谱利用率的软件无线电。

7.1.5.2 认知无线电的定义

要了解什么是认知无线电,首先需要了解什么是认知。

认知就是介于输入激励和输出响应之间的智能状态和处理过程,简单地说,就是采用理解、学习、综合等方式探索事物的一般性原理。

1992年5月,Joseph Mitola在美国通信系统会议上,首次提出“软件无线电”(Software Radio,SWR)的概念,希望建立标准化的、开放的、模块化的通用硬件平台。理想的软件无线电电台,是由软件来完成由硬件实现通信系统的各种功能,有能力支持各种空中接口和协议的工作在多种频段的无线电台。这样的软件无线电系统将有很好的兼容性。软件无线电的出现,是无线通信从模拟到数字、从固定到移动后,由硬件到软件的第三次变革。

1999年,Joseph Mitola在《研究软件无线电基础》上发表的一篇学术论文中首次提出“认知无线电”(Cognitive Radio,CR)的概念,并且详细描述了认知无线电是如何通过“无线电知识表示语言”(Radio Knowledge Representation Language,RKRL)来提高个人业务灵活性的。2000年,Joseph Mitola在其博士论文中系统地讨论了认知无线电的定义:“认知无线电这个名词主要是指,在无线个人数字助理(PDAs)和相关的网络中要对无线资源和有关的计算机与计算机之间的通信具有足够的计算智能:①根据用户所在环境探测用户通信需求;②提供无线电资源和服务以满足用户的这些需求。”

Joseph Mitol定义的认知无线电,是以软件定义的无线电(Software -Defined Radio, SDR)为理想实现平台的一个智能的无线通信系统,它有能力感知周围的无线通信环境特性，如使用的协议、空中接口、射频环境和频谱等。它通过 RKRL 和周围的环境智能地交互信息和推理，无线节点不再被动使用通信协议，而是智能地调整认知无线电终端的无线参数，实现重配置功能。这样，不但能避免冲突的发生，而且能为无线传输选择更便宜、更好的服务，达到共享频谱、灵活通信以及实现系统高可靠性的目的。也就是说，SDR 关注的是采用软件方式实现无线电系统信号的处理，而 CR 强调的是无线系统能够感知操作环境的变化，并据此调整系统工作参数，实现最佳适配。从这个意义上讲，CR 是更高层的概念，不仅包括信号处理，还包括根据相应的任务、政策、规则和目标进行推理和规划的高层活动。所以，认知无线电是智能化的软件无线电。

在 Joseph Mitola 定义的认知无线电中，人工智能的地位十分重要，而且其认知功能是基于高层的学习和模式推理的认知循环(Cognition Cycle)，缺乏底层认知体系的支撑，这是一种理想化的认知无线电，勾画了未来的蓝图，也称为广义认知无线电。

此后，不同的机构和学者从不同的角度给出了 CR 的定义，其中比较有代表性的包括 FCC 和著名学者 Simon Haykin 教授的定义。FCC 认为："CR 是能够基于对其工作环境的交互改变发射机参数的无线电"。Simon Haykin 则从信号处理的角度出发，认为："CR 是一个智能无线通信系统。它能够感知外界环境，并使用人工智能技术从环境中学习，通过实时改变某些操作参数(比如传输功率、载波频率和调制技术等)，使其内部状态适应接收到的无线信号的统计性变化，以达到任何时间任何地点的高度可靠通信对频谱资源的有效利用的目的。"

总而言之，认知无线电是一种智能无线通信系统，它可以感知周围环境(即外部世界)并进行学习，利用相应结果调整自己的传输参数，使用最适合的无线资源(包括频率、调制方式、发射功率等)完成无线传输。认知无线电能够帮助用户自动选择最好的、最廉价的方式进行无线传输，甚至能够根据现有的或者即将获得的无线资源延迟或主动发起传送。

7.1.5.3 认知无线电的功能

1. 认知无线电的目标

认知无线电的主要目标：①实现随时随地高度可靠的通信能力；②提高无线频谱的利用率。

具有认知功能的无线通信设备可以按照某种"伺机(Opportunistic Way)"的方式工作在已授权的频段内。当然，这建立在已授权频段没用或只有很少的通信业务在活动的情况下。认知无线电的核心思想就是使无线通信设备具有发现"频谱空洞"，并合理利用的能力，以保证不对既有用户形成干扰。

认知无线电的定义可以概括为感知、智能、学习、自适应、可靠性和有效性。现在机器学习、计算机软件、计算机硬件等技术的发展，使得认知无线电的实现成为可能。

认知无线电的主要功能如下。

(1)频率捷变：认知无线电能够改变其工作频率以适应环境。

(2)动态频率选择：认知无线电感知附近的发射信号来选择最佳工作环境。

(3)自适应调制：传输特性和波形可以重配置来开发频谱使用的机会。

(4)发射功率控制：发射功率可以自适应调节以保证频谱共享。

(5)位置感知：认知无线电能够确定在相同频段中自身的位置以及其它设备的位置，从而改变传输参数，增加频谱重用。

(6)谈判使用:认知无线电可以按照预先同意的方案共享频谱。

2.认知无线电的能力

认知无线电具有两个重要的能力:可重配置能力和认知能力。

可重配置能力我们比较熟悉,这是软件无线电所具有的重要能力。可重配置能力使无线电设备可以根据无线环境动态改变系统结构和参数,而且不需要任何硬件变化。这个能力使认知无线电能够很容易适应动态无线环境,一般所需要的参数是工作频率、调制方式、发射功率、通信协议等。传输参数的重配置不仅可以在传输开始时进行,也可以在传输过程中进行。

因此,认知无线电可以看作是具有环境感知能力并能够主动学习的智能化的软件无线电,这种能力带来了巨大的技术挑战,如图7-4所示。

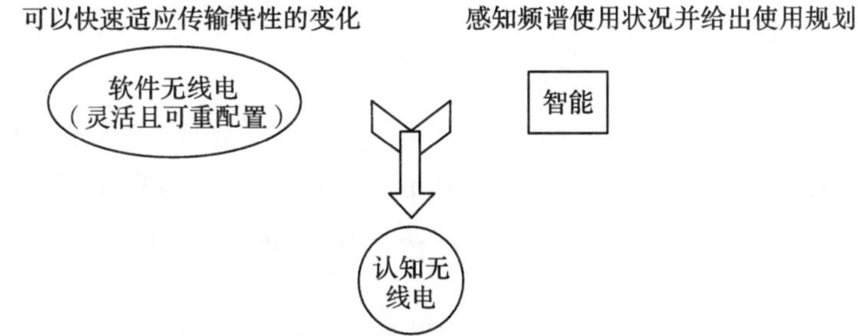

图7-4　从软件无线电到认知无线电

认知能力是指捕获或感知来自无线环境的信息的能力,是一种"智能",也是认知无线电和软件无线电的区别。

认知能力不能简单看作是监测所需频段的功率水平,它是一种相当复杂的技术,可以获得无线环境在空间以及时间域上的变化情况。通过认知能力可以确定在特定的时间和空间频谱中未被使用的部分,从而可以据此信息选择最好的频段和合适的传输参数,使其对授权用户不造成干扰。如果认知无线电系统准备工作的一个频带内存在授权用户,则认知无线电系统将离开这个频段,或停留在这个频段上,通过改变发射功率水平或调制方式等,保证不对授权用户形成干扰。

3.认知任务

认知任务的完成可以看作是信号处理和机器学习过程的结合,其过程开始于对射频激励的被动检测,并通过执行达到高峰。我们可以把认知任务分为三个部分,这三个部分通过外部世界交互形成完整的认知周期,如图7　5所示。认知任务的三个部分如下。

(1)无线场景分析:监测所需频段并获得该频段信息,然后确定频谱空洞。具体包括:估计无线环境的干扰温度和检测频谱空洞。

(2)信道状态估计和预测建模:估计频谱空洞的特性和信道容量。具体包括:信道状态信息估计和信道容量预测。

(3)发射功率控制和动态频谱管理:确定传输功率以及数据速率、传输模式、传输带宽等参数,并根据频谱特性和用户需求选择合适的频段。一旦频段确定下来,通信就在该频段下进行,然而,由于无线环境随时间和空间发生变化,因而认知无线电应该能够跟踪这种变化。如果当前频段不能使用,则频率捷变功能用于提供无缝的传输,在传输过程中任何环境的变化(例如用户的出现、消失、移动、流量变化)都可以引发这种调整。

其中,任务(1)、(2)由接收机完成,任务(3)由发射机完成。这些任务通过射频环境的感应作用,三个任务构成一个完整的认知周期。

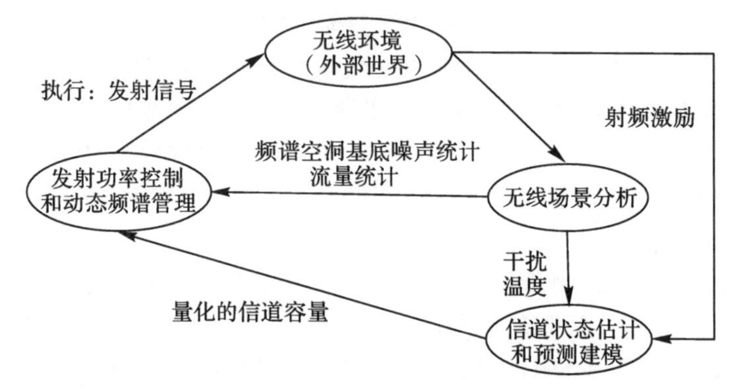

图 7-5　认知任务介绍

从以上简单的讨论可以看到,发射机中的认知模块必须和接收机中的认知模块协调工作。另外,需要注意的是,认知无线电中认知的程度,例如,有的用户仅需要寻找频谱空洞,而有的用户需要采用多种实现技术建立认知周期,围绕频谱空洞集合提供频谱管理、发射功率控制等最佳的性能以及高度的安全。

现代战争条件下战场的电磁环境日益复杂,各种电磁辐射源如雷达、通信、导航、指控、电子对抗设备等数量成倍增加,覆盖的频谱越来越宽,多种电子设备在有限的地域内密集开设,使得频谱资源异常紧张,电磁兼容问题越来越突出。认知无线电能够主动的感知战场电磁环境,并不断地学习归纳,动态地利用频谱资源,对信息进行智能化的传输,因此认知无线电技术能大大提高战场无线通信的性能和可靠性,具体体现在通信容量、频谱利用率、抗干扰能力等方面。同时,由于认知无线电设备能够主动感知战场电磁环境并对接收信号进行识别,因此可以一边进行电磁频谱侦察,一边快速释放或躲避干扰,实现传统无线通信设备所不具备的电子对抗功能。

7.2　短波频率选择技术

7.2.1　短波频率选择技术原理及方法

在前面的介绍中已经指出,短波电离层反射信道是一种时变的色散衰落信道,其通信频率的选择在很大程度上决定着短波通信尤其是短波数据通信的质量,因此在短波无线电通信中,不能任意选取工作频率。对于某一条具体的短波通信线路来讲,可以选用的频率不是整个短波频段,仅仅是在 MUF 和 LUF 间的那一部分频率,也就是我们所说电路的工作频段,否则就不能建立可靠的通信。例如工作频率过高,高于 MUF 时,电波可能越距或穿出电离层,而不能到达预定的接收位置。又如频率过低,低于 LUF 时,有可能使电波能量的大部分甚至全部被电离层所吸收,以至于到达接收端的信号强度不能保证所要求的最小的信噪比,使通信质量变坏,甚至通信中断。

以往短波通信工作频率的选择,主要依据各级通信管理部门凭借经验,制定各短波通信网络工作频率。这种方法具有很大的盲目性，在一定程度上影响了通信质量，甚至会导致通信中断。因此非常有必要研究更加智能的选频技术来提高通信质量。由于天波传播条件(电离层状况)与太阳活动状况直接相关，因此可以通过太阳活动的变化规律对短波通信的工作频率加以预测。而且，在预测电离层状况时，提前预测的时间越早，预测的精度越低。根据工作的需要和可能，目前主流的频率选择方法主要包含以下几种：长期频率预报、RTCE 独立探测系统、基于 ALE 的选频体制、基于数据库的自优化技术和无源探测选频技术等。下面就对上述常用的频率选择方法进行简单介绍。

1. 长期频率预报

长期预测是指预测电离层特性的月平均情况。长期预报方法是依据电离层月中值参量与其相应的表征太阳活动指数的相关关系，推断出一个月、三个月甚至更长时间之后短波的传播模式、接收点信号场强，继而得出临界频率、基本频率、最佳频率等参数的月中值。目前针对亚太地区的具体情况国内研究出了多种频率预报方法，并对一些频率预测方法进行了改进，从而使得预测结果更加准确、可靠。

长期频率预报方法所确定的频率月中值是平均条件下的最佳频率，与实际通信中的 MUF 往往存在较大偏差。因此可以大概确定可用的工作频段，完成频率的粗选，这样可以从频段中剔除无用频率，从而提高频率选择的效率。

2. RTCE 独立探测系统

探测与通信分离的实时信道估值选频系统，是专用的频率管理系统。在采用 RTCE 的探测系统时，并不考虑电离层结构和电离层的具体变化，而是从特定线路出发，在整个短波范围内对频率进行快速扫描探测，实时处理收端信号的频率、误码率、信噪比和多径时延等若干参数，按照信道质量给频率打分排队，然后根据不同的通信质量要求，系统会选择不同的频段和频率分发到各个用户台，从而为通信线路提供了可靠的频率资源信息。

RTCE 技术包括许多种，最常用的探测方法有电离层脉冲探测 RTCE 和电离层 Chirp 探测 RTCE。脉冲探测 RTCE 和 Chirp 探测 RTCE 都是利用现代化的手段对电离层实际状况进行探测，分别通过发射脉冲信号和 Chirp 信号对电离层进行探测，获取电离层相关参量。

RTCE 技术克服了基于统计学原理固定地配置频率的不足，它能实时地探测电离层传输条件和噪声干扰，把握整个短波频段的资源动态，较快地选取通信可用频率，精确性较高。不过，这种选频方式大多适合固定的专用选频系统，不能普遍应用到机动电台，并非真正做到了选用频率的实时性。因此配备实时的频率分发系统，才能保证通信时的最佳频率和探测时的最佳频率保持一致。

3. 基于 ALE 的选频体制

20 世纪 80 年代中期出现的自适应选频系统在通信系统中直接采用 RTCE 技术，在通信间隙对短波信道进行探测、评估。它避免了频率分发过程造成的时延问题，所以确保了频率选用的实时性。RTCE 功能在该系统中称为链路质量分析。然而这种选频方式精度较低，并且存在很大的盲目性，这是因为 LQA 只在预置的有限信道上进行，所选出的频率远非真正最佳的可用频率。而且由于探测时需要中断通信，通信与探测为一体的 RTCE 仍然是一种非实时的选频技术。

在后来的3G-ALE通信系统中，通信系统本身通常不进行LQA，而是利用Chirp频率管理系统来提供通信频率，并使通信系统中的搜索频率表达到最佳。事实证明，专用频率管理系统与自适应通信系统的结合可大大提高选频的实时性。

4.基于数据库的自优化技术

频率自优化技术为实现智能化链路质量分析提供了强大的技术支持。频率自优化数据库中记录着每一个历史通信频率的频率值、通信双方的位置信息、通信时间、通信质量等信息，并实时处理和更新数据库内容。选定一个合适的探测周期，经过几天的探测，对应每小时的信道质量数据库就建立起来了。当需要通信时，通过对特定时间、通信双方位置、通信质量等信息进行分析、处理，从历史通信频率数据库中选取最佳频率。这样，不但在通信的各个阶段都会自动选择最佳通信频点，而且通信网工作时间越长越忙，数据库质量就越高，因而保证了优良频率的不断更新。

5.无源探测选频技术

对于一个短波接收点来说，接收到的天波干扰都要经过电离层的反射，干扰越大则说明电离层的反射作用越强，接收点的干扰能量反应了当时电离层的状况。根据这一原理，周国鼐等研究了一种无源探测实时选频技术。其基本思想就是：依次对短波信道的多个频段上的平均噪声电平进行探测，通过比较各个频段的噪声电平统计平均值和相关算法，根据合理的门限值来实现安静频率的选择。现代短波通信多采用有源探测选频，其优点是选频质量高，适应范围广；缺点是需要发射无线电探测信号，容易造成电磁环境的恶化，暴露通信企图和被敌方侦察和干扰。而采用无源检测干扰重心法的选频，由于不需要发射无线电探测信号，所以提高了信道探测的隐蔽性、机动性，在快速隐蔽的军事通信中具有重要意义。

7.2.2 几种短波信道选择技术

7.2.2.1 基于长期频率预报的VOACAP软件的频率选择技术

VOACAP(Voice of American Coverage Analysis Program)软件是由美国商务部、国家电信和信息管理局和电信科学研究院(NTIA/ITS)联合开发的高频规划软件ITS HF Propagation的电路计算模块，它对原ITS IONCAP模块(高频传输系统应用预测模块之一)进行了改进，并根据短波预测的需要改进算法，现已被美国之音和许多其它国际短波广播机构使用。

VOACAP软件由美国开发，能够预测短波通信在不同工作频率、通信时间和地点下的通信性能，模型中电离层参数的计算主要依照ITU-R建议书和联合方法论，同时考虑了全球大气层和人为噪声的分布。VOACAP可以模拟全球电离层不同的传输路径，预测得到通信台站间信号场强中值、信噪比、最高可用频率、可靠度、信号功率、业务概率等性能参数。不同于实时探测系统的垂直探测，VOACAP是利用公式推导计算得到这些结果的。

预报软件的HFANT软件模块可以设置发射机和接收机的天线参数，其中内置了几十种不同的天线类型方便用户选择，这使得预测模型更加接近实际通信系统，大大提高了预测结果的准确性。

在利用VOACAP进行台站在某个时刻的频率预测时要准确设置电离层的相关参数(如太阳黑子数)，选择合适的天线类型。天线相关参数有方向角、发射功率等，这些直接影响到预报结果的准确性。

在为通信双方选取最佳工作频率时，就可以结合 VOACAP 软件的预测结果为通信双方选择最佳工作频率。

图 7－6 所示为基于 VOACAP 软件分析结果的最佳路径选择流程图示例。

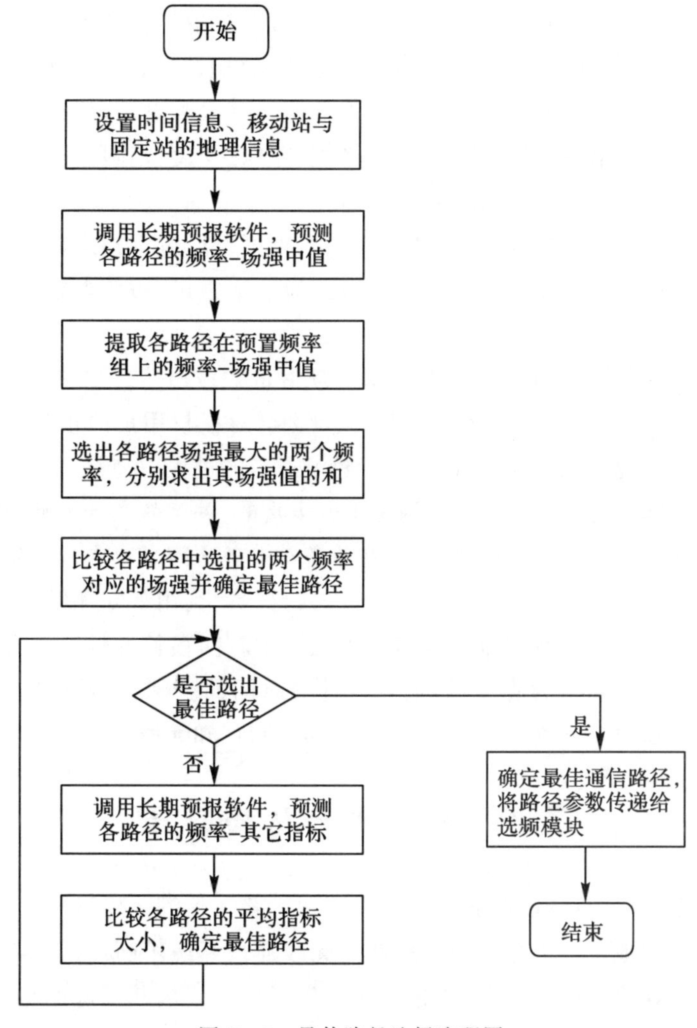

图 7－6　最佳路径选择流程图

7.2.2.2　基于认知无线电技术的短波通信选频技术

无论选择哪种频率选择方式，都不能避免固定频率分配的限制，但是研究发现拥挤的低端频率中依然存在许多可以利用的频率资源。针对这种情况，提出不可用的频率之后，运用认知无线电技术的频谱感知技术可以很好地进行频谱信息的跟踪和评估，获取当前频谱空隙和最佳通信频率的数据，并进行筛选提供可接入信息。

所谓的认知无线电技术，实质上是一种人工智能技术，认知无线电可以智能地进行学习，从而使得它能够对无线网络环境加以适应。一般而言，认知无线电应该具备认知能力和重构能力。所谓的认知能力，指的是认知无线电能够捕获来自无线环境中的信息，在捕获了这些信息之后，再对其进行分析和标识，标识的主要内容就是特定时间和空间内没有使用的频谱资源，通过对这些频谱资源加以标识，然后再选择合适的频谱加以利用，从而使得短波通信能够实现对于频谱资源的充分利用。

一般而言，认知无线电技术都有着自己的认知循环，而在这个认知循环之中，一般都包括频谱感知、频谱分析和频谱判定三个步骤。这三个步骤都有着各自的任务，通过这三个步骤的循环，可以实现对频谱的自动认知。而重构能力则是指的认知无线电设备可以依据动态的无线电环境进行动态的编程，之所以要进行动态的编程，其目的就在于使得认知无线电设备能够利用不同的无线传输技术来实现对于数据的接收和发送，认知无线电进行重构的一个基本前提是不对频谱授权用户产生干扰，在此基础之上对空闲频率加以充分的利用，从而为用户提供通信服务，同时也使得频谱资源得到了充分的利用。而如果授权用户与认知无线电设备所利用的频段发生冲突时，认知无线电也可以通过重构来避免对于授权用户的干扰。利用认知无线电技术可以有效地进行短波通信选频，从而使得频谱资源得到充分的利用。

短波通信由于受到诸多因素的影响，所以在实际的短波通信过程中，频谱资源往往十分有限，如果仅仅依靠采取单一的频率选择方式，要么会对授权用户的正常通信造成影响，要么会对信道和频谱环境造成破坏，所以在进行短波通信的过程中，频谱资源的利用一直都是一个矛盾。但是实际上短波通信频谱资源是十分丰富的，关键就在于如何对其加以利用，目前大部分的短波通信都是短时间的业务，而在业务与业务之间是存在着一定的频谱空隙的，所以短波信道在频率上和时间上都具有多孔性的特征，而利用认知无线电技术就可以对这些空隙加以充分的利用。虽然在短波频谱上找到一个时间很长的频谱不太现实，但是找到时间较短的空闲频率还是较为容易的，而且这种短时间的空闲频谱资源也是十分丰富的。因此要想解决短波通信频谱资源利用的矛盾，就需要对认知无线电技术加以充分的利用。

7.3 短波宽带传输技术

作为传统通信手段，窄带短波通信一直在诸如应急通信等需要远距离无线通信的多种领域具有重要的特殊地位。尽管当前各类新型无线通信系统不断涌现，卫星通信作为重要的远距离通信方式快速发展，然而短波这一传统的通信方式因其固有的特点仍然受到普遍重视。随着当前各类先进无线通信理论和技术的不断涌现，短波通信出现了新的发展契机，已经开始重新获得特别的关注和研究。

为了解决电离层的电子扰动和严重的多径干扰问题，早在 20 世纪 70 年代，已经开始出现第一代自适应短波通信。进入 80 年代，具有完全自动链路建立(ALE)和自动链路保持(ALM)功能的第二代短波(2G - HF)通信得到发展。虽然通过添加数据链路协议，2G - HF 可以支持数据传输，但是由于短波信道的容量受限，该系统依然不能实现大规模的组网应用。到 1999 年，MIL - STD - 188 - 141B 的出台标志着第三代短波通信(3G - HF)的开始。与 2G - HF 相比较，3G - HF 获得了一些重要的改进，如表 7 - 1 所示。

虽然 3G - HF 的建链能力已经得到很大的提高，但依然难以满足当前新业务的迫切需要。从当前国际上关于短波通信的研究来看，可以分为两大类：一类是基于现有标准，重点研究相应的技术及其实现;另一类是在现有标准的基础上,面向未来新一代短波通信的发展,探索新的理论和关键技术,以满足不断发展的新业务需求。

表7-1 2G-HF与3G-HF的性能比较

2G-HF	3G-HF
模块化,不同的功能依靠不同的硬件实现	高度集成化,所有的功能都被集成到电台
异步模式,没有GPS参考授时,建链时间长	同步模式,使用GPS参考授时,建链时间短
8FSK,低信噪比下性能较差	8FSK和Walsh函数,低信噪比下依然保持较好性能
数据率自适应基于波形的改变,变化速度慢	数据率自适应基于自适应码率,变化速度快
可实现STANAG4539中定义的12.8 kb/s的高数据率	最大数据率为4.8 kb/s
点到点和广播通信模式	点到点和点到多点通信模式
高吞吐量	吞吐量较低

从当前的研究趋势来看,下一代短波通信必然是以“宽带”为主要特征,不再局限于传统的3 kHz信号带宽,而是将信号带宽扩展到数十千赫兹甚至接近1 MHz,这不仅是技术发展的趋势,更重要的是现实情况对短波通信提出了更高速地传输数据的迫切需求。目前,短波通信系统除了语音和报文等低速的基本业务以外,还要求能够实时地向指挥中心远程传输图像信息,甚至是视频信息。那么,一旦卫星和陆地移动通信遭到损毁,则此项远程传输的重任将落在短波通信上面。传统窄带短波通信的3 kHz信号带宽已经不能满足这种高速传输的要求,发展以高可靠性、高速率和高效组网为基本特征的新一代宽带短波通信,已经成为必然的发展趋势。

7.3.1 高可靠宽带短波通信

可靠传输是应急通信的一项基本要求,它不仅能够保证系统传输的质量,还是提高系统传输速率的基础。虽然短波通信以其机动灵活和抗毁性强等独特优势在国民经济、国防和军队建设中具有不可替代的地位和作用,特别是在战争、突发事件和自然灾害等应急情况下,如果现有固定通信设施遭到损毁,短波通信就成为最重要的远程无线传输手段。但是,由于短波频段带宽窄、信道差,使得短波通信存在传输速率低、质量不高和组网困难的缺点。

由于短波信道存在严重的多径衰落和电磁干扰,使得短波数据通信的可靠性不高,容量也很小。短波信道为衰落色散信道,在短波信道上传输数据信号,遇到的主要障碍是短波信道多径效应引起的信道参数的变化。多径效应引起的衰落使所传输的数据信号幅度减小,增加了错误判决的概率,容易引起突发错误。多径效应引起的波形展宽,使所传输的数据码元间相互串扰,产生码元失真,限制了数据传输速率的提高。而且,电离层快速变化引起的多普勒频移易使信号的频谱结构发生变化,相位起伏不定,造成数据信号的错误接收。目前,虽然第三代短波通信在建链方面已经取得了良好的效果,但是其业务传输的可靠性和稳定性依然较差。

为了克服短波信道的衰落,宽带短波通信需要不断地推进新技术在该领域中的应用和发展。除了传统的诸如信道编码等在时域上增加冗余来提高可靠性之外,采用多天线技术的空间分集方式也是一种很好的选择。作为提高传输可靠性的一种有效方式,空间分集利用空间信道的独立性可以显著增强系统的传输质量。Alamouti 等人的研究已经明确指出,采用空时/频编码的空间分集能够获得优异的性能。因此,基于多发多收(Multiple-Input Multiple-Output, MIMO)的空间分集技术在移动通信等无线传输领域中已经受到了广泛的关注和研究。根据目前国外的实验结果,在合理的天线配置情况下,采用 MIMO 可以使得短波通信性能获得显著提高,这也为宽带短波通信系统提高其传输可靠性提供了依据。下面就 MIMO 系统作详细介绍。

7.3.1.1 MIMO 系统的研究背景

近 20 年来,蜂窝通信和无线局域网对容量的需求呈爆炸性的增长,尤其是互联网的无线接入和多媒体应用对信息吞吐量增长的需求,已超过现今技术所能支持的数据速率的几个数量级,无线通信系统需要无线链路具有更高的传输能力和传输质量。因此,在以第三代(3G)以及后三代(B3G)为代表的现有和未来无线通信系统的设计中,频率资源的匮乏,多径衰落所导致的传输问题以及用户对更高传输速率、更好传输质量、更大系统容量的日益增加的要求使无线通信面临着巨大的挑战。传统的单输入单输出(Single Input Single Output, SISO)系统很难同时解决这些问题。一个使数据传输速率增长、传输质量提高得以实现的重要技术突破就是在系统的发射端和接收端使用多个天线。这样一个使用多天线发射和接收的系统就是通常所说的 MIMO 系统。随时间呈指数增长的集成电路运算能力使得 MIMO 系统及其相关信号处理算法的实现成为可能。因此,MIMO 系统成为无线通信的主要研究方向之一。

MIMO 技术在广义上是指使用多个相关或者不相关的发送天线或者接收天线的技术。通常有单发多收(Single Input Multiple Output, SIMO)、多发单收(Multiple Input Single Output, MISO)和多发多收(MIMO)等几种形式。MIMO系统中,发射端的信号在经过编码、调制及交织等空时处理后,同时从多个天线发射出去,信号经多径传输到达接收端、由多个接收天线同时接收,并进行相应的 MIMO 系统的信号检测。多径衰落在 SISO 系统中是影响通信的不利因素,但在 MIMO 系统中,可以充分利用多径携带的更多信息,从而提高系统性能。

MIMO 的最早构思来源于 20 世纪 20 年代的贝尔实验室。当时主要是为了解决在高速电缆中,由于带宽受限所导致的信号干扰问题。然而,在当时由于处理 MIMO 信号存在一些难以解决的问题(如功率问题),从而使这项技术无法被应用及推广。随着信号处理技术和集成技术的发展,以及现代通信发展的要求,MIMO 技术终于出现在现代通信的舞台上。关于 MIMO 系统的理论是由斯坦福(Stanford)大学在 1994 年最先提出的。1995 年,Emre Telatar 提出了加性高斯白噪声信道下,单用户 MIMO 系统的系统容量,证明了在信道间衰落相互独立的条件下,多天线(Muti-Element Antennas, MEA)系统所能获得的系统容量大大超过单天线系统。1996 年,Foschini 指出 MIMO 系统能通过空间复用技术提高系统容量,并推导出了不同天线个数时的系统容量。空时信号处理是 MIMO 的一个重要概念,在空间上使用多个天线,在时间上则进行编码,从而实现空时联合处理。贝尔实验室提出了分层空时结构处理(Bell Laboratories Layered Spaced - Time,BLAST),从而使 MIMO 成为实际可行的技术。这种方案在接收端采用干扰抑制的方法逐个提取接收信号,从而去除了不同空间信号间的干扰,使系统容量接近理想香农信道容量。后来另一个突破性的方案,即空时编码的思想由 AT&T 实验室提出,它可以提高 MIMO 系统的分集增益。这些工作有力地证明了 MIMO 技术对于提高系统容量的巨大潜力,从而奠定了 MIMO 系统发展的基础。近年来,人们已从各个角度对 MIMO 系统进行了大量的研究。

7.3.1.2 MIMO 系统的原理

MIMO 系统的原理框图如图 7-7 所示。其本质是多输入多输出的多天线技术,就是无线信号通过多个天线进行同步收发的技术。一个无线通信系统只要其发射端和接收端同时都采用了多个天线(或者天线阵列),就构成了一个无线MIMO系统。区别于以往典型的无线设备使用一个天线发送、一个天线接收的 SISO 系统,MIMO 采用空间复用技术对无线信号进行处理:数据通过多重切割之后转换成多个平行的数据子流,数据子流经过多副天线同步传输,在空中产生独立的并行信道传送这些信号流;为了避免被切割的信号不一致,在接收端也采用多个天线同时接收,根据时间差的因素将分开的各信号重新组合,还原出原始数据。

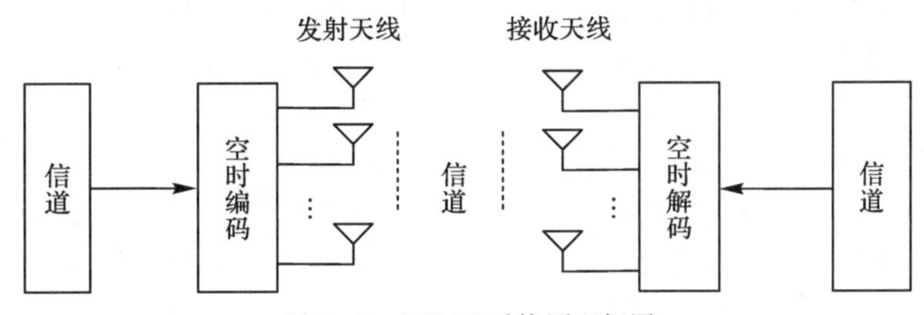

图 7-7 MIMO 系统原理框图

发射的无线信号在无线信道中传播会经过反射、绕射和散射,形成多条传输路径,因此在接收端接收到的无线信号由多径信号的叠加组成,从而使该信号变得不同步、不规则,这种现象就是通常所说的多径效应。在传统的 SISO 系统中,多径效应是影响通信质量的一个主要因素。而 MIMO 系统正是利用了这种多径效应,人为地将信号放在多条路径上进行传输,从而增加了系统所能携带的信息量和系统的抗衰落能力。MIMO 系统能将信道分成平行的子信道,从而提高系统的传输能力。例如,第一代 MIMO 产品理论上能将 IEEE 802.11 的速率从 54 Mb/s 增加到 108 Mb/s。

7.3.1.3 MIMO 系统的优势

1.更高的数据吞吐量

802.11b 工作在 2.4 GHz,采用补码键控(Complementary Code Keying, CCK)调制技术提供最高可达 11 Mb/s 的数据传输速率。802.11a 运行在 5 GHz 的 UNII 频段上,采用 OFDM 技术,其速率最高可达 54 Mb/s,但由于成本问题制约了其发展,因此其并没有得到广泛的推广。802.11g 兼容 802.11b 工作在 2.4 GHz,但采用 OFDM 技术使其最高数据速率可达 54 Mb/s。而 MIMO 技术在同一个频带上利用多个天线创造多个并行的空间信道,通过多个相对独立的数据子信道来发送信息。在发射功率和带宽固定时,系统的容量随最小天线数的增加而线性增加。所以,MIMO 技术增加了系统的容量,必然也提高了数据传输速率。使用了 MIMO 技术的无线局域网的传输速率可增至 108 Mb/s 以上，最高可达 320 Mb/s。

2. 更高的频谱利用率

要改善无线局域网性能的一种选择是利用更多的频带宽度，如 Super G 技术使用专有的信道捆绑技术。IEEE 802.11 规范了 2.4 ～2.4835 GHz 的 83.5 MHz 的空间，并且将这段频谱空间分隔成 11 或 13 个频道，每个频道占用 20 MHz 频带。在 802.11b 和 802.11g 标准中，无线设备只能使用其中的一个频道来传输数据。Super G 技术将两个频道捆绑起来，绑定后的双频传输相当于在一个单独的信道里接收和发送，所以最高的传输速率达到 108 Mb/s。但是这不是一个好的长期选择，因为数据负载和信道占用比率随着时间的增加而增长，从而造成 Super G 的频谱利用率较低，而且容易造成干扰。而 MIMO 技术通过增大天线的数量来传输信息子流，多个数据子流同时发送到信道上，各发射信号占用同一频带，从而在不增加频带宽度的情况下增加频谱利用率。采用 MIMO 技术的无线局域网频谱利用率可以达到 20～40 b/s/Hz，非常适合室内环境下的无线局域网系统的应用。

3. 更广的信号覆盖范围

MIMO 技术能将遇到反射体后产生的发射波、折射波或散射波来组合信号，扩大了单一流量的传输距离和天线的接收范围。无线信号扩展到原本单一发射端的直接信号无法覆盖的范围，特别是覆盖到室内容易出现信号盲点的死角，真正让你无“静区”之忧。

4. 更强的抗衰落能力

多径衰落是影响通信质量的主要因素，也是通信中无法避免的问题。发射的无线信号在传播过程中，遇到各种反射体引起反射、散射、穿透或者吸收，经过不同路径到达接收端的无线信号由于时延各不相同，经过矢量合成以后就在接收端形成瞬时值的迅速、大幅变化，这种变化就是由多径(空间)引起的快衰落。以往的技术都是采用分离信号的方法把干扰信号从最强的有用信号中分离来缓解多径传播的干扰。

MIMO 技术没有设法消除多径信号，而是充分利用空间传播中的多径矢量，将信道与发射、接收视为一个整体进行优化，即当两处信号在被认为完全不相关的情况下实现多径信号的空间分集接收。如果按 SISO 系统的单个天线发送、单个天线接收，则单一的接收天线可能会对某个特定传播路径的信号重新组合后出现严重的失真，甚至由于信号相位相反而互相抵消。而 MIMO 系统采用多发送天线、多接收天线，那么不同的空间位置上的衰落特性不同，即便单个天线出现 SISO 系统信号多径衰落的问题，仍可以从其它的天线抽取出相同子信道的信号在不同传播路径下合成的信号，分析比较选取最优的信号作为这个子信道的接收信号，从而有效地利用随机的信道衰落和多径传播来提高传输速率。虽然 MIMO 技术可以抵抗多径衰落的影响，但对于频率选择性引起的深衰落，可以通过结合 OFDM 技术将其转换为子载波上的平坦衰落，进一步减小多径衰落的影响。

7.3.2 高速率宽带短波通信

由于短波信道的带宽有限，信道状况又受到严重的多径干扰和电离层的强电子扰动，因此为了满足高速可靠的传输要求，现有的短波通信技术必须进行必要的革新，短波通信面临一系列新的重要问题。传统窄带短波通信的带宽仅为3 kHz，即使采用了一些先进的技术，传输速率也仅能达到十几 kb/s。目前，美国军方的 141C 标准已经草拟了 24 kHz 带宽的草案，国外的一些学者也提出了将短波的信号带宽扩展到几百千赫兹、甚至到 1 MHz，因此结合相应的技术手段之后的宽带短波通信，是未来高速远程无线传输的一种新手段。

短波频段的频率较低，信号带宽受到限制，若要实现在其有限带宽上的高速数据传输，则必须极大地提高频谱效率。目前，能够有效地提高频谱效率并实现高速传输的技术手段主要包括 MIMO 技术和 OFDM 技术。

基于 MIMO 的空间复用技术利用空间信道的不相关性，可以保证多路独立数据在多个不同的天线上发射和接收，从而在一定的频谱带宽上大幅度提高数据传输速率。国外的实验仿真结果表明，采用空间复用的系统容量几乎可以随着天线数量的增加而线性增加。对于短波通信而言，研究表明 MIMO 技术可显著提高短波通信的数据传输速率和可靠性。

除了空域上 MIMO 技术在高速传输方面的贡献，OFDM 技术基于频域正交原理也可以在一定程度上提高频谱效率，从而实现高速传输。

正交频分复用技术不仅能够提供两倍于传统无线通信技术的频谱利用率，而且可以有效抑制高速数据传输所引起的码间干扰。

7.3.2.1　OFDM 基本原理与发展

OFDM 技术在频域把信道分成许多正交子信道，各子信道的载波间保持正交，频谱相互重叠，这样减小了子信道间干扰，提高了频谱利用率，如图 7－8 所示。同时在每个子信道上信号带宽小于信道带宽，虽然整个信道的频率是非平坦，但是每个子信道是相对平坦的，大大减小了符号间的干扰。

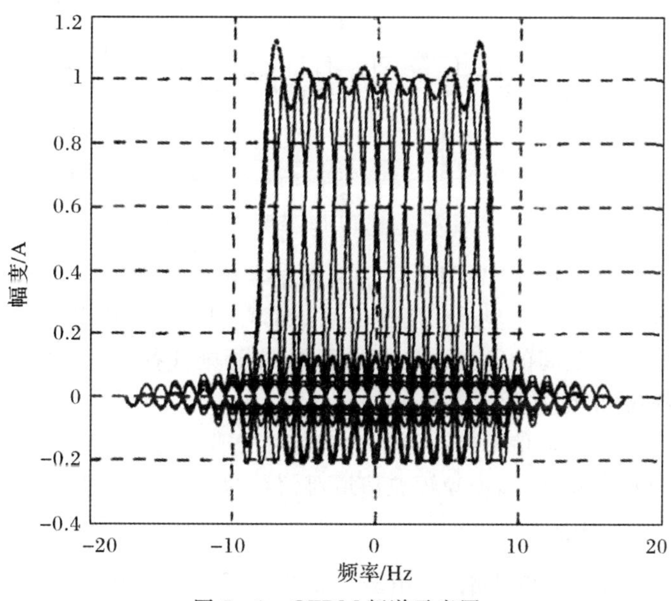

图 7－8　OFDM 频谱示意图

早在 20 世纪 60 年代，OFDM 的思想就已经提出，它是一种特殊的多载波传输方案，既可以被看作是一种调制技术，也可以被当作一种复用技术。早期的 OFDM 技术主要用于美国军用高频通信系统中，当子载波数很大时，系统非常复杂和昂贵，这就限制了 OFDM 技术的广泛应用和进一步发展。直到快速傅里叶变换（FFT）的提出，多载波的调制和解调问题才得以解决。为了抵抗符号间干扰（Inter-Symbol Interference，ISI）和载波间干扰（Inter-

Carrier Interference,ICI),循环前缀(Cyclic Prefix, CP)的思想被提出。只要 CP 的长度大于信道的最大时延扩展,即使在色散信道上也能获得较好的正交性,增加了 OFDM 系统的抗多径能力。在消除 ISI 的同时,保证系统在多径条件下仍能保持正交。OFDM 作为一种宽带无线传输技术具有突出的优势,因而被广应用于民用通信系统中,如 DAB、DVB、IEEE802.11 和 IEEE802.16 等。进入 21 世纪以后,由于数字信号处理技术的飞速发展,OFDM 技术引起了更加广泛的关注。随着数字移动通信系统、个人通信技术、多媒体通信技术和扩频码分多址等近代通信技术的迅速发展,以及日益走向高速、综合、大容量业务的要求,OFDM 技术的发展步伐加快,而且出现了许多新的研究领域和新的发展动向。

图 7-9 是 OFDM 收发机常用结构框图,该图分为两部分,上半部分为发射机结构,下半部分为接收机结构(发送和接收互为反过程)。待发送的符号经过映射后组成频域 OFDM 符号,用 IFFT 变换到时域,在时域的每个 OFDM 符号加上循环前缀即可得到时域的 OFDM 基带信号。接收端则刚好相反,OFDM 接收下来的基带信号首先经过信号同步模块,确定出 OFDM 符号开始的位置,在移除循环前缀 CP 后,即可用 FFT 将信号从时域变换到频域上,经过信道估计和均衡后的信号即可硬判或送入译码器。

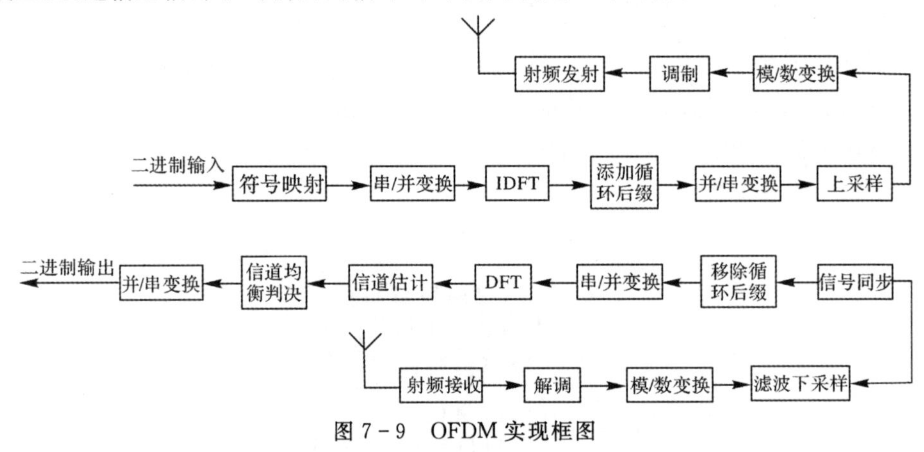

图 7-9　OFDM 实现框图

由此可见,在具体短波应用中,OFDM 的关键技术包括以下几个方面。

(1)短波信道同步技术。同步是任何通信系统都必须解决的首要问题。在 OFDM 系统中,如何确保各个子载波之间的正交性是至关重要的,否则其各子载波之间将相互干扰。因此,OFDM 对同步的要求也就更加严格。

(2)短波信道均衡技术。信道估计的目标就是对 OFDM 符号中所有子载波位置上的信道特性进行估计,然后通过补偿,消除短波信道对信号的影响,以实现接收信号的正确解调。

7.3.2.2　OFDM 的优势

OFDM 技术是一种多载波技术,采用多个正交的子载波来并行传输数据,并使用离散快速傅里叶变换技术实现信号的调制与解调,因此该技术与传统的单载波相比具有很多优势。

1. 频带利用率高

传统的多载波系统为了分离开各子信道的信号,需要在相邻的信道间设置一定的保护间隔,以便接收端能用带通滤波器分离出相应子信道的信号,造成了频谱资源的浪费。OFDM 系统各子信道间不但没有保护频带,相邻信道间信号的频谱的主瓣还相互重叠,但各子信道信号的频谱在频域上是相互正交的，各子载波在时域上是正交的，OFDM 系统的各子信道信号的分离(解调)是靠这种正交性来完成的。另外，OFDM 的各子信道上还可以采用多进制调制(如频谱效率很高的 QAM)，进一步提高 OFDM 系统的频谱效率。

2. 抗多径、衰落能力强

由于 OFDM 系统均采用循环前缀方式，使得它在一定条件下可以完全消除信号的多径传播造成的码间干扰，完全消除多径传播对载波间正交性的破坏，因此 OFDM 系统具有很好的抗多径干扰能力。同时，OFDM 系统采用多个正交的子载波并行传输数据，将速率很高的数据流经过串/并变换后，调制到各个子载波上进行传输，这样在每一路上的数据速率大大降低了，可以有效抵抗频率选择性衰落。当信道中因为多径传输而出现频率选择性衰落时，只有落在频带凹陷处子载波所携带的信息受影响，其它子载波的信息未受损害，因此系统总的误码率性能好。

3. 实现简单

当子信道上采用 QAM 或 MPSK 调制方式时，调制、解调过程可以应用 IFFT 技术完成。传统 OFDM 的实现需要多个调制解调器，电路十分复杂，限制了 OFDM 技术的使用范围。采用 FFT/IFFT 技术大大降低了 OFDM 的复杂性，设备简化易实现。近年来，随着数字集成电路的迅速发展，DSP 芯片的运算能力越来越快，出现了处理速度很快的 IFFT/FFT 专用芯片，更进一步推动了 OFDM 技术的发展。

4. 便于与多种接入方式结合使用

OFDM 系统很容易与其它多种接入方法结合使用，构成 OFDMA 系统，其中包括多载波码分多址(MC－CDMA)、跳频 OFDM 以及 OFDM－TDMA 等，使得多个用户可以同时利用 OFDM 技术进行信息的传递。

可见，OFDM 技术在无线传输中具有很大的优势，因此已经在军用和商用中都获得了广泛的应用。目前 3 kHz 带宽下的窄带短波通信系统已经采用了 OFDM 调制技术，而且应用效果非常显著，HF－OFDM 系统的传输速率可上升到十几 kb/s，这也充分显示了 OFDM 技术应用于短波通信中的优势。

综上所述，新一代的宽带短波通信通过结合若干先进的无线传输技术，可以有效地解决远程传输的可靠性和传输速率问题。

7.3.2.3　OFDM 技术应用于短波通信的优劣势

正是基于 OFDM 的上述优点，我们在短波通信里优先考虑 OFDM 这种调制方式。除了有效利用短波有限的频谱资源外，采用适当长度的循环前缀，还可以有效地避免短波信道中比较严重的多径效应，消除 ISI，降低接收端均衡的复杂度。短波信道存在频率选择性，尤其是在 24 kHz 宽带范围内，有些频点会存在深衰的情况，利用动态子信道分配的方法，可以避开那些发生深衰的频点，保证系统的性能。另外，宽带短波信道中必然存在很多干扰，最为严重的是目前空中已存在的 3 kHz 的短波信号以及一些单音干扰；这些干扰对于宽带短波来讲，都是影响小部分的子载波，因此，OFDM 从子载波动态分配的角度上来讲，可以抵抗这种干扰。

然而，OFDM 系统固有的缺陷必然也会影响其在短波信道中的应用。首先，短波信道是一种典型的随参信道，通常会存在较大的多普勒频移，而 OFDM 系统对频率偏差很敏感。其次，OFDM 系统的峰值平均功率比太大，对短波系统发射机内的功率放大器的线性要求很高。如果放大器的动态范围不够,会使发送信号发生畸变,从而破坏各个子载波之间的正交性,系统性能恶化。最后,宽带短波信道中存在一定程度的群延时。根据无线电波在电离层的传播理论,频率较高的无线电波只能从电子密度较高的电离层反射回地面,并且信号在介质中传输时,速度与信号传播轨迹中的电子密度有关。这样就会导致同一宽带 OFDM 符号内的不同频率分量的传播路径的轨迹长度不一样,即不同频率的信号到达接收端的延迟时间不同,故很难通过 FFT 恢复出正确的频域信号。

7.3.2.4 OFDM 技术应用于短波通信的实例

随着基带信号处理能力的提高和用户对带宽需求的增加,在过去几年里 HF 数据传输速率大幅度提高,加拿大 CRC 的试验工作是在 3 kHz 带宽实现 9600 b/s 传输速率的第一个成功尝试。随后美国的 Harris 公司、通用航天航空防务公司、法国的 Thomson 公司和德国的 Daimler-Chrysler 航空航天部门在高速 HF 数据通信领域做了许多有意义的工作,当前已能提供 9600 b/s 以上的传输速率。

提高通信速率是 HF 通信领域研究的一个主要方向。MIL - STD - 188 - 110B 在 2400 b/s 以上传输速率中,提供了 3200、4800、6400、8000、9600、12800 b/s(无编码)的传输服务,STANG5066 也支持高速 HF 数据通信业务。在并行和串行两种体制中寻找新的发送波形和新的编码方式是提高 HF 通信速率的关键。OFDM 技术由于具有较强的抗多径干扰的能力,能够有效地抑制 ISI 和子载波干扰,已被成功应用于 DRM 中。值得注意的是 DRM 同样使用短波频段(3～30 MHz)传输音频和数据信息。下面是 OFDM 技术在短波通信领域里应用比较成功的几个例子。

1. 英国 Racal Research Limited 的实现途径

在战术电台环境下,VHF(30～300 MHz)通信是常采用的一种规范;但在复杂的地形条件下,VHF 通信有时会出现障碍,此时可以尝试采用接近垂直入射(NVIS)的短波电台建立通信联系。英国的 Racal Research Limited 开发出一种适应于 HF NVIS 信道的并行体制调制解调器。它采用 OFDM 技术,子载波个数为 56,信号的调制方式为 256QAM、64QAM、16QAM、FSK、PSK、SSB,在 3 kHz 带宽上实现无编码最高传输速率 16 kb/s,能够在多普勒扩展 1 Hz、延迟扩展 5 ms 的 HF NVIS 信道条件下正常工作。该调制解调器是在快速 DSP 原型平台上实现的,系统采用了 Motorola 的定点 DSP56300 处理器,通过软件无线电技术使得设计复杂度大为降低。

此外,为进一步检验采用 OFDM 技术的调制解调器的实际性能,1999 年 6 月,加拿大对 CRC 的串行调制解调器和 Racal 的并行体制调制解调器进行了三个星期的现场对比试验。经过现场试验,两种调制解调器性能略有差异,在黎明 OFDM 比串行体制调制解调器性能好,在整个晚间误码率性能一直较低,在白天两种调制解调器工作都很好。由于两种调制解调器都没有采用 FEC 编码,误码率较高。

2. 法国 Thomson 公司的实现途径

Thomson 公司采用 OFDM 体制,子载波个数 79,信道编码采用基于帧结构的 Turbo code 编码方式,数据传输速率达 9600 b/s。

每帧结构如下:

(1)每帧 3 个 OFDM 符号,每个 OFDM 符号有 79 个子载波。

(2)第 1 个 OFDM 符号有 52 个数据和 27 个导频符号。

(3)第 2 个 OFDM 符号有 79 个数据和 0 个导频符号。

(4)第 3 个 OFDM 符号有 79 个数据和 0 个导频符号。

(5)每个 OFDM 符号周期 32.81 ms,保护间隔 6.15 ms。

(6)子载波间隔 37.5 Hz,第 1 个子载波和最后 1 个子载波间隔 2925 Hz。

(7)短交织时间长度 1.8 s,长交织时间长度 10.8 s。

3. ARD9900 调制解调器

该调制解调器是由环球无线电通信公司(Universal Radio Incorporation)推出的最新一代商用产品,具有传输数字语音、图像、数据的功能,语音编码部分采用先进的 vocoder AMBE 技术。主要参数如下。

(1)采用 OFDM 调制,子载波个数 36,子载波间隔 62.5 Hz,信号调制方式为 DQPSK。

(2)基带信号带宽为 280～2530 Hz。

(3)数据传输速率 50B/3600 b/s。

(4)每帧有 3 个 OFDM 符号,每个 OFDM 符号周期 20 ms,保护间隔 4 ms。

(5)FEC 编码:内层卷积编码 1/2,结束长度 7,生成多项式;外层 Reed-Solomon 编码。

(6)具有图像、语音、数据加密功能。

4. 一种满足地面和飞机通信标准的并行调制解调器

1998 年国际民事飞行组织(ICAO)建立了地面与飞机联系的短波通信标准:SARPS for HF Datalink、AMCP/5 - WP172。该标准采用单载波数据,最高传输速率达 1800 b/s。S. Zazo等人对此进行改进,提出采用 OFDM 调制的两种新方法。第一种方法:每帧由 3 个 OFDM 符号组成,子载波个数 16,一个用于信道探测的 OFDM 符号后接两个连续 OFDM 数据符号。第二种方法:每帧由一个用于信道探测的短 OFDM 符号和一个长 OFDM 数据符号组成;短 OFDM 符号由 16 个子载波组成,长 OFDM 符号由 32 个子载波组成。系统主要参数如下。

(1)信道编码:Reed-Solomon 编码;信号调制方式:QPSK。

(2)短交织长度 1.8 s;长交织长度 4.2 s。

(3)方案一:子载波间隔 175 Hz,有效 OFDM 符号周期 5.71 ms,保护间隔2.62 ms。

(4)方案二:子载波间隔 87.5 Hz,有效 OFDM 符号周期 11.43 ms,保护间隔3.93 ms。

仿真结果表明:两方案在误比特率(Bit Error Ratio, BER)方面性能改善显著,同时还有效降低了先导信号和信道探测信号的长度,对于提高传输速率具有重要意义。

习题

1. 简述软件无线电的核心思想。
2. 简要说明认知无线电的基本原理。
3. 目前主流的短波通信频率选择方法有哪几种?
4. 简述 OFDM 系统与传统的多载波系统的主要区别。

附　录

附录 A　术语与定义

为便于理解书中的基础概念，减少混淆和误解，列出以下术语和定义，供参考。

1. 无线电(radio)

无线电：对无线电波使用的通称。

2. 电信(telecommunication)

电信：利用有线、无线电、光或其它电磁系统所进行的符号、信号、文字、图像、声音或其它信息的传输、发射或接收。

3. 无线电波(radio waves or Hertzian waves)

无线电波或赫兹波：频率规定在 3000 GHz 以下，不用人造波导而在空间传播的电磁波。

4. 无线电通信(radio communication)

无线电通信：利用无线电波的电信。

5. 信道(channel)

信道：通信的通道，是信号传输的媒介。无线信道也就是常说的无线的"频段"，是以无线信号作为传输媒体的数据信号传送通道。

6. 电报(telegram)

利用电报技术传送投递给收报人的书面材料。除另有规定外，该术语亦包括无线电报。本定义中电报技术一词的一般含义与公约中规定的相同。

7. 传真(facsimile)

一种用于传输带有或不带有中间色调的固定图像的电报技术方式，其目的是使其以一种可长久保存的方式重现图像。

8. 辐射(radiation)

任何源的能量流以无线电波的形式向外发出。

9. 发射(emission)

由无线电发信电台产生的辐射或辐射产物。(注：一个无线电接收机本地振荡器辐射的能量就不是发射而是辐射)

10. 占用带宽(occupied bandwidth)

指这样一种带宽，在此频带的频率下限之下和频率上限之上所发射的平均功率分别等于某一给定发射的总平均功率的规定百分数。除 ITU－R 建议书对某些适当的发射类别另有规定外，$\beta/2$ 值应取 0.5%。

11. 必要带宽(necessary bandwidth)

对给定的发射类别而言,其恰好保证在相应速率及指定条件下具有所要求质量的信息传输的所需带宽。

12. 功率(power)

凡提到无线电发信机等的功率时,根据发射类别,应采用以下的三种形式之一,并以设定的两种符号之一表示:峰包功率(P_X或 p_X);平均功率(P_Y或 p_Y);载波功率(P_Z或 p_Z)。对于不同发射类别,在正常工作和没有调制的情况下,峰包功率、平均功率与载波功率之间的关系在可用作指导的 ITU-R 建议书中详细说明。应用于公式中时,符号 p 表示以 W 计的功率,而符号 P 表示相对于一基准电平以 dB 计的功率。

13. 电台(station)

电台为开展无线电通信业务或射电天文业务所必需的一个或多个发信机或收信机,或发信机和收信机的组合(包括附属设备)。

14. 天线增益(gain of antenna)

在指定的方向上并在相同距离上产生相同场强或相同功率通量密度的条件下,无损耗基准天线输入端所需功率与供给某给定天线输入端功率的比值,通常用 dB 表示。如无其它说明,则指最大辐射方向的增益。增益也可按规定的极化来考虑。根据对基准天线的选择,增益分为以下几种。

(1)绝对或全向增益(G_i),这里基准天线是一个在空间中处于隔离状态的全向天线。

(2)相对于半波振子的增益(G_d),这里基准天线是一个在空间处于隔离状态的半波振子,且其大圆面包含指定的方向。

(3)相对于短垂直天线的增益(G_v),这里基准天线是一个比 1/4 波长短得多的、垂直于包含指定方向并完全导电的平面的线性导体。

15. 干扰(interference)

由于一种或多种发射、辐射、感应或其组合所产生的无用能量对无线电通信系统的接收产生的影响,其表现为性能下降、误解或信息丢失,若不存在这种无用能量,则此后果可以避免。

附录 B 用于构成十进倍数和分数单位的词头

通信技术交流中经常使用一些符号来表示很大或者很小的值，如 MHz、Gb/s、μF 等。这些符号其实是由用于构成十进倍数和分数单位的词头同基本单位组合而成的，如 MHz 就是一百万倍词头“兆”(M)和频率单位“赫兹”(Hz)组合的，记为 MHz，表示 10^6 Hz。

这里给出国标规定的相关词头的符号和读音，供读者参考。

附表 2-1 用于构成十进倍数和分数单位的词头

所表示的因数	词头名称	词头符号
10^{18}	艾[可萨]	E
10^{15}	拍[它]	P
10^{12}	太[拉]	T
10^{9}	吉[咖]	G
10^{6}	兆	M
10^{3}	千	k
10^{2}	百	h
10^{1}	十	da
10^{-1}	分	d
10^{-2}	厘	c
10^{-3}	毫	m
10^{-6}	微	μ
10^{-9}	纳[诺]	n
10^{-12}	皮[可]	p
10^{-15}	飞[母托]	f
10^{-18}	阿[托]	a

附录C　无线电业务的分类

这里给出《中华人民共和国无线电频率划分规定》(2018 年 7 月 1 日起施行)中的无线电业务分类,供参考。

1. 无线电通信业务(radiocommunication service)

无线电通信业务为各种电信用途所进行的无线电波的传输、发射和/或接收。

在本规定中,除非另有说明,无线电通信业务均指地面无线电通信。

2. 固定业务(fixed service)

固定业务为指定的固定地点之间的无线电通信业务。

3. 卫星固定业务(fixed - satellite service)

卫星固定业务为利用一个或多个卫星在处于给定位置的地球站之间的无线电通信业务;该给定位置可以是一个指定的固定地点或指定区域内的任何一个固定地点;在某些情况下,这种业务也可包括运用于卫星间业务的卫星至卫星的链路;也可包括其它空间无线电通信业务的馈线链路。

4. 航空固定业务(aeronautical fixed service)

航空固定业务为航空导航安全与正常、有效和经济的空中运输,在指定的固定地点之间的无线电通信业务。

5. 卫星间业务(inter - satellite service)

卫星间业务为在人造地球卫星之间提供链路的无线电通信业务。

6. 空间操作业务(space operation service)

空间操作业务为仅与空间飞行器的操作,特别是与空间跟踪、空间遥测和空间遥令有关的无线电通信业务。

上述空间跟踪、空间遥测和空间遥令功能通常是空间电台运营业务范围内的功能。

7. 移动业务(mobile service)

移动业务为移动电台和陆地电台之间或各移动电台之间的无线电通信业务。

8. 卫星移动业务(mobile - satellite service)

卫星移动业务为在移动地球站和一个或多个空间电台之间的一种无线电通信业务,或该业务所利用的各空间电台之间的无线电通信业务;或利用一个或多个空间电台在移动地球站之间的无线电通信业务。该业务也可以包括其运营所必需的馈线链路。

9. 陆地移动业务(land mobile service)

陆地移动业务为基地电台和陆地移动电台之间或陆地移动电台之间的移动业务。

10. 卫星陆地移动业务(land mobile - satellite service)

卫星陆地移动业务为移动地球站位于陆地上的一种卫星移动业务。

11. 水上移动业务(maritime mobile service)

水上移动业务为海岸电台和船舶电台之间或船舶电台之间或相关的船载通信电台之间的一种移动业务;营救器电台和应急示位无线电信标电台也可参与此种业务。

12. 卫星水上移动业务(maritime mobile-satellite service)

卫星水上移动业务为移动地球站位于船舶上的一种卫星移动业务;营救器电台和应急

示位无线电信标电台也可参与此种业务。

13. 港口操作业务(port operations service)

港口操作业务为海(江)岸电台与船舶电台之间或船舶电台之间在港口内或港口附近的一种水上移动业务。其通信内容只限于与作业调度、船舶运行和船舶安全以及在紧急情况下的人身安全等有关的信息。这种业务不用于传输属于公众通信性质的信息。

14. 船舶移动业务(ship movement service)

船舶移动业务为在海岸电台与船舶电台之间或船舶电台之间除港口操作业务以外的水上移动业务中的安全业务。其通信内容只限于与船舶行动有关的信息。这种业务不用于传输属于公众通信性质的信息。

15. 航空移动业务(aeronautical mobile service)

航空移动业务为在航空电台和航空器电台之间或航空器电台之间的一种移动业务。营救器电台可参与此种业务;应急示位无线电信标电台使用指定的遇险与应急频率也可参与此种业务。

16. 航空移动(R)业务(aeronautical mobile(R)service)

航空移动(R)业务为供主要与沿国内或国际民航航线的飞行安全和飞行正常有关的通信使用的航空移动业务。在此,R 为 route 的缩写。

17. 航空移动(OR)业务(aeronautical mobile(OR)service)

航空移动(OR)业务为供主要是国内或国际民航航线以外的通信使用的航空移动业务,包括那些与飞行协调有关的通信。在此,OR 为航路外 off-route 的缩写。

18. 卫星航空移动业务(aeronautical mobile-satellite service)

卫星航空移动业务为移动地球站位于航空器上的卫星移动业务;营救器电台与应急示位无线电信标电台也可参与此种业务。

19. 卫星航空移动(R)业务(aeronautical mobile - satellite(R)service)

卫星航空移动(R)业务为供主要与沿国内或国际民航航线的飞行安全和飞行正常有关的通信使用的卫星航空移动业务。

20. 卫星航空移动(OR)业务(aeronautical mobile - satellite(OR)service)

卫星航空移动(OR)业务为供主要是国内和国际民航航线以外的通信使用的卫星航空移动业务,包括那些与飞行协调有关的通信。

21. 广播业务(broadcasting service)

广播业务为供公众直接接收而进行发射的无线电通信业务,包括声音信号的发射、电视信号的发射或其它方式的发射。

22. 卫星广播业务(broadcasting - satellite service)

卫星广播业务为利用空间电台发送或转发信号,以供公众直接接收(包括个体接收和集体接收)的无线电通信业务。

23. 无线电测定业务(radiodetermination service)

无线电测定业务为用于无线电测定的无线电通信业务。

24. 卫星无线电测定业务(radiodetermination - satellite service)

卫星无线电测定业务为利用一个或多个空间电台进行无线电测定的无线电通信业务。这种业务也可以包括其操作所需的馈线链路。

25. 无线电导航业务(radionavigation service)

无线电导航业务为用于无线电导航的无线电测定业务。

26. 卫星无线电导航业务(radionavigation - satellite service)

卫星无线电导航业务为用于无线电导航的卫星无线电测定业务。这种业务也可以包括其操作所必需的馈线链路。

27. 水上无线电导航业务(maritime radionavigation service)

水上无线电导航业务为有利于船舶航行和船舶安全运行的无线电导航业务。

28. 卫星水上无线电导航业务(maritime radionavigation - satellite service)

卫星水上无线电导航业务为地球站位于船舶上的卫星无线电导航业务。

29. 航空无线电导航业务(aeronautical radionavigation service)

航空无线电导航业务为有利于航空器飞行和航空器的安全运行的无线电导航业务。

30. 卫星航空无线电导航业务(aeronautical radionavigation - satellite service)

卫星航空无线电导航业务为地球站位于航空器上的卫星无线电导航业务。

31. 无线电定位业务(radiolocationservice)

无线电定位业务为用于无线电定位的无线电测定业务。

32. 卫星无线电定位业务(radiolocation - satellite service)

卫星无线电定位业务为用于无线电定位的卫星无线电测定业务。这种业务也可以包括其操作所必需的馈线链路。

33. 气象辅助业务(meteorological aids service)

气象辅助业务为用于气象(含水文)的观察与探测的无线电通信业务。

34. 卫星地球探测业务(earth exploration - satellite service)

卫星地球探测业务为地球站与一个或多个空间电台之间的无线电通信业务,可包括空间电台之间的链路。在这种业务中包括:

①由地球卫星上的有源遥感器或无源遥感器获得的有关地球特性及其自然现象的信息;②从空中或地球基地平台收集同类信息。此种信息可分发给系统内的相关地球站,可包括平台询问。此种业务也可以包括其操作所需的馈线链路。

35. 卫星气象业务(meteorological - satellite service)

卫星气象业务为用于气象的卫星地球探测业务。

36. 标准频率和时间信号业务(standard frequency and time signal service)

标准频率和时间信号业务为满足科学、技术和其它方面的需要而播发规定的高精度频率、时间信号(或二者同时播发)以供普遍接收的无线电通信业务。

37. 卫星标准频率和时间信号业务(standard frequency and time signal-satellite service)

卫星标准频率和时间信号业务为利用地球卫星上的空间电台开展与标准频率和时间信号业务相同目的的无线电通信业务。这种业务也可以包括其操作所需的馈线链路。

38. 空间研究业务(space research service)

空间研究业务为利用空间飞行器或空间其它物体进行科学或技术研究的无线电通信业务。

39. 业余业务(amateur service)

业余业务为供业余无线电爱好者进行自我训练、相互通信和技术研究的无线电通信业务。业余无线电爱好者指经正式批准的、对无线电技术有兴趣的人，其兴趣纯属个人爱好而不涉及牟取利润。

40. 卫星业余业务(amateur-satellite service)

卫星业余业务为利用地球卫星上的空间电台开展与业余业务相同目的的无线电通信业务。

41. 射电天文业务(radio astronomy service)

射电天文业务为涉及射电天文使用的一种业务。

42. 安全业务(safety service)

安全业务是为保障人类生命和财产安全而常设或临时使用的无线电通信业务。

43. 特别业务(special service)

特别业务为未另作规定、专门为一般公益事业的特定需要而设立，且不对公众通信开放的无线电通信业务。

参考文献

[1]王坦.短波通信系统[M].北京:电子工业出版社,2012.
[2]陈兆海.应急通信系统[M].北京:电子工业出版社,2012.
[3]胡中豫.现代短波通信[M].北京:国防工业出版社,2003.
[4]刘学宇.基于短波中长期频率预报软件 VOACAP 的自动选频技术研究[D].西安:西安电子科技大学,2013.
[5]胡中豫,宫润胜,张宏珉.大区域短波通信的动态选频策略[J].舰船电子工程,2008(01):4-8.
[6]李利,纪凯,韩东,等.认知软件无线电在军用电台和频谱管理中的应用[J].科技创新与应用,2020(13):89-90.
[7]张剑锋.基于认知无线电的电台架构研究[J].软件,2011,32(05):56-58.
[8]张铁译,刘籽馨,邵琳杰.认知无线电技术及其在短波通信选频中的应用[J].通讯世界,2016(08):117.
[9]吕春苗.OFDM 宽带短波通信关键技术研究[D].杭州:浙江大学,2011.
[10]高珑.短波宽带并行传输体制的研究[D].西安:西安电子科技大学,2009.
[11]陈林星,曾曦,曹毅.移动 Ad Hoc 网络:自组织分组无线网络技术[M].2 版.北京:电子工业出版社,2012.
[12]杜青松.战术 MANET 中的路由协议及 Qos 路由算法研究[D].长沙:国防科学技术大学,2015.
[13]胡兵.短波自组织网组网技术[D].西安:西安电子科技大学,2006.01.
[14]梁文伟.基于自组网的战术通信网的互联技术[D].广州:华南理工大学,2012.
[15]唐艳.短波通信组网技术研究[J].无线技术,2015(12):51.
[16]王海青.战术通信网络的识别方法[J].无线电通信技术,2004(3):47-49.
[17]王金龙.短波数字通信研究与实践[M].北京:科学出版社,2013.
[18]余涛,易涛,徐池.外军短波通信网发展研究[J].电子对抗,2015(2):16-20.
[19]薛松,王鸿来.短波通信组网技术现状与发展趋势[J].通信与广播电视,2014(4):16-22.
[20]鞠茂光,刘尚麟.美国空军短波全球通信系统技术分析[J].通信技术,2013(4):96-98.
[21]李木胜.短波通信组网技术浅析[J].网络与信息工程,2018(13):83-84.
[22]胡凯.武警野外通信多功能转信台的电路总体设计与实现[M].长沙:国防科技大学出版社,2009.
[23]翁木云,等.频谱管理与监测[M].2 版.北京:电子工业出版社,2017.
[24]向新.软件无线电原理与技术[M].西安:西安电子科技大学出版社,2008.